Rで らくらく データ分析入門

効率的なデータ加工のための基礎知識

西田典充 著

技術評論社

はじめに

0.1 本書の目的

　はじめまして！　本書は独学でRを学びたいという方に向けて、その最初の一歩となることを願って執筆したものです。「仕事でデータを扱うすべての人に、Rの楽しさをお伝えしたい」、「データに基づいていろいろな判断がされる社会になってほしい」、そんな目標もひそかにあります。

　著者の本職は産業医という、仕事をする人の健康を守り、いきいきと働く環境を作ることを支援する仕事です。著者がデータのことを意識し始めたのは、研修医として働き始めた頃のことです。大学病院で勤務を始め、とても面倒なレポート作成作業に苦労していました。レポートそのものは、患者さんの治療経過などを他の医療職の方と共有するためにも非常に大切です。ただ、検査結果をカルテ用のPCから別のレポート作成用PCに単位を含めて延々と転記するような作業に嫌気が差し、「こんな作業、患者さんの役に立たない」と悶々とした気持ちで取り組んでいました[注1]。

　キャリアの最初の頃、嘱託産業医として働き始めました。そのときも、健康診断の検査結果をまとめて分析したり、Excelで十数社分のデータをまとめたりと、同じように面倒な気持ちで取り組んでいました。会社ごとに内容は異なりますが、データの形はすべて同じです。同じような形のデータに、同じ処理をひたすら繰り返す作業です。　そうこうするうちに、研究発表を学会でする必要が出てきました。しかしその当時、会社に用意してもらった統計ソフトでやりたい解析ができませんでした。数十万人分のデータを分析するために必要なデータ加工が、Excelではうまく処理できなかったのです。そんなとき、Rに出会いました。

　Rに出会ってからは、これまで自分が困っていたことを解決するためのさまざまなツールがそこに存在することに気づきました。ただの無料統計ソフトではなく、データにかかわる仕事をする人にとって必須といえるような処理が簡単にできます。プログラミングについて学び始めた自分にとっては魔法のようなツールでした。

注1　嫌だったのは転記する作業で、レポートを書くのは大切な仕事です。

　例えば以下のような作業が、R でスクリプトを書くことで実現できます。

- 表データに決まった手順でフィルターをかけて、それをグラフにする作業
- 複数の Excel ファイルを 1 つの Excel ファイルにまとめる作業
- 定型の PowerPoint を作成する作業

　もちろん、魔法の習得には、1 つのうまく動かない状況に対して何時間も頭を悩ませ、検索して、ネットで質問して、というような地道な作業がともないます。ただ、そのような正しい努力をすることで、業務で使えるレベルに達することができます。

　さまざまな縁から、本書をみなさんにお届けすることができました。著者が習得に数年かかった内容を、本書を読むことで理解し、R を使えるようになってもらえると嬉しいです。一般的には、R はアカデミアや研究職の方が使うツールのようにとらえられています。しかし、導入までのハードルの低さ、豊富な機能を含めて、特に表形式のデータを多用するビジネスパーソンにとっては、役に立つツールです。R に習熟することで、業務における作業の時間を減らし、本質的に考えなければならないことにもっとリソースを割くことができます。

　本章では、本書の構成、学習方法、解説の順番、なぜデータ分析で R を使うのかについて、解説していきます。

0.2　本書が扱う範囲

　「データ分析」と名前がつく教材はたくさんあります。この言葉が示す範囲は人によって違ってきます。本書で解説する内容は、図0-1の①、②、⑤です。データを分析する環境に取り込んで（インポート）、加工・集計（データクリーニング）して、共有する、という流れです。3つの手順を通して、みなさんの手元にあるデータを、R を使って分析できる形に加工する方法をお伝えします。

図0-1 データ分析の全体像と本書のスコープを示す図

① インポート
　データの読み込み
② データクリーニング
　「変」なデータの除去
　分析できる形へ加工
③ 可視化
　「見える」化
④ (統計)分析
⑤ 共有
　プレゼン資料化
　レポート作成

　なお、③の可視化や④の（統計）分析も非常に大切ですが、類書で丁寧に解説されたものがたくさんあり、環境によって必要な手法が異なるため、本書では解説しません。本書の内容を実践できるようになって、さらに学びたい方はそちらへ進んでください。

0.3 本書の対象読者

　データのインポート、クリーニング、共有をRでできるようになることを本書では目指します。ただ、なぜあえてRを利用する必要があるのでしょうか。Excelなどの表計算ソフトでも、図0-1で示したことはできます。 しかし、マウスとクリックで操作するソフトウェアと違うメリットがRにはあります。それは、「作業手順をすべて記録できる」ということです。手順がすべて記録された状態で作成されたレポートのことを「再現可能なレポート（Reproducible Report）」などと呼ぶことがあります。

　再現可能なレポートを作ることができれば、ルーチン作業を自動化することができます。そのため、普段行う表形式のデータを取り扱う業務の効率が上がります。本書は、この再現可能なレポート作成をプログラミング経験がない方向けに、なるべく簡単にわかりやすく解説することを目的としています。

　本書の対象者は、「Excelより効率的な環境でデータ分析をしたいビジネスパーソン」です。もちろん、Rを使ってみたい学生の方やアカデミアの方にとっても、「統計分析できる形にデータを加工する方法を学ぶ」という意味では、本書で解説する事柄は非常に有益です。

0.4 　再現可能なレポートとは

　再現可能なレポートについて、例を考えてみましょう。毎月報告される売上の Excel ファイルを1つにまとめて、PowerPoint のスライドとして月例会議で報告するような業務はありませんか？ 集計手順を説明した文書が別にあって、それを参考にしながら手作業で集計結果をまとめていたとします。そこで、もし別の人が作業したときに、結果が違っていたら、どうなるでしょうか？

　同じ手順書で作業をしているのに、結果が違うのであれば、どちらかがミスをした、用いたデータが違うなど、いろいろな可能性があります。これらの可能性を見つけることは、けっこう大変ではないでしょうか？

　もし、この作業に R を利用していたら、加工の手順がすべてスクリプトと呼ばれる形で残ります。スクリプトは R でデータを処理した過程がすべて記述されたものです。ひとつひとつの過程の前後でデータを確認し、どの手順で行った加工が間違っていたかなどを簡単に特定して、修正することができます。

　Excel でも同様にデータの加工を手順として残すことができます。ただし、スクリプトを記載して加工する R を学べば、できることの幅が広がるので、R でのデータ加工の習得をおすすめします。

0.5 　本書の特長

　本書は、他のプログラミングの入門書とは学ぶ順番を意図的に、「一般的でない順番」にしてあります。具体的には、表0-1にあるように、R の基本的な部分や、R 以外で必要となる知識を独立した章として、適切な順番に置いています。

表0-1　本書の章構成

一般的な解説の順番		本書の該当する章
Rのインストールと RStudioの基本		第1章　RとRStudioの基本
Rの基本		第2章　Rの機能 第5章　データ加工に必要なパッケージ群「tidyverse」 第9章　カテゴリカルデータのための因子型 第16章　日付・時刻データ（16.1～4）
ファイルのインポート		第3章　Excelファイルのインポート
表データの加工		
	Tidyデータの考え方	第4章　データ加工に適したTidyデータ
	基本的な加工	第6章　列の加工 第7章　行の加工 第10章　条件別による列の加工 第13章　マスタデータと戦おう
	複雑な加工	第11章　特殊な加工に必要なtidyrパッケージ 第12章　煩雑なデータをTidyに 　　　　～縦データと横データの変換～
	表データの集計	第14章　単純な集計 第15章　集団の集計 第16章　日付・時刻データ（16.5）
	Tidyデータの加工の実践例	第17章　Tidyデータの作成
	加工した結果の保存	第18章　データの保存
レポートの作成		第19章　レポートの出力
おわりに		おわりに
付録		
	正規表現	第8章　文字を自由に操る正規表現

　第1章から順番に読み進めることで、表データの加工や集計について、基本的な知識を適切なタイミングで理解しながら、身につくように構成しています[注2]。また、プログラミング言語の入門書ではなく、実務での利用に的を絞って解説します。そのため、表データの加工にかかわらない、Rのプログラミング言語としての側面の解説はどんなに基本的な事項でも、あえて記載していません[注3]。本書の学習後に、必要を感じたら学んでもらえるとよいでしょう。

　本書での学習の進め方として、各章で出てくるRのコードを写経しつつ、解説を

注2　知識が必要になったときに、その場で知識を解説するスタイルとしたため、情報の提示方法がわかる人からすると、まとまっていないと感じられるかもしれません。

注3　例えば、プログラミング言語の教科書であれば紹介される条件分岐（if(){ }else{ }）やforループ（for(i in x){ }）などです。

読み、データ加工や集計を学んでいきます[注4]。基本的には、それまでの章で解説した事項を理解した前提で、先に進んでもらいます。

なお、著者は Windows で R を動かしていますが、masOS でも操作方法はほぼ同一です。必要なソフトウェアのインストールや、ショートカットキーなど、OS ごとに内容が違う場合は、各々の OS に対応した解説を記載していますので、macOS の方でも問題なく本書で学習できるはずです。

0.6 配布データのダウンロード

本書の解説で利用するデータやスクリプトファイルなどは、「`https://github.com/ghmagazine/r_rakuraku_book`」に保存されているので、先にダウンロードしておいてください。

リンクにアクセスし、図0-2にあるように❶の「Code」をクリックしてください。出てきたメニューの一番下の「Download ZIP」をクリックすると、ファイルがダウンロードできます。

図0-2 本書の配布資料のダウンロード

注4 本書は、著者がオンラインコースプラットフォームの Udemy（`https://www.udemy.com/`）で有料公開している「医師が教える R 言語での医療データ分析入門」、「医師が教える R 言語での医療データ分析入門 - 発展編（集計）：集計表と公的なデータからレポートを作ってみよう！」をベースにしています。もともと、頭から順番に動画を見ていただく形での情報提供となるため、本書でもその順番を踏襲しています。

0.7　Rを気軽に学んでいこう

　Rを使うと最初は「うまくいかない」ことが、「うまくいく」ことに比べて圧倒的に多いです。うまくいかないときはRがエラーメッセージを投げかけてくれます。著者の持論で、なんの根拠もありませんが、エラーメッセージを解決（エラーがなくなるようにする）した回数だけRの経験値がたまっていきます。「エラーが起これば起こるほど、Rの習得のチャンス！」と思うと、Rが楽しく学べます。なので、エラーが出たら「ラッキー」くらいの気持ちで、気軽にRを書いてみてください。

≫ 目次

はじめに iii

　0.1　本書の目的 iii

　0.2　本書が扱う範囲 iv

　0.3　本書の対象読者 v

　0.4　再現可能なレポートとは vi

　0.5　本書の特長 vi

　0.6　配布データのダウンロード viii

　0.7　Rを気軽に学んでいこう ix

第1章　RとRStudioの基礎　　　　　　　　1

　1.1　RとRStudioとは 2

　1.2　Rをインストールしよう 2

　1.3　RStudioをインストールしよう 4

　1.4　RStudioの画面を見てみよう 5

　1.5　Rを使って計算しよう 7

　1.6　画面同士を連携させよう 9

　1.7　RStudioでファイルを管理しよう 11

第2章　Rの機能　　　　　　　　　　　　13

　2.1　Rのスクリプトを書いてみよう 14

　2.2　型を理解しよう 16

2.3　変数を用意しよう 18

2.4　変数のルールや操作方法を確認しよう 22

2.5　オブジェクトとは 25

2.6　データの帯（ベクトル）について理解しよう 25

2.7　ベクトルの型を変換しよう 28

2.8　ベクトルとベクトルで計算しよう 31

2.9　データフレームで表を作ろう 34

2.10　関数を理解しよう 39

2.11　パッケージを読み込もう 43

2.12　パッケージを読み込まずに関数を利用しよう 45

第3章　Excelファイルのインポート　47

3.1　インポートとは 48

3.2　パスとは 48

3.3　ワーキングディレクトリを確認・設定しよう 50

3.4　パスがなぜ重要なのか理解しよう 52

3.5　Excelファイルを実際に読み込もう 53

3.6　tibbleについて理解しよう 58

3.7　読み込むファイルの型を推定しよう 59

3.7.1　表の一部を抜き出そう 62

3.8　Excelファイル以外のデータを取り込もう 65

3.8.1　テキスト形式のデータの取り込み 65

3.8.2　統計ソフトのデータの読み込み 68

第4章　データ加工に適したTidyデータ　69

4.1　Tidy（タイディー）データとは 70

4.2　Tidyでないデータとは 70

4.3　複数の変数が列名となっているデータを
　　　Tidyにしよう 71

4.4 行と列に変数が含まれているデータをTidyにしよう 75

4.5 複数の項目がテーブルに含まれるデータを
Tidyにしよう 77

4.6 Tidyデータがまだわからないという人へ 79

第5章 データ加工に必要な パッケージ群「tidyverse」　81

5.1 tidyverseとは 82

5.2 本書で紹介する関数一覧 84

第6章 列の加工　89

6.1 関数と関数をつなごう 90

6.2 列を追加しよう 95

6.3 列名を変更しよう 99

6.4 列を選択しよう 103

第7章 行の加工　109

7.1 行を並び替えよう 110

7.2 ロジカル型を理解しよう 115

　7.2.1 ロジカル型とは 115

　7.2.2 ロジカル型で印をつけよう 119

　7.2.3 印をつけたものを取り出そう 121

　7.2.4 ロジカル型のTRUE、FALSEを！でひっくり返そう 123

7.3 行を絞り込もう 124

第8章 文字を自由に操る正規表現　129

8.1 正規表現とは 130

8.2 いらない文字を除去しよう 133

8.3 探している文字が含まれているか判定しよう 138
8.4 探している文字を抜き出そう 142
8.5 目的の文字を置き換えよう 144

第9章 カテゴリカルデータのための因子型 147

9.1 アンケートのデータを集計しよう 148
9.2 架空のアンケートデータを作成しよう 148
　9.2.1 ランダムな数字を生成しよう 149
　9.2.2 くじ引きをやってみよう 149
　9.2.3 ランダムな表データを作成しよう 154
9.3 因子型とは 155
9.4 因子型の列を作成しよう 161
9.5 変数を利用した因子型の設定 163

第10章 条件別による列の加工 169

10.1 割引クーポンを使って
　　 アイスクリームの値段を計算しよう① 170
10.2 別の列の値に応じて列を加工する方法を確認しよう 172
10.3 割引クーポンを使って
　　 アイスクリームの値段を計算しよう② 176
10.4 もっと複雑な条件に応じて列を加工しよう 177

第11章 特殊な加工に必要な tidyrパッケージ 181

11.1 複数の列を1つにまとめよう 182
11.2 複数の列に分割しよう 185
　11.2.1 列を分割しよう 185
　11.2.2 要素を抽出して列を作ろう 191

11.3 欠損値を好きな値に変換しよう 192
　11.3.1　欠損値を埋めよう 192
　11.3.2　データをリストとして保持しよう 194
11.4 欠損値を埋めよう 197
11.5 欠損値を好きな文字に置き換えよう 199

第12章 煩雑なデータをTidyに ～縦データと横データの変換～ 201

12.1 縦と横のデータを理解しよう 202
12.2 横のデータを縦のデータに変換しよう 202
12.3 縦のデータを横のデータに変換しよう 206
12.4 横から縦への変換の応用 ～列データを変換しながら複数の列に分割しよう～ 209
12.5 縦から横への変換の応用 ～欠損しているデータを埋めよう～ 211
12.6 自由にデータを変換しよう 212

第13章 マスタデータと戦おう 217

13.1 リレーショナルデータベースとは 218
13.2 複数の表を結合させよう 218
13.3 名前が違う列同士を結合しよう 222
13.4 いろいろな結合方法を知ろう 224
13.5 表を結合してデータを抽出しよう 227

第14章 単純な集計 231

14.1 平均・最小・最大を集計しよう 232
14.2 表を集計しよう 234
14.3 文字型（因子型）を集計しよう 235

第15章　集団の集計　239

15.1　表を1つの変数で分割して集計しよう 240
15.2　表を2つの変数で分割して集計しよう 242
15.3　表が何行か調べよう 245
15.4　行の前後の値で比較しよう 247
15.5　売上データの店舗別・月別変化を調べよう 249

第16章　日付・時刻データ　255

16.1　日付と時刻をRで表現しよう 256
16.2　文字や数字を日付型・日付時刻型に変換しよう 260
　　16.2.1　文字の日付型・日付時刻型への変換の応用 260
　　16.2.2　数字の日付型・日付時刻型への変換の応用 261
16.3　地域ごとの時差を表現しよう 263
16.4　日付と時刻を計算しよう 264
　　16.4.1　引き算での計算 264
　　16.4.2　物理的な時間の経過を表そう 267
　　16.4.3　カレンダー上の時間の経過を表そう 271
　　16.4.4　「時間の帯」同士の重なりの有無を調べよう 274
16.5　時間を集計しよう 278

第17章　Tidyデータの作成　281

17.1　例1：出勤、退勤時刻に関するデータを
Tidyにしよう 282
　　17.1.1　出勤、退勤時刻データの加工1 282
　　17.1.2　pivot_wider()とリストコラム 287
　　17.1.3　出勤、退勤時刻データの加工2 289
17.2　例2：人気ランキングと価格の表をTidyにしよう 294
17.3　例3：複数の販売個数データをTidyにしよう 300
　　17.3.1　ファイルを処理しよう 300

17.3.2 関数を作ろう 304
17.3.3 ファイルを処理する関数を作成しよう 306

第18章　データの保存　309

18.1 状況に応じたデータの保存形式を考えよう 310
18.2 表データをファイルとして保存しよう 312
18.2.1 表データをCSVファイルで保存しよう 312
18.2.2 表データをExcelファイルで保存しよう 312
18.3 Rのオブジェクトを.rds形式で保存しよう 314
18.4 Rのオブジェクトを.RData形式で保存しよう 316

第19章　レポートの出力　319

19.1 R Markdownでレポート作成しよう 320
19.1.1 R MarkdownからWordファイルを生成しよう 320
19.1.2 Markdownとは 320
19.1.3 R Markdownとは 322
19.2 Rでグラフを書こう 324
19.3 kable関数でキレイな表を出力しよう 327
19.4 レポートを実際に出力しよう 327

おわりに 331
結語と謝辞 331
索引 332

第 **1** 章

R と RStudio の基礎

本章では、本書を通して利用する R 本体と、RStudio という 2 つのソフトウェアをインストールして、それらの基本的な使い方を解説します。

1.1　R と RStudio とは

それでは、R 本体と RStudio をインストールしていきましょう。ただ、その前にこれらのソフトウェアが何をするものなのかを簡単に解説します。一般的にプログラミング言語を使うとき、生産性をあげる目的で開発用のソフトウェアが利用されます。そのようなソフトウェアのことを「IDE（Integrated Development Environment；統合開発環境）」と呼びます。本書で利用する RStudio も、IDE と呼ばれるソフトウェアです。R を利用するときによく一緒に使われます。 R そのものはプログラミング言語という位置づけですが、これだけだと使い勝手が悪いです。RStudio と一緒に使うことで、より生産性を高めることができます。R の IDE は他にもいろいろあります[注1]が、R を使いこなすという目的では RStudio がおすすめです。

1.2　R をインストールしよう

R は、「CRAN（The Comprehensive R Archive Network）」（https://cran.r-

図1-1　CRAN から Windows と macOS に R のインストールファイルをダウンロードする

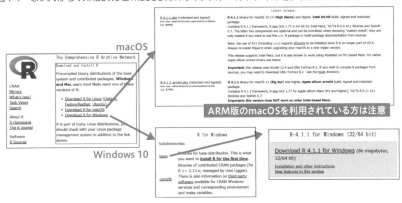

注 1　厳密には IDE でないものも含まれますが、EZR、Jupyter Notebook、Visual Studio Code などが有名です。EZR は「統計ソフトウェア」、Visual Studio Code は「テキストエディタ」という位置づけです。Jupyter は Python ユーザーに人気があります。

project.org/）からダウンロードできます。CRANとは、R本体や各種パッケージをダウンロードするためのWebサイトのことです。図1-1にあるようにRのインストール用ファイルをダウンロードして、それぞれ実行してください。Windowsの方は図1-2、macOSの方は図1-3を参照してください[注2]。なお、図に示した手順は、将来的に変更される可能性があります。

図1-2　RをWindowsにインストールする

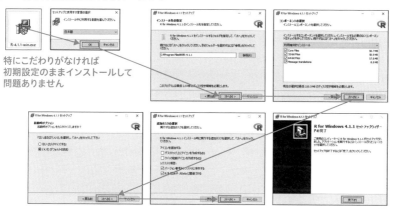

特にこだわりがなければ
初期設定のままインストールして
問題ありません

図1-3　RをmacOSにインストールする

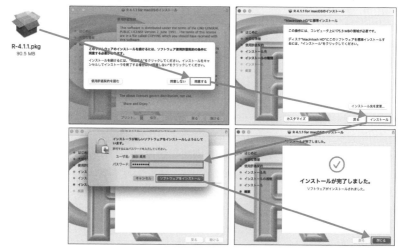

注2　RはWindowsとmacOSの他にLinuxというOSにも対応していますが、本書では解説しません。

1.3　RStudioをインストールしよう

　RStudio をインストールしましょう。RStudio の公式 Web サイト（`https://www.rstudio.com/products/rstudio/download/`）[注3]からダウンロードします（図1-4参照）。ダウンロードしたらそれぞれ、Windows は図1-5、macOS は図1-6のようにインストールしてください。ここも R 同様、RStudio のホームページの内容やインストール手順は、将来的に内容が変わる可能性があります。

図1-4　RStudioのダウンロード手順

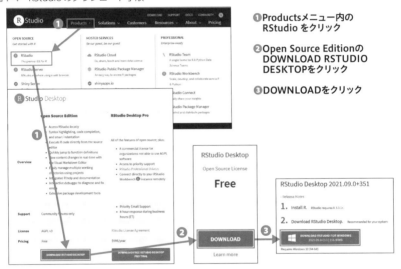

❶Productsメニュー内の
RStudio をクリック

❷Open Source Editionの
DOWNLOAD RSTUDIO
DESKTOPをクリック

❸DOWNLOADをクリック

図1-5　RStudioのインストール手順（Windows）

注3　IDE である RStudio を開発、公開している会社です。製品版もあります。R でデータ分析をするとき、よくお世話になります。

図1-6 RStudioのインストール手順（macOS）

1.2節、1.3節の内容はみなさんが実行するタイミングで古い可能性があります。その場合は、「R インストール方法」「R Studio インストール方法」などで検索していただけると、初心者向け解説ページがあるはずです。

1.4 RStudioの画面を見てみよう

インストールが問題なく終われば、RStudioがみなさんのPCで起動できるはずです。図1-7にある通りに、RStudioを起動して、新しいRスクリプトファイルを作成してください。Rスクリプトとは、Rのプログラムを書き込むためのファイルです。

RStudioは主に、4つの **Pane**（画面）から構成されています。Paneは、英語で窓という意味です。これらの位置を調整したり、表示・非表示したりするときは、メニューのViewからPanesに関わる設定でできます。図1-8の**コンソール画面**（R本体の画面）が左側にある場合は、「View」→「Panes」→「Console on Right」にチェックをいれると右に移動します。

図1-7　RStudioの起動とスクリプトファイルの作成

図1-8　RStudioの画面構成

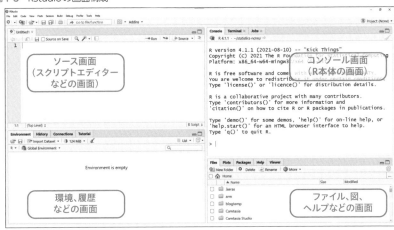

　図1-8で押さえておきたいのが、右上のコンソール画面と左上のソース画面です。コンソール画面にスクリプトを入力して実行することで、R を動かすことができます。ソース画面は、R への命令を書いて「ためておく」ことができる画面で、スクリプトエディターとも呼ばれます。

　RStudio では、ソース画面に記載した命令をコンソール画面に飛ばして、命令を実行しながら作業するイメージです。

　左下にある環境や履歴などを表示するための画面は、R本体の作業状況を表示します。上のタブにある「Environment」をクリックすることで表示されるEnvironment画面で、第2章で解説する変数をはじめ、Rで作業を行う中で作成したいろいろな情報を参照することができます。同様に、History画面では操作の履歴を確認できます。また右下の画面は「見る」機能が集約された画面です（ファイルやフォルダの閲覧、R本体が出力したグラフや表の表示、ヘルプファイルの表示など）。

1.5　Rを使って計算しよう

　ここからは、実際にRを動かしてみましょう。コンソール画面に、次の「入力」と書いてある囲みの中身を入力して、Enter キー注4を押してください。入力した足し算の結果が出力されましたか？ 次の「出力」と書いている囲みの中身と同じ結果になっていれば成功です。
　これ以降、「入力」と書いている囲みの中身をコンソール画面に入力して実行すると、「出力」と書いてある囲みの中身が結果として表示されることを理解したものとして、話を進めます。

```
1 + 1
```
入力
```
[1] 2
```
出力

　Rでは次の表のような記号を用いて基本的な計算ができます。

表1-1　基本的な計算記号

計算	記号	例	実行結果
足し算	+	1 + 2	3
引き算	-	4 - 2	2
かけ算	*	3 * 2	6
割り算	/	1 / 4	0.25
あまり	%%	4 %% 3	1
整数商	%/%	10 %/% 3	3
累乗	^	4 ^ 2	16

注4　macOS では Return キー

これらの記号を使って計算問題を解いてみましょう。

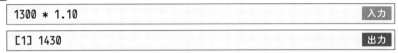 例題

(例題1) 1300円（税抜き）の税込み価格を計算してください（消費税は10%とします）。

(解答)

| 1300 * 1.10 | 入力 |

| [1] 1430 | 出力 |

みなさんが学んだ算数や数学のようにかけ算と割り算から先に計算します。（）で囲んであげることで、通常の数式と同じように、（）の内側の計算を優先することができます。

(例題2) 5、10、15、20の平均値を計算してください。

(解答)

| (5 + 10 + 15 + 20)/4 | 入力 |

| [1] 12.5 | 出力 |

(例題3) 身長176.4cm、体重69.7kg の人の BMI を次の式を用いて計算してください。

$$BMI = \frac{体重\,[kg]}{(身長\,[m])^2}$$

(解答)

| 69.7/(176.4/100)^2 | 入力 |

| [1] 22.39936 | 出力 |

数字と記号を入力して実行するだけで計算ができました。

1.6 画面同士を連携させよう

　ここまでは、コンソール画面に命令[5]を直接入力しました。ただ、このままだと入力した命令はどんどん上の方に流れてしまい、あとから同じ命令を実行したり、どんな命令を書いたか記録したいときに問題です。ここからは、命令をスクリプトファイルとして記録しながら実行していきましょう。図1-9に、入力したスクリプトをキーボードショートカットを利用して各画面に飛ばす方法を示します。

図1-9　入力したスクリプトをソースとコンソール画面に飛ばす方法

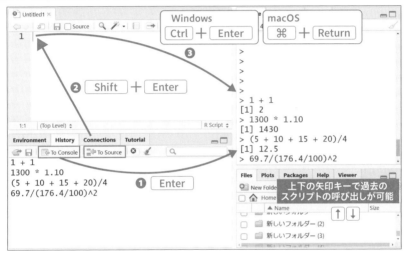

　左下の画面で、History というタブをクリックすると、これまで入力したスクリプトが表示されます。下の❶～❸の操作を実行してください。

❶ Enter （macOS では Return ）キーで選んだスクリプトがコンソール画面に飛ぶ

❷ Shift + Enter キーで選んだスクリプトがソース画面に飛ぶ

❸ ソース画面で選択した行のスクリプトが Ctrl + Enter キーでコンソール画面に飛ぶ

注5　スクリプトやコードなどと呼びます。本書ではスクリプトと統一します。

　このようにスクリプトを History、コンソール、ソース画面で行き来させることが、RStudio を利用すると簡単にできます[注6]。

　ここで、複数行の命令をソース画面からコンソール画面に飛ばす方法を考えてみましょう。慣れてくると、複数行の命令をまとめて実行したいような状況が発生します。前節の例題の解答で示したスクリプトをソース画面にすべて入力して、まとめて実行するような状況です。その場合に使える方法は、図1-10の❶のように、⌈Ctrl⌉ + ⌈Enter⌉ を複数回入力するか、または❷のようにマウスや矢印キーで実行したい範囲を選択してから ⌈Ctrl⌉ + ⌈Enter⌉ を入力するかのどちらかです。

図1-10　複数行の実行方法

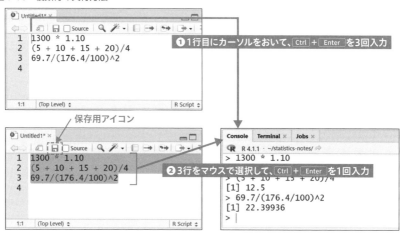

　ソース画面に入力したスクリプトは、コンソール画面で簡単に実行できます。ソース画面に入力した内容を保存しておくことが「再現性のあるレポート」の第一歩です。

　ソース画面の内容を保存するには、図1-10にある「保存用アイコン」をクリックして好きな名前で保存してください[注7]。ここで保存されるファイルは R のスクリプトファイルで、拡張子[注8]が「.R」となっています。

注6　コンソール画面で実行したスクリプトは全部「History」に飛びます。「History」は慣れてくるとあまり使わないかもしれません。一番大切なのは、ソースからコンソール画面にスクリプトを飛ばせるところです。

注7　保存用アイコンの正体はフロッピーディスクといいます。著者は知っている 1980 年代生まれですが、知らない人も多いと聞きました。

注8　拡張子はコンピューターにファイルの種類を示すものです。Excel ファイルなら .xlsx、Word ファイルなら、.docx、画像なら .jpg など、いろいろな種類があります。ここで保存した R のスクリプトファイルの拡張子が表示されます。

1.7 RStudioでファイルを管理しよう

データを加工するときに、ファイルがいろいろな場所に散らばってしまい、困ったことがありませんか？ RStudio を利用して分析するときは、**プロジェクト**と呼ばれる機能を利用して、必要なファイル、スクリプト、データを1つの場所で管理することをおすすめします。図1-11にあるように、まずはプロジェクトを作ってみましょう。

図1-11　プロジェクトの作成方法

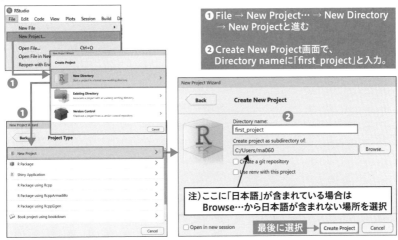

作成したプロジェクトが意図した場所にあるかを確認しておきます。図1-12にあるように、右下のファイル画面の More から、「Show Folder in New Window」をクリックすると、Windows であればエクスプローラー、macOS であれば Finder が開くはずです。開いた場所に、「first_project.Rproj」というファイルが作成されているか、確認してください。確認したら、ここで一度 RStudio を閉じましょう。閉じたら、「first_project.Rproj」ファイルをダブルクリックして開いてください。RStudioが起動して、右下の画面で、Files が先ほどの Rproj ファイルがある場所になっていますか？ そうなっていれば、プロジェクトを作成して、Rproj ファイルからプロジェクトを開くことに成功しています[注9]。

注9　プロジェクトは一番上の File メニューから「Open Project……」を選択して、目的の RProj ファイルを指定する方法でも開くことができます。

第 1 章　R と RStudio の基礎

図1-12　プロジェクトがあるフォルダの場所の確認

第 **2** 章

Rの機能

本章では、Rでデータ分析をするときに土台となる知識の習得を目指します。最後まで学習すると、型、変数、オブジェクト、ベクトル、データフレーム、関数、パッケージという言葉の概念が理解できるはずです。

2.1 Rのスクリプトを書いてみよう

　第1章で、RをRStudioで扱う準備が整いました。第1章で作成した「first_project.Rproj」を開いてください。プロジェクトを開いたら、「File」→「New File」→「RScript」と選択して新しいスクリプトファイルを作成します。それを、「kata.R」という名前で保存しましょう。図2-1のようになっていれば成功です。

図2-1　Rスクリプトを作成して保存

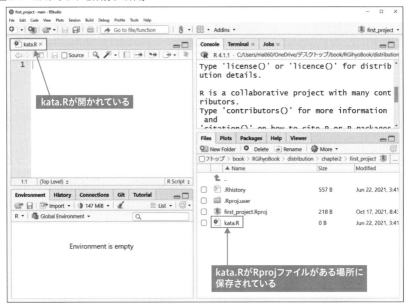

　ここからは、「入力」にあるスクリプトをソース画面の「kata.R」に記載して、実行してください。そうすると、「出力」にあるような結果がコンソール画面に表示されるはずです。

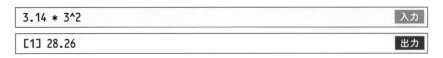

```
3.14 * 3^2
```
入力

```
[1] 28.26
```
出力

　続いて、次の3行を入力して実行してください。動作を確認するためのものなので、今は意味がわからなくてもまったく問題ありません。

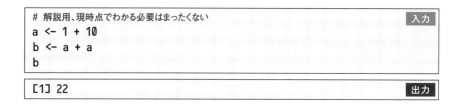

```
# 解説用、現時点でわかる必要はまったくない    入力
a <- 1 + 10
b <- a + a
b
```

```
[1] 22    出力
```

コードの中に出てくる # は コメント と呼ばれるもので、# 以降の文字はすべて
Rは無視します。そのため、次のように書いても # 以降の * 10 は無視されて、答
えが 452 になります。

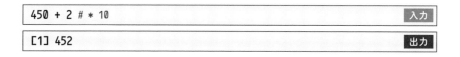

```
450 + 2 # * 10    入力
```

```
[1] 452    出力
```

もし本にある「入力」通りにスクリプトを転記して実行していれば、ここまで読
み進めた時点で、みなさんのRStudioの画面は図2-2のようになるはずです。

図2-2 転記できているかの確認

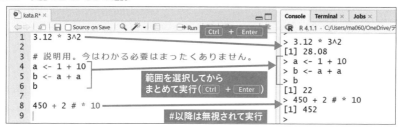

図2-2は次のような結果を示しています。

- 1行目を入力した時点で Ctrl + Enter を押して実行した結果
- 4〜6行目を入力したあと、マウスで4〜6行の範囲を選択して、Ctrl + Enter でまとめて実行した結果
- 8行目は1行目と同様に Ctrl + Enter を押し、行の中にコメントをつけた場合は無視されることを示した結果

コードの動きを理解しながら、転記して実行することでRの習熟が早くなります。
ぜひ、手を動かしてください。

2.2 型を理解しよう

「いちたすには？」と聞かれたときに、みなさんはなんと答えますか？ 頭の中で「1 + 2 =」という式に変形できれば、答えは「3」となるはずです。人であったら非常に簡単な計算ですね。ただし、プログラム言語である R にはそのように「気の利いた」機能はありません。

　実際に、R に次のように入力して実行すると、単純に入力した結果が表示されるだけです。

```
"いちたすには？"                                              入力
```

```
[1] "いちたすには？"                                          出力
```

　文章として入力した、**"いちたすには？"** は、ダブルクオーテーション（**"**）と呼ばれる記号で囲んであります。R は **"** や、**'**（シングルクオーテーション）で囲まれた入力を文字型という型であると認識します。

　型は、いろいろな種類が存在しますが、本節では数字型と文字型の2種類について解説します。現時点では、型を意識することで、R に入力したものの処理をコントロールすることができるというイメージを持ってください。あるいは、「数字と文字の2種類が R の世界にはあるんだ」というくらいの気楽な認識でも OK です。

　実際に型が違うと、同じ処理でも違う結果になることを見てみましょう。次のように **1 + 2** と入力して実行すると、**3** という結果になります。

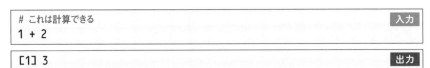

```
# これは計算できる                                            入力
1 + 2
```

```
[1] 3                                                         出力
```

　今度は文字型同士を足し合わせてみます。**"1" + "2"** と入力して実行すると、先ほどの **1** や **2** に **"** を追加して記載しただけなのにエラーがでています。 このエラーは、「二項演算子（**+**）の計算で数値でないものを利用しようとしたために、計算できません」という意味になります。

```
# これは計算できない                                          入力
"1" + "2"
```

```
Error in "1" + "2":   二項演算子の引数が数値ではありません      出力
```

この動作から、数字を単純に記載した場合は、Rはそれを数値（数字型）として
認識する一方、" で囲むと、文字型として認識するということがわかります。

入力されたものがどのような型であるかを調べるには、typeof(入力) と書きま
す。次のように、1、1L、"1" の3種類の入力の型を調べてみましょう。

この入力の結果、"character" は、文字を表す英単語で、文字型のことだとわか
ります。残り2つの "double" と "integer" は見慣れない単語かもしれませんが、
両方とも数字型の一種です。double 型は小数点を含んだ数字を表すことができる
型、integer 型は整数しか表すことができない型であるという認識を持っていれば
OK です。「入力」にあるように、数字のあとに L をつけることで、その数値は
"double" 型ではなく、"integer" 型として認識されています。

```
# typeof(入力)で型を調べる                                    入力
typeof(1)
typeof(1L)
typeof("1")
```

```
[1] "double"                                                  出力
[1] "integer"
[1] "character"
```

入力の型をもう少し大まかに把握するには、mode(入力) とします。1つ前と同
じ入力を調べてみましょう。"numeric" は数字を表す英単語です。"double" と
"integer" は "numeric" に含まれていますね。

```
# mode(入力)で大まかな型を調べる                              入力
mode(1)
mode(1L)
mode("1")
```

```
[1] "numeric"                                                 出力
[1] "numeric"
[1] "character"
```

ここで出てくる typeof() や mode() は関数と呼ばれるRにおける大切な機能

の1つです。詳しくは2.10節で解説します。なお、本書の中で () がついているものはすべて関数を表します。

　type や mode は、今の時点ではあまり正確に理解する必要はありません。ただし、今後 `"numeric"` や `"character"` などの記載があるエラーメッセージを見たら、type や mode に関連したエラーではないかと発想できるとよいでしょう。

2.3　変数を用意しよう

　ここまで、コンソール画面に入力したスクリプトを1行ずつ実行するだけでした。これだと、ただのちょっと特殊な電卓です。ここからは、変数（variable）と呼ばれるものを紹介します。

　変数は、「なんでも入れることができる箱」であるとイメージしてください。箱には数字を入れてもよいですし、文字を入れてもよいです。また、箱には名前をつけておかないと、どの箱に何を入れたかがわからなくなります。

　R で変数（名前つきの箱）を作るためには、次のように入力して実行します。すると、これまでのようにコンソール画面に結果が出力されて「いません」が、変数の作成には成功しています。

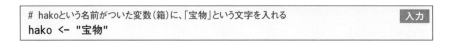

```
# hakoという名前がついた変数（箱）に、「宝物」という文字を入れる    入力
hako <- "宝物"
```

　図2-3にあるように、左下の Environment 画面に「hako」という名前の項目が増えています。このように、変数は Environment 画面で確認できます。

図2-3　Environment画面の概要

「hako」の中身を確認することは簡単で、次のように名前をそのまま記載して実

行してあげるだけです。

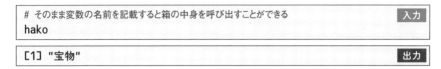

```
# そのまま変数の名前を記載すると箱の中身を呼び出すことができる    入力
hako
```
```
[1] "宝物"    出力
```

変数は中身が数字であれば、そのまま計算に利用することもできます。`suuji` という変数に `100` を入れて、それに `200` を足した場合、`suuji + 200` は `100 + 200` と同じ結果になります。

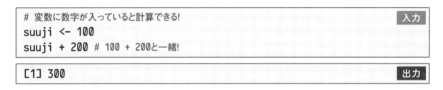

```
# 変数に数字が入っていると計算できる!    入力
suuji <- 100
suuji + 200 # 100 + 200と一緒!
```
```
[1] 300    出力
```

`suuji` の内容を上書きすることもできます。今の時点では先ほど作成した `suuji` の中身は `100` です。

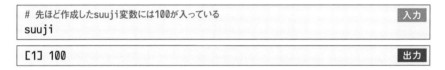

```
# 先ほど作成したsuuji変数には100が入っている    入力
suuji
```
```
[1] 100    出力
```

この `suuji` に `<-` で新しい値を与えましょう。`suuji` を実行すると、新しく与えた値が表示されます。変数に `<-` 記号を使って値を入れることを代入と呼びます。

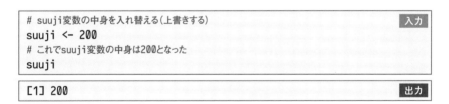

```
# suuji変数の中身を入れ替える(上書きする)    入力
suuji <- 200
# これでsuuji変数の中身は200となった
suuji
```
```
[1] 200    出力
```

今回のように、すでに存在する変数に新しい値を代入した場合、もとから入っていた値が消えて、新しい値に置き換わる（上書きされる）イメージを持ってください（図2-4）。

図2-4　変数は上書きされる！

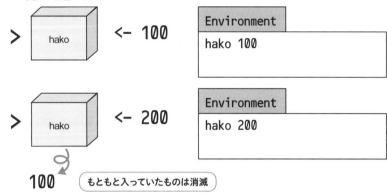

　R はたくさんの変数を組み合わせて、処理を実行します。ここで、変数を利用して、消費税率が変わったときに品物の税込み価格を変更する、簡単なプログラムを書いてみましょう。

　まず、**zei** という変数に消費税率、**0.05** を代入します。その後、いろいろな品物の税抜き価格を入れた変数を作成（**coffee**、**shirts**、**car**）し、**品物の値段 ＊（1 + zei）**で税込み価格を計算します。**coffee** には最初 **200** という数字が含まれていたので、*200 × 1.05 = 210* という結果が得られました。

```
# 消費税率の変数                                              入力
zei <- 0.05

# いろいろな品物の税抜き価格
coffee <- 200
shirts <- 2980
car <- 1200000

# 税込み価格を計算
coffee * (1 + zei)
```

```
[1] 210                                                       出力
```

　同じように、**shirts** で税込み価格を計算すると、*2980 × 1.05 = 3129* という結果になりました。

```
shirts * (1 + zei)                                       入力
```
```
[1] 3129                                                 出力
```

また、 car で税込み価格を計算すると、*1200000 × 1.05 = 1260000* という結果になりました。

```
car * (1 + zei)                                          入力
```
```
[1] 1260000                                              出力
```

これで消費税率が5%から12%に上昇した場合を計算してみましょう。計算式である*税抜き価格 + (1+zei)* は変わりません。ただ、 zei の値を **0.05** から **0.12** に変更してあげる必要があります。変更をした上で、 coffee の税込み価格を改めて計算すると、210円（5%の場合）が224円（12%）になりました。

```
# 消費税が12%の場合のそれぞれの品物の税込み価格の計算         入力
zei <- 0.12
coffee * (1+zei)
```
```
[1] 224                                                  出力
```

他の変数も同様です。小数点以下の計算結果が出ていますが、 shirts は3,129から3,337.6になります。

```
shirts * (1+zei)                                         入力
```
```
[1] 3337.6                                               出力
```

car は、1,260,000から1,344,000と変化しています。

```
car * (1+zei)                                            入力
```
```
[1] 1344000                                              出力
```

繰り返しですが、計算するスクリプトは一切変更していません。最初のスクリプトの zei <- 0.05 を zei <- 0.12 に変更しただけで、結果が変わりました。

2.4 変数のルールや操作方法を確認しよう

変数のルールを確認しておきます。

❶ 変数の先頭に利用できる文字はアルファベットだけです。数字や記号は使えません[注1]。

```
# 先頭に使えるのはアルファベットのみ                                入力
hako <- 1
box <- 2
```

　上のスクリプトは問題ないのですが、次のように 1hako や %hako など、数字や記号で始まる変数を作ろうとするとエラーが出ます。

```
# このような名前の変数はエラー                                    入力
1hako <- 1
%hako <- 2
```

```
Error: unexpected symbol in "1hako"                             出力
Error: unexpected input in "%hako <- 2"
```

❷ 先頭以外であれば、数字や . （ピリオド）、_ （アンダースコア）を変数名に利用することができます。

```
# 途中にピリオドやアンダースコア、数字はOK                         入力
hako_sono1 <- 100
h.a.k.o.h.a.k.o <- 200
```

❸ 大文字、小文字は区別されます。

```
# 大文字、小文字は区別される                                     入力
hako_moji <- "komoji"
hako_Moji <- "oomoji"
```

　hako_moji を実行すると、"komoji" という結果が返ってきました。

注1　厳密には「.」（ピリオド）で開始する変数も OK ですが、ピリオドで始まる変数名は、Environment 画面に表示されないという特徴があるので、わかりやすさのため、本書では利用しません。

```
hako_moji                                                    入力

[1] "komoji"                                                 出力
```

　次のように hako_Moji と1文字だけ、m を M に変えた場合は "oomoji" と
返されます。まったく違う変数として認識されていることがわかります。

```
hako_Moji                                                    入力

[1] "oomoji"                                                 出力
```

　これまでに紹介した❶から❸の条件を満たせば、変数名は好きなものを作成する
ことができます[注2]。変数の名前を決めるのは、単純なようで奥深いです。プログラミ
ングの世界では、変数名についていくつか流儀があるので、ここで簡単に紹介して
おきます。

- キャメルケース：キャメルとはラクダのことで、変数名の区切りを大文字で
  表します。大文字がラクダの「こぶ」のように見えませんか？

```
# キャメルケースで命名した変数名                                 入力
newHako <- 1
greatBox <- 2
```

- スネークケース：スネークは蛇のことで、変数名での区切りを _ で表します。
  蛇に見えますか？

```
# スネークケースで命名した変数名                                 入力
new_hako <- 1
great_box <- 2
```

　キャメルケース、スネークケース、どちらを選んでいただいてもかまいません。
好きなほうを選んでください[注3]。本書ではスネークケースを利用します。
　さて、ここまででたくさんの変数を作成しましたね。Environment 画面には作成
した変数が表示されるはずです。ls() で呼び出してみましょう。この章でここま

注2　実は、日本語の変数名も可能ですが、「ややこしい」ことになるので、やらないでください。

注3　プログラミング言語によっては厳格に書き方のルールとして決まっているケースもあります。
　　　R はプログラマ以外のユーザーが多いので、このあたりはゆるい印象があります。あと、あ
　　　まり踏み込むと論争を巻き起こすので、みんな違ってみんないい精神で……。

で作成した変数が一覧として表示されます。

```
# ls()はこれまで作成した変数名を表示することができる        入力
ls()
```

```
[1]  "a"          "b"          "box"          "car"          出力
[5]  "coffee"     "great_box"  "greatBox"     "h.a.k.o.h.a.k.o"
[9]  "hako"       "hako_moji"  "hako_Moji"    "hako_sono1"
[13] "new_hako"   "newHako"    "shirts"       "suuji"
[17] "zei"
```

変数を消すには **rm()** を利用します。**rm(box)** で **box** が消えます。

```
# rm()で変数そのものを削除できる                         入力
rm(box)
```

Environment 画面から **box** が消えていることを確認してください。また、**ls()** の実行結果の中に **box** が含まれていないことも、あわせて確認してください[注4]。

```
# boxが本当に消えたかを確認                              入力
ls()
```

```
[1]  "a"          "b"          "car"            "coffee"     出力
[5]  "great_box"  "greatBox"   "h.a.k.o.h.a.k.o" "hako"
[9]  "hako_moji"  "hako_Moji"  "hako_sono1"     "new_hako"
[13] "newHako"    "shirts"     "suuji"          "zei"
```

まとめて全部消してしまう方法もあります。次のように入力してください。変数をまとめて消すことができます[注5]。

```
rm(list=ls())                                         入力
```

注4　日本語の変数名を作らないでくださいと、書いたにもかかわらず作成してしまったそこのあなた。**rm** で消えるか試してみてください。Environment 画面から消えませんね。コンソール画面で呼び出せますか？ 呼び出せないのに Environment 画面に残ってしまうのです。ややこしいことになりました（次の注釈へ続く）。

注5　**rm(list=ls())** と実行することで、消すことができなかった日本語の変数名も Environment 画面から消えましたね。このようにややこしいことになるので、日本語を利用した変数を作成することは避けることをおすすめしています。バッククオーテーションでくくれば消えるんですけどね（例：**あ <- 1** としてあという変数を作成した場合、**rm(`あ`)** と入力すると消えます）。

2.5 オブジェクトとは

変数のことを学んだので、ここでオブジェクトという単語について、紹介しておきます。2.3節、2.4節で変数を作成して、削除しました。これをRの一般的な表現で表すと、「変数オブジェクトを作成して、変数オブジェクトを削除した」となります。オブジェクトという単語は単に、「もの」と認識してください。この先、次のような表現が頻出しますが、すべて「もの」という単語に置き換えて読んでも差し支えありません[注6]。

- オブジェクトとして取得して……
- オブジェクトAを別のオブジェクトBとして保存して……
- オブジェクトCがないことを確認して……

2.6 データの帯（ベクトル）について理解しよう

ここまでは、1つの数字や文字を作ったり、変数に入れたり、消したりしてきました。ここからは、「複数の文字や数字」を扱う方法を学んでいきます。

みなさんが普段利用するExcelなどの「データ」を思い出してください。

図2-5の左上にある表は、架空の販売データです。行と列の区別はつきますか？行は横方向の「帯」で、列は縦方向の「帯」です。

ここで、行方向と列方向の「帯」ですべての「型」が一致するものはどちらの方向になるかわかりますか？図2-6にあるように、行方向の「帯」は表のデータの保存のされ方によって、含まれるデータの型はバラバラです。一方、列方向の「帯」はすべて同じ種類のデータで構成されています。

注6　誤解をおそれずにいうと、Rの中で存在する「もの」はすべてオブジェクトです。

図2-5　表、行、列の例

図2-6　帯のデータ型

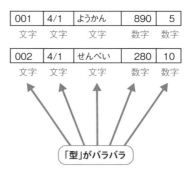

　R には**ベクトル**（vector）と呼ばれる、数字や文字などをまとめて扱うための便利なオブジェクトがあります[注7]。

　ベクトルを作成することは非常に簡単で、**c( )** を使って、次のように **c(文字型1， 文字型2， 文字型3， 文字型4）** と記載します。このように書くことで、文字が4つ含まれたベクトルが生成されました。

注 7　本文中で初めて自然にオブジェクトと使いました。慣れないうちは、何かたいそうな響きがありますが、「R にはベクトルと呼ばれる便利な『もの』があります」と書いただけです。

```
# c():ベクトルを作れる                                        入力
c("ようかん", "せんべい", "大福", "ういろう")
```

```
[1] "ようかん" "せんべい" "大福"      "ういろう"              出力
```

数字を含むベクトルも同様の書き方で作成できます。

```
c(5,10,12,1)                                                入力
```

```
[1]  5 10 12  1                                             出力
```

　作成したベクトルは、変数と同じように好きな名前をつけて保存することができます。先ほど作成したベクトルを変数に入れてみましょう。item_name には商品名、sold_num にはそれぞれの商品の売れた個数を保存してみます。

```
# ベクトルオブジェクトに名前をつけて保存することも可能           入力
item_name <- c("ようかん","せんべい","大福","ういろう")
sold_num  <- c(5,10,12,1)
```

　これまでと同様に、変数を単独で実行すると、その中に含まれる値を見ることができます。

```
item_name                                                   入力
```

```
[1] "ようかん" "せんべい" "大福"      "ういろう"              出力
```

数字を含むベクトルのときも同じです。

```
sold_num                                                    入力
```

```
[1]  5 10 12  1                                             出力
```

　作成した変数のmodeとtypeを調べてみましょう。mode(ベクトル)やtypeof(ベクトル)とすることで、そのベクトルの中身のデータの型を返すことができます。item_name には文字を入れていたので mode は "character" と表示されます。

```
mode(item_name)
```
入力

```
[1] "character"
```
出力

item_name の type も "character" です。

```
typeof(item_name)
```
入力

```
[1] "character"
```
出力

sold_num の mode は "numeric" です。

```
mode(sold_num)
```
入力

```
[1] "numeric"
```
出力

sold_num の type は "double" となっています。

```
typeof(sold_num)
```
入力

```
[1] "double"
```
出力

　単一の数字や文字のときと同じように、ベクトルオブジェクトにも、mode や type で numeric や character などの属性があることがわかります。

　図2-5の左上の表を R で表現しようとした場合を改めて考えましょう。列方向のデータの「帯」はすべて同じ型の値が入っていると先に解説しました。R のベクトルオブジェクトも、型が設定されています。そのため、型が帯の値ごとに変わる可能性がある行方向の帯よりも、列方向の帯をベクトルと見なしてあげると、都合がよいです。 ベクトルをうまく操作できるようになると、表データの操作も合わせてうまく操作できるようになります。

2.7　ベクトルの型を変換しよう

　本節ではベクトルの操作を解説していきます。

　ベクトルで実験してみましょう。ベクトルの型を混ぜてベクトルを作ります。v1 は文字と数字（double）と数字（integer）を混ぜています。

```
# 文字や数字を混ぜてベクトルを作成してみる                    入力
v1 <- c("文字", 1.234, 1L)
v2 <- c(1.234, 1L)
v3 <- c("文字", 1.234)
v4 <- c("文字", 1L)
```

　実行して中身を確認してみると、**v1** の内容はすべて **"** で囲まれており、文字であることが確認できます。

```
v1                                                        入力
```
```
[1] "文字"  "1.234" "1"                                    出力
```

　今度は数字（double）と数字（integer）を混ぜた **v2** を確認します。数字として出力されました。また、integer として与えたはずの数字に小数点がついています。

```
v2                                                        入力
```
```
[1] 1.234 1.000                                           出力
```

　v3 はすべての文字になっています。

```
v3                                                        入力
```
```
[1] "文字"  "1.234"                                        出力
```

　v4 もすべて文字です。

```
v4                                                        入力
```
```
[1] "文字" "1"                                             出力
```

　この4つの変数は **v2** を除いて、結果が **"** で囲まれています。mode や type を調べてあげると、表2-1のようになっています。

表2-1　v1からv4までのmodeとtype

変数名	mode	type
v1	character	character
v2	numeric	double
v3	character	character
v4	character	character

　表2-1の結果から、ベクトルを作成するときは「文字」と「数字」を混ぜるとすべて「文字」になり、「double（小数点を含む数字）」と「integer（整数）」を混ぜると、すべて「double」になるということがわかります。

　ベクトルには同じ型を混在させることができません。そのため、文字が混ざっていればすべて文字になる、数字の型がバラバラであればより広い範囲の数字を表現できるものに型が自動的に変わると理解してください。

　この型変換ですが、R の機能を利用して意図的に行うこともできます。

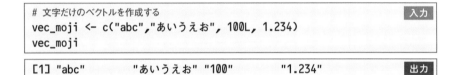

　すべて文字のベクトルに対して、数字に変更したいときは as.numeric() を利用します。

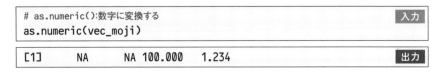

　"abc" や "あいうえお" は NA（欠損値）に置き換わりますが、"100" や "1.234" は数字に置き換わっています。

　同様に、数字だけのベクトルを文字に変換することもできます。

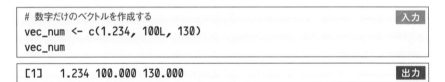

数字ベクトルである `vec_num` に対して、今度は文字へ変換する `as.character()` を利用します。文字に変わりましたね。

```
# 文字に変換する                                          入力
as.character(vec_num)
```

```
[1] "1.234" "100"   "130"                               出力
```

以上の結果をまとめると、表2-2のようになります。 `as.character()` で変換したものはすべて character に、`as.numeric()` で変換したものはすべて double になります。

表2-2　as.numeric()、as.character()で変換したときの結果

もとの値	as.character(もとの値)	as.numeric(もとの値)
"文字"	"文字"	NA
"1234"	"1234"	1234
1.234	"1.234"	1.234
1L	"1"	1

2.8　ベクトルとベクトルで計算しよう

ベクトル同士の計算をマスターすると、表の中の列同士の計算もできるようになります。表データの分析を行うためにも、ここでベクトル同士の計算方法を理解しましょう。本節でポイントとなるのは、長さが同じものと違うもののベクトル同士を計算したときの動作が異なるということです。実際にいろいろな長さのベクトルを作って、計算をし、その結果を見てみましょう。

```
# 数字ベクトルを作成                                      入力
v  <- c( 1, 2, 3, 4, 5)
v3 <- c( 1, 2, 3)
v5 <- c( 1, 2, 3, 4, 5)
v7 <- c( 1, 2, 3, 4, 5, 6, 7)
```

ここで作成したベクトルを足し合わせた結果は、図2-7にまとめてあります。この図の①から④を実際にRで実行しましょう。なお、ここから、ベクトルに含まれる数字や文字のことを要素と表記します。

図2-7①の「ベクトルと数字の計算」を行った場合、数字がベクトルの要素に含まれる個数分繰り返し利用されます。

図2-7　ベクトル同士の加算の例

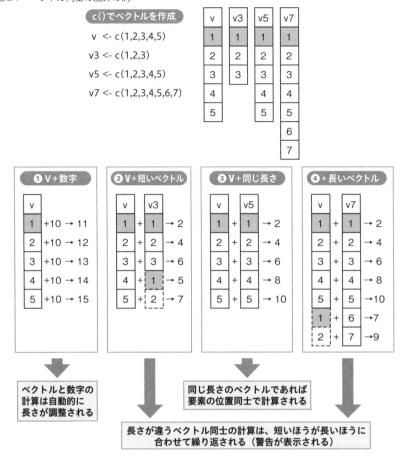

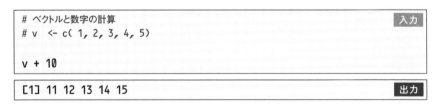

図2-7③の「同じ長さのベクトル同士の計算」をすると、同じ位置同士の要素が
計算されます。

```
# 同じ長さ同士のベクトルの計算                              入力
# v  <- c(1,2,3,4,5)
# v5 <- c(1,2,3,4,5)

v + v5
```

```
[1]  2  4  6  8 10                                      出力
```

　図2-7②、④の「ベクトルの長さが違うもの同士を計算」する場合は、短いベクトルが長いベクトルの長さと一致するように、Rが自動的に「短いほうのベクトルを繰り返して」計算します。長さが違うベクトル同士の計算を行った場合は、警告（Warning）メッセージが出ます。

　実際に、長さ5の **v** と長さ3の **v3** を見てみましょう。この2つを足すと警告（Warning）が表示されますが、計算結果が表示されました。この計算は図2-7の②にある通り、**v** より短い **v3** が「繰り返されて」、計算されています。警告の内容は、「繰り返し」が生じたことに対するものです。

```
#    v:1  2  3  4  5                                     入力
# +v3:1  2  3 (1  2) <-( )の中身はRが自動的に追加
#   =:2  4  6  5  7
v + v3
```

```
Warning in v + v3: 長いオブジェクトの長さが短いオブジェクトの長さの倍数
になっていません
```

```
[1] 2 4 6 5 7                                           出力
```

　今度は長さ5の **v** と長さ7の **v7** の足し算を見てみましょう。図2-7の④にある通り、短い **v** が繰り返され、**v7** の長さと揃えて計算されます。

```
#    v:1  2  3  4  5 (1  2) <-( )の中身はRが自動的に追加   入力
# +v7:1  2  3  4  5  6  7
#   =:2  4  6  8 10  7  9
v + v7x
```

```
Warning in v + v7: 長いオブジェクトの長さが短いオブジェクトの長さの倍数
になっていません
```

```
[1]  2  4  6  8 10  7  9                                 出力
```

　意図的に長さが違うベクトル同士を計算している場合は、この警告は無視してかまいません。ただ、意図せずにこの警告が出たら、想定外の動作が起こっていないか、確認することをおすすめします。

　ここでは足し算（＋）だけを紹介しましたが、引き算（－）、かけ算（＊）、割り算（／）、累乗（＾）などでも同じルールで計算できます[注8]。

2.9　データフレームで表を作ろう

　2.6節から2.8節まで、ベクトルについて学びました。ここでは、このベクトルのかたまりである表形式のデータについて解説します。図2-8は図2-5の表の再掲です。

図2-8　表の例

顧客ID	注文日	商品	値段	数量
001	4/1	ようかん	890	5
002	4/1	せんべい	280	10
003	4/4	大福	150	12
004	4/7	ういろう	700	1

　この表には顧客 ID、注文日、商品、値段、数量という5つの列があります。1行目のデータは、「顧客 ID001 番に、4月1日にようかんが5個、1個890円で売れた」という意味になります。これらの列をまずベクトルで作成してみましょう。

```
# 表の5つの列に対応する5つのベクトルを作成                          入力
id        <- c("001","002","003","004") # 顧客ID
order_day <- c("4/1","4/1","4/4","4/7") # 注文日
item      <- c("ようかん", "せんべい","大福","ういろう") # 商品
price     <- c(890,280,150,700) # 値段
num       <- c(5, 10, 12, 1) # 数量
```

　作成したベクトルを利用して表を作るには、**data.frame()** を使います。**data.frame()** のカッコの中に、**列名＝ベクトル** と記載することで、表を作成することが

注8　数学のベクトル同士の計算とは挙動が違います。その点はご注意ください。数学のベクトルや行列の計算する機能も R には含まれていますが、本書では数学的なテーマは一切ふれません（むしろ、そこが得意なプログラミング言語ですが……。数値計算に興味がある方は R もそうですが、Julia という言語もよいかもしれません）。

できます。複数列を作りたいときは、次のように 、(カンマ)で区切ります。なお、この 、の前後で改行したり、スペースを追加したりしても、動作に影響はありません。

```
# 表データを作るにはdata.frame()を利用                    入力
hyou <- data.frame(
  id          = id,
  tyumon      = order_day,
  item_name   = item,
  item_nedan  = price,
  item_kosu   = num
)
hyou
```

```
  id tyumon item_name item_nedan item_kosu           出力
1 001    4/1 ようかん       890         5
2 002    4/1 せんべい       280        10
3 003    4/4     大福       150        12
4 004    4/7 ういろう       700         1
```

ここで作成した hyou は、id 列、tyumon 列、item_name 列、item_nedan 列、item_kosu 列という5つの列がある表形式のデータになっています。RStudio の機能を利用して、表の内容を確かめてみましょう。Environment 画面を見てください。「Data」という区分の中に、「hyou」という変数が表示されますか? 表示されているのであれば、その「hyou」という表記をクリックしてください。あるいは、コンソール画面に、次のように打ち込んでみてください。

```
# View()で表の内容を表示する                            入力
View(hyou)
```

図2-9のように、表が左上の画面に表示されていれば成功です。

表示された表(ビューワー)は、アイコン(🔲)をクリックするとポップアウトさせることができます。ポップアウトした状態で、RStudio とビューワーを並べて、次のスクリプトを実行しましょう。

```
hyou_backup <- hyou                                    入力
hyou <- data.frame(id = c(1,2,3))
```

hyou の内容が自動的に更新されましたか? 表示された変数のデータを置き換えてあげることで、処理を確認しながらスクリプトを実行することができます。こ

図2-9　表データのビューワーの起動

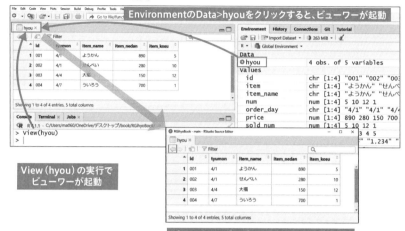

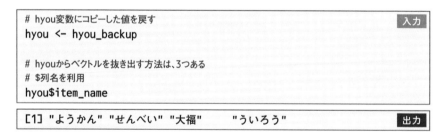

こで `hyou_backup <- hyou` を先にしているのは、`hyou` の内容を上書きする前に、別の変数に `hyou` のデータをコピーしておくためです。こうすることで、`hyou` を書き換えたあとで何か間違えても、`hyou_backup` からすぐに復元できます。

　表形式の変数からベクトルを抜き出す方法は、次のような **表の名前 $ 列名** という書き方になります。表の名前と列名の間に **$** （ドル）を入れましょう。

```
# hyou変数にコピーした値を戻す                          入力
hyou <- hyou_backup

# hyouからベクトルを抜き出す方法は、3つある
# $列名を利用
hyou$item_name
```

```
[1] "ようかん" "せんべい" "大福"        "ういろう"   出力
```

　他にも、列名を二重の角カッコで囲って、**表の名前[[" 列名 "]]** と書いても取り出すことができます[注9]。

```
# [["列名"]]を利用                                     入力
hyou[["item_name"]]
```

注9　**表の名前[[" 列名 "]]** だとベクトルで取り出せますが、**表の名前[" 列名 "]** と **[** を 2 個ではなく 1 個にした場合は 1 列のデータフレームとして取り出せます。

```
[1] "ようかん" "せんべい" "大福"    "ういろう"                        出力
```

列の位置を数字で指定して取り出したいときは、**表の名前[, 列番号]** というように、表の名前のあとの **[ ]** の中に、**, 列番号** で、取り出すこともできます。ここでは、**item_name** 列は左から3番目の列なので、次のように記載するとうまく取り出せます。

```
# [, 列番号]を利用                                                    入力
hyou[,3]
```

```
[1] "ようかん" "せんべい" "大福"    "ういろう"                        出力
```

列を指定する方法を利用して、ベクトルを取り出すことができましたが、逆に、**列の指定 <- ベクトル** とすることで、新しいベクトルで列を置き換えることも可能です。

すでに作成した **hyou** を **h1**、**h2**、**h3** と3つの新しい変数に代入してコピーしておきます。これらの新しい変数の **item_name** を別の値に置き換えます。新しい値は、**dainyu** に含まれるベクトルです。

```
# hyou変数を3つの方法で置き換え可能かを確認するために3つ作成             入力
h1 <- hyou
h2 <- hyou
h3 <- hyou

dainyu <- c("よ","せ","だ","う")

# $を使う方法
h1$item_name
```

```
[1] "ようかん" "せんべい" "大福"    "ういろう"                        出力
```

この時点では、**h1$item_name** には、上のようなベクトルが含まれていました。これを **dainyu** の値で置き換えましょう。置き換えるには、**表の名前 $ 列名 <- 新しい値** と記載します。すると、新しい値が表の列にあるデータと置き換わります。

```
h1$item_name <- dainyu                                                 入力
h1$item_name
```

```
[1] "よ" "せ" "だ" "う"                                               出力
```

$ での指定以外、**[ ]** も利用できます。**表の名前[" 列名 "] <- 新しい値** とすると、列名に含まれる値（ベクトル）を新しい値（ベクトル）で置き換えることができます。

```
# [["列名"]]を使う方法
h2[["item_name"]]
```

```
[1] "ようかん" "せんべい" "大福"        "ういろう"      出力
```

h2 の `item_name` には上のようなベクトルです。表の名前 `[["列名"]] <- 新し`
い値 とすることで、データを置き換えることができます。

```
h2[["item_name"]] <- dainyu                              入力
h2[["item_name"]]
```

```
[1] "よ" "せ" "だ" "う"                                  出力
```

表の名前 `[,列番号]` も同様にして置き換えることができます。

```
# [,列番号]を使う方法
h3[,3]
```

```
[1] "ようかん" "せんべい" "大福"        "ういろう"      出力
```

表の名前 `[,列番号] <- 新しい値` で置き換えることができました。

```
h3[,3] <- dainyu                                        入力
h3[,3]
```

```
[1] "よ" "せ" "だ" "う"                                  出力
```

いかがでしょうか。すべてのベクトルを取り出す方法について、代入を利用する
ことで表のデータの列を置き換えることができましたね。R では表データは列方向
のベクトルの帯のかたまりとして表すことができます。大切なポイントなので、理
解しておいてください。

図2-10は本節のまとめです。ここまで解説した表の作り方、ベクトルを抜き出す
方法、ベクトルを置き換える方法についてまとめました。

図2-10　データフレームの作り方と列の操作のまとめ

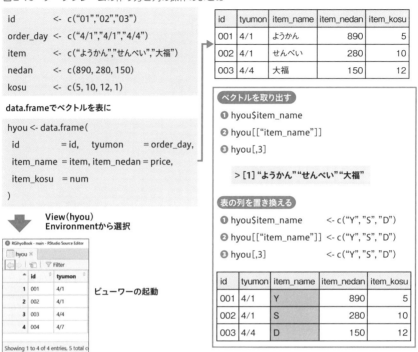

2.10 関数を理解しよう

　ここまで、 `data.frame()` や、 `c()` 、 `rm()` 、 `ls()` など、「文字とカッコの命令」を書くことでRにいろいろな動きをさせてきました。この「文字とカッコの命令」のことを関数（function）といいます。関数の基本的な動作は、「何かを与えると、何かが返ってくる」です。例えば、 `c()` に対して、 **1,2,3** と数字を3つ与えると、長さが3のベクトルが返ってきます[注10]。

　関数はRの機能の中で最も強力なものの1つです。ここで「千円カット関数」と「美容室関数」という2つの架空の関数が存在したとします（図2-11、図2-12）。

注10　もちろん例外もあって、 `rm()` に消したい変数の名前の文字オブジェクトを与えると、Rの中
　　　からその変数が消えるという効果が生じることもあります。

図 2-11　千円カット関数のイメージ

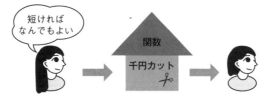

関数としてRに存在した場合:

千円カット()　＞

図 2-12　美容室関数のイメージ

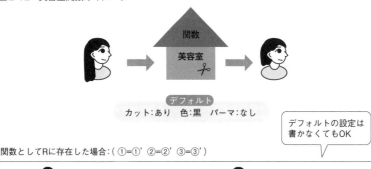

デフォルト
カット：あり　色：黒　パーマ：なし

デフォルトの設定は
書かなくてもOK

関数としてRに存在した場合:（①＝①' ②＝②' ③＝③'）

　それぞれの関数に与えるオブジェクト（入力）を「髪の長い人」とします。図2-11の、千円カット関数は、**千円カット（髪の長い人）** と書いて実行することで、**髪の短い人** というオブジェクトになるイメージです。図2-12はやや複雑に見えます。デフォルトの設定を確認してみましょう。デフォルトではカットあり、色は黒でパーマはなしという設定です。このデフォルトのまま、「髪の長い人」オブジェクトを与えると「髪の短い人（色は黒、パーマなし）」オブジェクトが返ってきます。このとき、**美容室（髪の長い人，カット＝あり，色黒，パーマ＝なし）** と書くことと、**美容室（髪の長い人）** と書くことは同じ意味です。関数では、デフォルトの設定は書かなくてもよいというルールです。

　図2-12の①を見てください。**美容室（髪の長い人，色＝灰）** としてあげることで、

右端の「髪が短くて灰色の人」のオブジェクトが返ってきます。これは、**美容室（髪の長い人，カット＝あり，色＝灰色，パーマ＝なし）**と書くのと同じ意味です。これは①'と同じですね。同様に、②と②'、③と③'も同じ結果です。

ここで、美容室関数は千円カット関数と違い、設定の組み合わせによって、いろいろな結果が出力されました。関数は、このように、設定を変えることで1つの入力からいろいろな結果を出力することができます。

関数に与えるオブジェクトや設定のことをまとめて**引数**(argument)と呼びます。ここで解説に利用した2つの関数は架空の関数ですが、R には、さまざまな関数が用意されており、それを組み合わせて用いることで、いろいろなことができます。

これ以降、本書では **関数名（）** という表記で関数を表現します。

関数を使いこなすためには、関数の使い方などが記されたヘルプファイルを読むことが近道です。次のように入力して `data.frame()` のヘルプファイルを表示してみましょう。

```
# help（関数名）でヘルプファイルを表示
help(data.frame)

# ?関数名でも表示できる
?data.frame
```

うまく表示されると、図2-13のようになります。

図2-13　ヘルプファイルの内容例

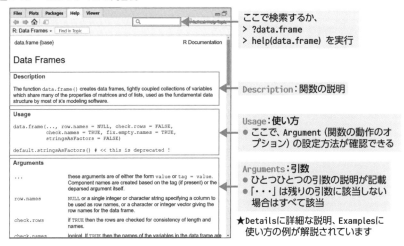

読み慣れないと難しく感じるかもしれませんが、基本的には以下のようなことが書かれています。

- Description：その関数の働きの概要
- Usage：引数のデフォルトの値（あれば）
- Arguments：引数の解説と、その設定方法
- Examples：その関数の実行例

慣れていない関数のヘルプファイルを一度ですべて理解するのは難しいので、最初は Examples の内容をスクリプトにコピペして、それを実行しながら引数の動作や関数の使い方を確認する方法がおすすめです。Usage では、`row.names = TRUE` のように「引数の名前 = デフォルトの値」と記載されているものと、単に引数の名前だけが「=」のない状態で記載されているものがあります。「=」がない引数は、関数を利用する場合に必ず設定しなければならない引数になります。また、今回の例では `...` という引数の記載があります。これは、いくつでも引数を与えることができるという意味になります。

実際に、`data.frame()` の Examples の内容を一部実行してみましょう。

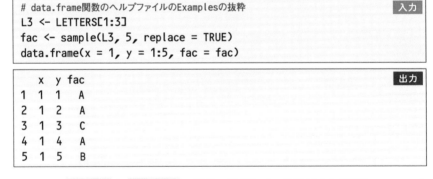

```
# data.frame関数のヘルプファイルのExamplesの抜粋          入力
L3 <- LETTERS[1:3]
fac <- sample(L3, 5, replace = TRUE)
data.frame(x = 1, y = 1:5, fac = fac)
```

```
  x y fac                                               出力
1 1 1   A
2 1 2   A
3 1 3   C
4 1 4   A
5 1 5   B
```

ここで、`LETTERS` や `sample()` の動き、実行している結果から推測しつつ、ヘルプファイルを読んで、どういう動作をするのか、確認してみてください[注11]。

注 11　`LETTERS` は R に組み込まれている変数で、大文字のアルファベットのベクトルを含んでいます。ベクトルは、`[1:3]` と直後に記載することで、このケースでは 1 つ目から 3 つ目の要素を抜き出すことができます。`sample()` は、9.2 節で詳しく使い方を解説します。

2.11　パッケージを読み込もう

　R単独でもできることはたくさんありますが、そこに**パッケージ**と呼ばれる機能を追加することで、できることがどんどん増えていきます。スマートフォンにアプリケーションを追加する感覚に近いかもしれません。図2-14はRで新しい機能を利用する場合の全体像です。

図2-14　パッケージの利用

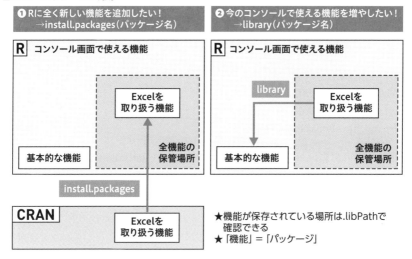

　Rにまったく新しい機能を追加したいケースでは、**install.packages()** を利用します（図2-14①）。Rには「機能を保管する場所」があります。**install.packages()** は、その場所にCRANからインターネットを経由して、機能を取得し、保存することができます。

　Rの「機能の保管場所」に新しい機能を追加しただけでは、それを使うことはできません。コンソール画面で新しい機能を使えるようにするには、Rを起動するたびに、**library()** で「これからこの機能を利用します」と宣言してあげる必要があります（図2-14②）。

　次の章では、Excelファイルを読み込む方法を解説します。ただ、Rそのものにはいていません。図2-14にあるように、Excelファイルを取り扱う機能があるreadxlという名前のパッケージをみなさん

のRの中にインストールして、呼び出してみましょう。

```
# install.packages関数でパッケージをRに追加できる                    入力
install.packages("readxl")

# library関数で追加したパッケージを使えるようにする
library(readxl)
```

　実は、ここでつまずく人が多いので、エラーの対応方法についても、一部解説しておきます（特に、Windowsの方で問題を経験することが多いので、ここではWindowsの場合のエラー対応について記載してあります）。

エラー対応：not writableと出る場合（Windows）

　以下のようなエラーが出る場合、Rの「機能の保管場所」にファイルを保存する「権限がない」ケースが考えられます。

```
Warning in install.packages :                                   入力
  'lib = "C:/Program Files/R/R-4.1.0/library" '  is not writable Er
ror in install.packages : unable to install packages
```

　RStudioにファイルを保存する権限を与えるためには、一度RStudioを閉じてから、図2-15のように「管理者として実行」としましょう。その状態で立ち上げたRStudioは、デフォルトの保存場所である、「C:/Program Files/R/R-<VERSION>/library」にパッケージを保存することができます。

図2-15　管理者権限で実行する場合

2.12 パッケージを読み込まずに関数を利用しよう

　別々のパッケージにまったく同じ名前の関数が存在することがあります。その場合、両方のパッケージを `library()` で呼び出すと、あとから呼んだパッケージの関数を利用することはできますが、先に呼んだパッケージの関数を利用することができません。もし、別々のパッケージにある同じ名前の関数を利用したい場合は、どのパッケージの関数なのかを明確にする必要があります。

　図2-16を見てください。左の図のように前節では `library(` パッケージ名 `)` としてパッケージに含まれる関数すべてを利用できるようにしていました。このようにパッケージの関数を呼び出す以外にも、右の図のように **パッケージ名 :: 関数名 ( )** と記載することで、1つの関数だけを利用することができます。

図2-16　パッケージを読み込まずに関数を利用する方法

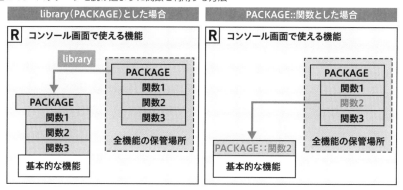

　やってみましょう。`comma()` は、桁数が多い数字の3桁ごとにカンマをつけて、読みやすい文字型に変換する関数です。この関数の機能だけを利用したい場合は、`scales::comma()` とするだけで呼び出すことができます。次のように、`comma()` のみ記載するとエラーとなります。

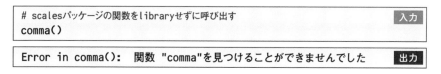

```
# scalesパッケージの関数をlibraryせずに呼び出す                    入力
comma()
```

```
Error in comma():  関数 "comma"を見つけることができませんでした      出力
```

　次に、**パッケージ名 :: 関数名** と記載すると、うまく呼び出せました。

```
scales::comma(100000000)                                    入力
```
```
[1] "100,000,000"                                           出力
```

　他のパッケージと名前が重複する関数がないのであれば、この書き方をあえてする必要はありません。ただ、頻繁に使う書き方なので、ここで覚えておいてください。

第 **3** 章

Excel ファイルの インポート

本章では、ファイルの場所（パス）を指定して、
Excel ファイルを取り込む方法について解説し
ます。また、便利な tibble 形式の表や取り込む
ときの注意事項、Excel ファイル以外のファイル
を取り込む方法についても解説しています。

3.1 インポートとは

　普段 Excel などでデータを処理するときは、ファイルをダブルクリックすると、自動的に Excel（ソフトウェア）が内容（データ）を含んで立ち上がります。R は RStudio（ソフトウェア）を立ち上げただけでは、内容（データ）は読み込まれません。ソフトウェアの中にどのファイル（データ）を取り込むかを指定します。この取り込むファイルを指定して、実際に RStudio の中に取り込む過程を**インポート**といいます。

　ファイルをインポートをすると、R の中に表の形をしたデータフレームオブジェクトが作成されます。Excel のように、データを含めてソフトウェアを起動するほうが便利に感じるかもしれません。オブジェクトとしてデータを取り扱うことは、慣れるまで時間がかかります。しかし、再現性のあるレポートの作成がマウス操作より楽にできるようになったり、複数のデータを簡単に取り扱うことができるため、使いこなせると大きなメリットになるはずです。本章では、基本的な Excel ファイルのインポート方法を解説します。

3.2 パスとは

　ファイルをインポートするときは、**パス**という概念の理解が大切です。R では、ファイルをインポートするときに、ファイルの場所をパスと呼ばれる文字で指定する必要があります。そのため、パスについて十分に理解できていないと、読み込みたいファイルを読み込むときにうまく指定できず、困ったことになります。また、3.5 節で解説しますが、他の人とプロジェクトを共有するときも、パスをきちんと理解してスクリプトを書かないとうまく共有できません。

　本節では、Windows の場合で解説していきますが、macOS でも考え方は同様です。図3-1には、ローカルディスクの中に important フォルダがあり、そのフォルダの中に Excel ファイルと files フォルダが存在します。files フォルダの中には別の Excel ファイルがあるような状況が図示されています。

　図3-1には、同じ名前の Excel ファイルが2つあります。この2つのファイルは同じフォルダに置くことはできませんが、今回のように別々のフォルダに置いてあれば、同じ名前でも問題ありません。この2つの Excel ファイルの違いはどこにあるでしょうか？　内容はもちろん異なりますが、ここで大切なのは、「置いている場所

図3-1 パスについて理解しよう

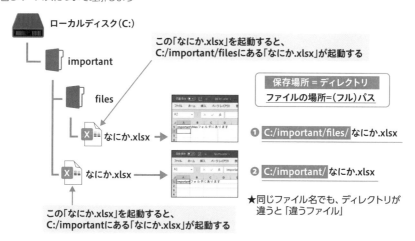

が違う」ということです。「置いている場所」をコンピューターではパスと呼びます。パス（Path）は道筋という意味の英単語で、ファイルの置き場所を表します。図3-1の、❶「C:/important/files/ なにか .xlsx」と❷「C:/important/ なにか .xlsx」は2つのパスを表しています[注1]。❶と❷で、ファイルの名前（なにか .xlsx）を除いた部分のことを、ファイルが置いてあるディレクトリといいます。ファイルのパスは、ディレクトリとファイル名で、ファイルの正確な場所を表すしくみになっています。

　パスには絶対パスと相対パスという2つの書き方があります。図3-2には「なにか1.xlsx」が3つ、「なにか2.xlsx」ファイルが1つあります。それぞれのファイルの場所を、ローカルディスク（C）の場所から指定したパスのことを絶対パス（あるいはフルパス）と呼びます。絶対パスに対して、ある一定のディレクトリから見た場合のファイルの位置を相対パスといいます。図3-2では、「ある一定のディレクトリ」の場所を、小人（🧍）がいる場所としています。🧍がいる場所のことをRでは、ワーキングディレクトリと呼びます。ワーキングディレクトリから見た場合のファイルへのパスを相対パスと呼びます。

　図3-2で、相対パスと絶体パスを見比べてください。図ではファイルの置いてある

注1　Windowsのファイル表記が¥記号で表記されているためWindowsユーザーのみなさんは見慣れないかもしれません。キーボードで ¥ を入力すると、「\」（バックスラッシュ）が入力されます。RのWindowsで「\」を利用してパスを指定したい場合は、「\\」と2回続けて入力する必要があるため、コピペなどをして入力した場合は「\\」とするか、「/」（スラッシュ）に置き換えてください。

図3-2　絶対パスと相対パス

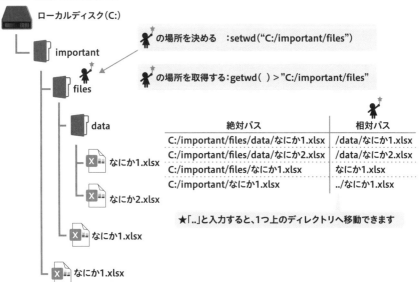

絶対パス	相対パス
C:/important/files/data/なにか1.xlsx	/data/なにか1.xlsx
C:/important/files/data/なにか2.xlsx	/data/なにか2.xlsx
C:/important/files/なにか1.xlsx	なにか1.xlsx
C:/important/なにか1.xlsx	../なにか1.xlsx

★「..」と入力すると、1つ上のディレクトリへ移動できます

ディレクトリに近いフォルダをワーキングディレクトリとしているため、相対パスが絶体パスと比べて短い記載ですんでいます。

3.3　ワーキングディレクトリを確認・設定しよう

　ここからは配布データのプロジェクトを利用して解説を行います。「r_rakuraku_book/ch03_Excel ファイルのインポート /path」にある「path.Rproj」をダブルクリックしてプロジェクトを開いてください[注2]。何らかの理由でダウンロードできなくなった場合は図3-2のように、important フォルダ以下をプロジェクトを作成したディレクトリに作成すると同じ内容となります。

　ワーキングディレクトリは、そのプロジェクトの「.Rproj」ファイルが置かれている場所です。そのことを確認するためには、**getwd()** を実行してみましょう。

```
# ワーキングディレクトリを確認する                        入力
getwd()
# この実行結果はPCの状況次第で異なるので注意
```

注 2　配布データは「https://github.com/ghmagazine/r_rakuraku_book」からダウンロードできます。

```
[1] "C:/book"                                                    出力
```

　また、ワーキングディレクトリを好きな位置に変更するためには、`setwd()`を利用します。まずは、ワーキングディレクトリに設定したいフォルダが存在することを確認してください。フォルダを作っておかないとエラーが出ます。

　`setwd()`で新しく指定するディレクトリは、`setwd()`を実行する前に確認した、`getwd()`の位置（C:/book）から見た相対ディレクトリを入力します。`setwd()`にもとのワーキングディレクトリから見た相対パスを与えてあげることで、新しいワーキングディレクトリが設定できました。このとき、`.`はもとのワーキングディレクトリを表す文字です。必須ではありませんが、つけるようにしておくとよいでしょう。このスクリプトを実行した結果、「C:/book/important/files」の位置に（👧）がいる状態になりました。

```
# setwdでワーキングディレクトリを設定可能                          入力
setwd("./important/files")
getwd()
```

```
[1] "C:/book/important/files"                                    出力
```

　ここから、もとのディレクトリに戻る方法を考えます。「そのフォルダが入っている、1つ上のフォルダを指定する方法があれば、もとのディレクトリに戻れますね。このような相対パスは、`..`と記載します。このように記載することを「階層を上がる」と表現します。まずは`getwd()`で今のワーキングディレクトリを確認します。

```
getwd()                                                          入力
```

```
[1] "C:/book/important/files"                                    出力
```

　ここからもとの「C:/book」に移動するためには、2階層上がった場所を意味する`../..`と相対パスを指定してあげます。

```
# 「..」で上の階層に戻れる                                         入力
setwd("../..")
getwd()
```

```
[1] "C:/book"                                                    出力
```

　R 本体だけを利用しているのであれば、ワーキングディレクトリは解説したように移動しますが、RStudio を使うと、もっと簡単にできます。図3-3にその機能をまとめました。

図3-3　RStudioでのワーキングディレクトリの移動

　右下の画面の、Files で歯車の設定ボタン（More ボタン）をクリックすると図のようなメニューが出てきます。「Set As Working Directory」を選択すると、Files 画面で表示しているフォルダをワーキングディレクトリとして設定できます。「Go To Working Directory」を選択すると、ワーキングディレクトリのフォルダに移動することができます。また、「Show Folder in New Window」では、Files 画面で開いているフォルダを Windows ではエクスプローラー、macOS では Finder で開くことが可能です。

3.4　パスがなぜ重要なのか理解しよう

　RStudio には、ワーキングディレクトリを設定したり移動したりできる便利な機能が備わっています。基本的にはマウス操作での設定が可能です。そのため、細かなパスの変更についての解説は必要ないかもしれません。ただし、それでもなぜパスについて入念に解説をしたかというと、この概念は他の人とデータやスクリプトを共有するときに必要な知識だからです。ファイルをフォルダごと別の場所にコピーしたときのパスの変化について、図3-4に示してあります。

図3-4 フォルダを移動した場合の相対パスと絶対パスの変化

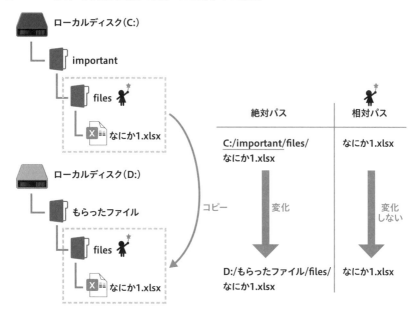

この図では、「C:/important」フォルダに置いてある files フォルダを別の PC の「D:/ もらったファイル」フォルダに移動した場合の、「なにか .xlsx」ファイルの絶対パスと相対パスの変化を記載しています。見てわかるように、絶対パスは変化していますが、files フォルダを起点とした相対パスは変化していません。

このように、相対パスでファイルの位置を記載することで、フォルダの場所を移動しても、ファイルの場所を把握することができます。そして、相対パスの「起点」を、.Rproj ファイルがある場所とするようにしておけば、「プロジェクト」単位でフォルダを移動する場合、相対パスは不変です。

このような利点があるため、データの加工や分析をする場合は、RStudio のプロジェクト機能を利用すると便利です。

3.5 Excelファイルを実際に読み込もう

本節では、配布データの「r_rakuraku_book/ch03_Excel ファイルのインポート/readexcel」にある「path.Rproj」をダブルクリックして RStudio を立ち上げた状態で解説します。このプロジェクトには「file/sample.xlsx」というファイルがある

だけです。本節では、このファイルを読み込むことを通して、Excel ファイルの読み込みに必要な知識を身につけます。なお、このファイルの中身は、図3-5のようになっています[注3]。

図 3-5　readexcelプロジェクトのsample.xlsxの内容

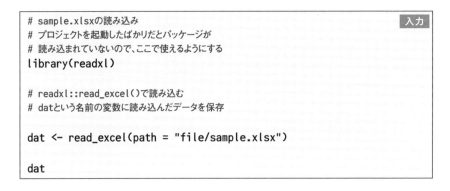

　それでは、さっそく読み込みましょう。読み込むための関数は、2.11節でインストールした readxl パッケージに含まれる **read_excel()** を利用します。readxl パッケージを **library()** で関数を利用できるようにしてから、**read_excel()** で Excel ファイルを読み込んでみましょう。

```
# sample.xlsxの読み込み                                          入力
# プロジェクトを起動したばかりだとパッケージが
# 読み込まれていないので、ここで使えるようにする
library(readxl)

# readxl::read_excel()で読み込む
# datという名前の変数に読み込んだデータを保存

dat <- read_excel(path = "file/sample.xlsx")

dat
```

注 3　このファイルが取得できない場合は、図を参考にしてご自身で Excel ファイルを作成してみてください。読み込むデータを含めて、自分で簡単なものを作って関数の動作を確認するような行動は、上達への近道です（この方法は R を学んでいくにあたり、非常に有効です）。なお、本書で用いるデータのほとんどは著者の創作物です。わかりやすさを優先して単純なデータを多く用いています。

```
# A tibble: 3 x 5                                              出力
  ...1    `4/1`    `4/2`    `4/3`    `4/4`
  <chr>   <chr>    <chr>    <chr>    <chr>
1 大阪    晴れ     晴れ     晴れ     雨
2 名古屋  曇り     晴れ     晴れ     雨
3 東京    雨       曇り     晴れ     雨
```

?read_excel でヘルプファイルを見てみましょう[注4]。Usage のところに、 read_excel(path, sheet = NULL, range = NULL, ……) と記載されています。path 引数以外の引数にはすべて = がついているため、なんらかの値がすでに引数として設定されていることがわかります。そのため、この関数を動かすためには、最低限、= がついていない path 引数だけ、設定を与えなければいけません。現時点では、= がついた引数の右側にある記載は、無視してかまいません。

ヘルプファイルの Arguments の path 引数の解説を見ると、「Path to the xls/xlsx file.」とあります。これは、「Excel ファイルへのパス」という意味です。スクリプトでは、相対パスで「sample.xlsx」までのパスを記載しています。実行した結果は「1つ目のシートの内容を読み取る」となりました。

ただ、これだけだと1つ目の天気シートの内容を読み込むことはできますが、2つ目の売上シートの内容を読み込むことができません。どのシートを読み込むかを指定するには、 sheet 引数を利用します。 次のスクリプトでは2通りの書き方で売上シートを読み込んでいますが、どちらもまったく同じ意味です。関数に引数を設定するには「引数の名前＝値」と書きます。ただし、「引数の名前」が省略されて、「値」だけが記載されている場合は、ヘルプファイルの Usage に書かれた順番で値が与えられたと R は解釈するので、 # 2 の書き方でも同じ結果になります。引数を関数に設定するとき、引数の名前をつけて値を与える場合は、どの順番で書いてもよいです。名前をつけないで値だけを書く場合は、ヘルプファイルで指定されている順番でないと、意図した引数に値を設定することができないという点だけ注意してください。

```
# 売上シートの内容を読み込む                                    入力
# 1
uriage <- read_excel(path="file/sample.xlsx",sheet="売上")
# 2
```

注4　新しい関数を見たら、とりあえずヘルプファイルを開きましょう。全部読まなくてもよいので、引数の設定方法と使い方の例だけでも簡単に確認してください。

```
uriage <- read_excel("file/sample.xlsx","売上")

uriage
```

```
# A tibble: 8 x 15                                                         出力
   販売個数の集    ...2    ...3    ...4    ...5    ...6    ...7   ...8   ...9    ...10   ...11
   計
   <chr>         <chr>   <chr>   <chr>   <chr>   <chr>   <chr>  <lgl> <chr>   <chr>   <chr>
 1 A店舗         <NA>    <NA>    <NA>    <NA>    <NA>    <NA>   NA    B店舗   <NA>    <NA>
 2 日付          栗よ~   芋よ~   抹茶~   イチ~   みか~   ブド~  NA    日付    栗よ~   芋よ~
 3 2021/4/1      11      65      24      120     100     76     NA    2021~   23      32
 4 2021/4/2      23      43      84      130     90      67     NA    2021~   43      54
 5 2021/4/3      87      45      46      133     98      65     NA    2021~   56      54
 6 2021/4/4      12      32      54      132     87      95     NA    2021~   43      76
 7 2021/4/5      34      32      33      149     80      46     NA    2021~   23      54
 8 2021/4/6      45      34      12      140     79      50     NA    2021~   87      98
# ... with 4 more variables: ...12 <chr>, ...13 <chr>, ...14 <chr>, ...15 <chr>
```

　ここで **sheet** 引数の値は、ヘルプファイルを見ると、「Sheet to read. Either a string（the name of a sheet）, or an integer（the position of the sheet）.」（読み込むシートを指定、文字列（シートの名前）か整数（位置）を入力）とあるので、**sheet=2** としても、2つ目の売上シートを読み込むことができます。

```
# 売上シートの内容を読み込む                                               入力
# 3
uriage <- read_excel(path="file/sample.xlsx",sheet=2)

uriage
```

```
# A tibble: 8 x 15                                                         出力
   販売個数の集計 ...2    ...3    ...4    ...5    ...6    ...7   ...8   ...9    ...10   ...11
   <chr>         <chr>   <chr>   <chr>   <chr>   <chr>   <chr>  <lgl> <chr>   <chr>   <chr>
 1 A店舗         <NA>    <NA>    <NA>    <NA>    <NA>    <NA>   NA    B店舗   <NA>    <NA>
 2 日付          栗よ~   芋よ~   抹茶~   イチ~   みか~   ブド~  NA    日付    栗よ~   芋よ~
 3 2021/4/1      11      65      24      120     100     76     NA    2021~   23      32
 4 2021/4/2      23      43      84      130     90      67     NA    2021~   43      54
 5 2021/4/3      87      45      46      133     98      65     NA    2021~   56      54
 6 2021/4/4      12      32      54      132     87      95     NA    2021~   43      76
 7 2021/4/5      34      32      33      149     80      46     NA    2021~   23      54
 8 2021/4/6      45      34      12      140     79      50     NA    2021~   87      98
# ... with 4 more variables: ...12 <chr>, ...13 <chr>, ...14 <chr>, ...15 <chr>
```

　読み込んだ **uriage** ですが、2つの表が同時に読み込まれています。また、列名が **...2** のような表示になっており、本来あってほしい形で読み込まれておりません。このようなときは、 **range** 引数を指定して読み込むことで望んだ範囲だけを読み込

むことができます。図3-5からは、A店舗はA3:G9、B店舗はI3:O9にデータが入力されているので、 range 引数に対して、これらの範囲を与えて読み込みましょう。 uriage_a （売上シートの、A3:G9の範囲）をうまく読み込むことができました。

```
# rangeでシート内の読み込む範囲を指定できる                          入力
uriage_a <- read_excel("file/sample.xlsx",sheet="売上",range="A3:G9")
uriage_b <- read_excel("file/sample.xlsx",sheet="売上",range="I3:O9")
uriage_a
```

```
# A tibble: 6 x 7                                              出力
   日付       栗ようかん  芋ようかん  抹茶ようかん イチゴ大福  みかん大福  ブドウ大福
   <chr>     <dbl>     <dbl>     <dbl>     <dbl>     <dbl>     <dbl>
1  2021/4/1  11        65        24        120       100       76
2  2021/4/2  23        43        84        130       90        67
3  2021/4/3  87        45        46        133       98        65
4  2021/4/4  12        32        54        132       87        95
5  2021/4/5  34        32        33        149       80        46
6  2021/4/6  45        34        12        140       79        50
```

また、 uriage_b （売上シートの、I3:O9の範囲）もうまく読み込むことができました！

```
uriage_b                                                      入力
```

```
# A tibble: 6 x 7                                              出力
   日付       栗ようかん  芋ようかん  抹茶ようかん イチゴ大福  みかん大福  ブドウ大福
   <chr>     <dbl>     <dbl>     <dbl>     <dbl>     <dbl>     <dbl>
1  2021/4/1  23        32        23        100       99        24
2  2021/4/2  43        54        53        103       89        32
3  2021/4/3  56        54        23        110       101       12
4  2021/4/4  43        76        12        111       102       43
5  2021/4/5  23        54        54        109       92        23
6  2021/4/6  87        98        32        108       80        12
```

read_excel() の path 引数、 sheet 引数、 range 引数をうまく指定することで、指定したファイル（ path 引数で指定）のねらったシート（ sheet 引数）の好きな場所（ range 引数）をRに、表データとして取り込むことに成功しました。

ここで、気になっている方もいるかもしれませんが、上のExcelファイルを読み込んだ結果の表示で、 # A tibble: という表記があります。次の節では、tibble について解説します。

3.6 tibbleについて理解しよう

2.9節では、表データを作成する場合に、`data.frame()` という関数を利用して表を作成しました（図2-10を参照）。実は、**data.frame** はRに最初から含まれている機能なのですが、データ分析を行う上で、やや不便な点があります[注5]。**tibble** は、このdata.frame でデータ分析を行う上の不便な点を改善した表です。図3-6にdata.frame とtibbleの比較を示します。

図3-6　data.frameとtibbleの比較

表データ：1,000行20列

列1	列2	・・・	列20
101	201	・・・	2001
102	202		2002
・・・		⋱	・・・
1100	1200	・・・	2100

data.frame形式

```
   列1 列2 列3 列4 列5 列6 列7 列8 列9 列10 列11 列12 列13 列14 列15
1  101 201 301 401 501 601 701 801 901 1001 1101 1201 1301 1401 1501
2  102 202 302 402 502 602 702 802 902 1002 1102 1202 1302 1402 1502
3  103 203 303 403 503 603 703 803 903 1003 1103 1203 1303 1403 1503
4  104 204 304 404 504 604 704 804 904 1004 1104 1204 1304 1404 1504
5  105 205 305 405 505 605 705 805 905 1005 1105 1205 1305 1405 1505
                    ・・・（実際には表示）
48 148 248 348 448 548 648 748 848 948 1048 1148 1248 1348 1448 1548
49 149 249 349 449 549 649 749 849 949 1049 1149 1249 1349 1449 1549
50 150 250 350 450 550 650 750 850 950 1050 1150 1250 1350 1450 1550
   列16 列17 列18 列19 列20
1  1601 1701 1801 1901 2001
2  1602 1702 1802 1902 2002
3  1603 1703 1803 1903 2003
4  1604 1704 1804 1904 2004
5  1605 1705 1805 1905 2005
                    ・・・（実際には表示）
49 1649 1749 1849 1949 2049
50 1650 1750 1850 1950 2050
 [ reached 'max' / getOption("max.print") -- omitted 950 rows ]
```

tibble形式

```
# A tibble: 1,000 x 20
     列1   列2   列3   列4   列5   列6   列7   列8   列9  列10  列11
   <dbl> <dbl> <dbl> <dbl> <dbl> <dbl> <dbl> <dbl> <dbl> <dbl> <dbl>
 1   101   201   301   401   501   601   701   801   901  1001  1101
 2   102   202   302   402   502   602   702   802   902  1002  1102
 3   103   203   303   403   503   603   703   803   903  1003  1103
 4   104   204   304   404   504   604   704   804   904  1004  1104
 5   105   205   305   405   505   605   705   805   905  1005  1105
 6   106   206   306   406   506   606   706   806   906  1006  1106
 7   107   207   307   407   507   607   707   807   907  1007  1107
 8   108   208   308   408   508   608   708   808   908  1008  1108
 9   109   209   309   409   509   609   709   809   909  1009  1109
10   110   210   310   410   510   610   710   810   910  1010  1110
# ... with 990 more rows, and 9 more variables: 列12 <dbl>,
#   列13 <dbl>, 列14 <dbl>, 列15 <dbl>, 列16 <dbl>, 列17 <dbl>,
#   列18 <dbl>, 列19 <dbl>, 列20 <dbl>
```

図3-6にあるように1,000行20列という比較的大きな表データをコンソール画面に表示します。data.frameではコンソール画面からはみ出した分は、改行して表示されます。

そのため、図のdata.frameの出力の最初の部分はかなり上にスクロールして戻らないと見ることができません。一方、tibbleでは、表示されるのは最初の10行だ

注5　不便な点としては、①データを設定された行数分表示しようとするため、大きな表を見ようとするとコンソール画面があふれる、②一部抜き取りをしようとするときに、存在しない名前を指定してもエラーが出ない、などです。ここでは踏み込みませんが、本書を最後まで読んだあとに `data.frame()` と tibble の違いについて調べていただいてもよいでしょう。

けで、10行以上ある場合は、`... with 990 more rows`（あと990行あります）と
表示されます。また、列方向にも、コンソール画面の横幅をはみ出る列数があるの
で、`, and 9 more variables: 列12<dbl>, 列13<dbl> ……`（そして以下の9変数：
列12<dbl>, 列13<dbl> ……)」と表示されます。全体の表の大きさは、一番最初の、
`A tibble: 1000 x 20` で1,000行20列の表データということも確認できます。さら
に、列には `<dbl>` [注6] のように、その列を作るベクトルの型まで表示してくれます。

　このように、表示される内容を見ても data.frame より tibble のほうがデータ分
析をするときに便利です。

　readxl パッケージは、自動的に tibble でデータを読み込んでくれます（なお、ご
自身で tibble を `data.frame()` を利用した場合のように作成したい場合は、tibble
パッケージの `tibble()` を利用すれば `data.frame()` と同じ書き方で表データを
作成できます）。

3.7　読み込むファイルの型を推定しよう

　ここからは、配布データの「r_rakuraku_book/ch03_Excel ファイルのインポー
ト /parse」にある「parse.Rproj」から RStudio を立ち上げた状態で解説します。こ
のプロジェクトには「parse.xlsx」というファイルが1つあるだけです。このファ
イルは1,010行あるため、ここに内容を掲載することができませんが、次の図3-7の
ような「しかけ」がしてあります。col3 列はデータの1,000行目まですべて数字型
で、そのあとが文字型です。col4列はデータの999行目まですべて数字型で、そのあ
とが文字型です。1行の違いが、Excel ファイルを読み込んだ場合の挙動に大きな影
響を及ぼすことを本節で解説します。

　「parse.xlsx」ファイルを読み込みます。 すると、「C1002 / R1002C3」で何か問
題が起こっているようです。

```
# parse.xlsxファイルを読み込む                                          入力
library(readxl)
dat <- read_excel(path="parse.xlsx",)
```

　警告メッセージがたくさん出てきました。

注6　ここまで学んだ範囲では、小数を含んだ数字型は `<dbl>`、文字型は `<chr>`、整数型は `<int>` と
　　　表示されます。

図3-7　読み込み時の型の推定に利用するデータの特徴

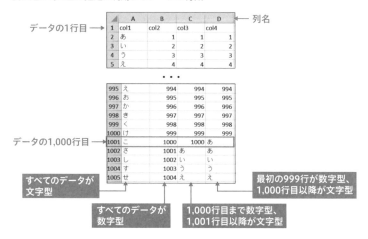

```
Warning messages:                                                      出力
1: In read_fun(path = enc2native(normalizePath(path)), sheet_i = sh
eet,  : Expecting numeric in C1002 / R1002C3: got '縺・
```

　読み込んだデータの一部分を `dat[c(998:1003),]` と実行してみましょう。
`col3` 列で `NA`（欠損値）が生じています。`col3` 列の型は `<dbl>` です。もとの
Excel ファイルのデータの入力を見ると、図3-7にあるように、`col3`列は1,000行目ま
でが数字で、1,001行目からが文字です。一方、`col4`列は999行目までが数字でした。

```
# 998〜1,003行目を抜き出す                                               入力
# この書き方については3.7.1項で解説
dat[c(998:1003),]
```

```
# A tibble: 6 x 4                                                       出力
  col1   col2  col3 col4
  <chr> <dbl> <dbl> <chr>
1 く      998   998 998
2 け      999   999 999
3 こ     1000  1000 あ
4 さ     1001    NA あ
5 し     1002    NA い
6 す     1003    NA う
```

　`readxl::read_excel()` のヘルプを見ると、引数に、 `guess_max = min(1000,n_` max）と設定がされています。guess は英語で、「推測する」という意味です。この関数でデータを読み込む場合、ひとつひとつの列がどのような型になるのかを `guess_max` 引数で指定した行数のデータをもとに推測して、自動的に数字や文字のベクトルとして取り扱ってくれます。デフォルトの設定だと、`min(1000, n_max)` となっています。この設定は、「データの長さが1,000行以上であれば1,000行、1,000行未満ならデータの行数のどちらか小さい値で、推測を行う」という意味です。

　先の例では、`guess_max` 引数で特に何も指定せずに読み込んだため、1,000行目までのデータを利用して、各列の型を推定していました。ここで、col3 列は、1001行目からのデータが数字に変換できない文字が入力されていたため、1 〜 1,000行目をもとに col3 列のデータをすべて数字型に変換しようとした結果、1,001行目から欠損となった形です。また、同様に col4 列のデータは、1,000行目に「あ」という数字に変換できない文字が含まれていたため、col4 列の型は1 〜 1,000行目をもとに推測したところ、文字型となりました。文字へ変換する場合、欠損となる数字は基本的に存在しないので、col4 列は col3 列のように欠損することなく無事に読み込むことができました。

　この col3 列の「間違えた型推定」は次の方法で修正することができます。`guess_max` 引数を設定して、推定に利用する行数を増やす方法です。col3 列が欠損せずに、`<chr>` として読み込めていますね。

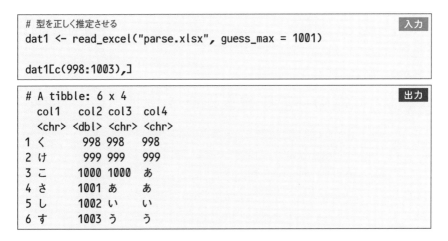

```
# 型を正しく推定させる                                              入力
dat1 <- read_excel("parse.xlsx", guess_max = 1001)

dat1[c(998:1003),]
```

```
# A tibble: 6 x 4                                                出力
  col1  col2 col3  col4
  <chr> <dbl> <chr> <chr>
1 く      998 998   998
2 け      999 999   999
3 こ     1000 1000  あ
4 さ     1001 あ    あ
5 し     1002 い    い
6 す     1003 う    う
```

　また、型をそもそも推定させないで、すべて文字型として読み込む方法もあります。その場合は、`col_types` 引数に `"text"` という値を設定しましょう。

```
# 型を推定しない                                                    入力
dat2 <- read_excel("parse.xlsx", col_types = "text")

dat2[c(998:1003),]
```

```
# A tibble: 6 x 4                                                  出力
  col1  col2  col3  col4
  <chr> <chr> <chr> <chr>
1 く    998   998   998
2 け    999   999   999
3 こ    1000  1000  あ
4 さ    1001  あ    あ
5 し    1002  い    い
6 す    1003  う    う
```

　dat1 は guess_max 引数の値を増やして推定しています。この方法は、今回のように途中から型が違うデータだと間違える可能性が残ります。ただ、col2 列がちゃんと数字として認識されています。dat2 のほうは、col_types 引数に、"text" と設定してあげることで、「すべての列を文字型として読み込む」設定にして読み込みました。これは、数字型などへの型変換を一切ともなわないので、dat1 に残っている「間違う可能性」をゼロにすることができます。ただし、6.2 節の mutate() や 2.7 節の as.xxx() で紹介する関数を利用して、列を「適切な型」へと変換するスクリプトを書かないといけません。実際に col2 列も文字として認識されています。どちらの作戦をとるかは、読み込むデータがどのようなデータであるかによりますので、適宜選択してください。

▶ 3.7.1　表の一部を抜き出そう

　ここで、998 行目から 1,003 行目のデータを抜き出す方法を見ておきましょう。表データは、[] を用いて、[行を指定する数字ベクトル ， 列を指定する数字ベクトル] とすることで一部分を切り出すことができます。また、R は ：（コロン）の前後に数字を書いてあげることで、連続する数のベクトルとしてデータを取り扱ってくれます。そのため、1:5 と書けば、c(1,2,3,4,5) と書くのと同じ意味です。これらを組み合わせると、次のように 表の名前[,列番号を指定するベクトル] とすることで、2.9 節で解説したように表の一部を抜き出すことができます。3 列目のみを取り出してみましょう。

```
library(readxl)                                                   入力
dat <- read_excel("parse.xlsx")

# 3列目のみを切り出す
dat[,3]
```

```
# A tibble: 1,009 x 1                                             出力
    col3
   <dbl>
 1     1
 2     2
 3     3
 4     4
 5     5
 6     6
 7     7
 8     8
 9     9
10    10
# ... with 999 more rows
```

　列の指定に数字ベクトルを利用してみましょう。今度は、複数列（1列目と3列目）を取り出してみましょう。

```
# 1列目、3列目を切り出す                                          入力
dat[,c(1,3)]
```

```
# A tibble: 1,009 x 2                                             出力
   col1   col3
   <chr> <dbl>
 1 あ        1
 2 い        2
 3 う        3
 4 え        4
 5 お        5
 6 か        6
 7 き        7
 8 く        8
 9 け        9
10 こ       10
# ... with 999 more rows
```

同じように、行を **表の名前 [行番号を指定するベクトル ,]** とすることで取り出せます。

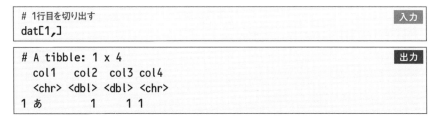

```
# 1行目を切り出す                                            入力
dat[1,]
```

```
# A tibble: 1 x 4                                           出力
  col1   col2   col3 col4
  <chr> <dbl> <dbl> <chr>
1 あ        1      1 1
```

数字ベクトルを利用して、複数行を取り出すこともできます。

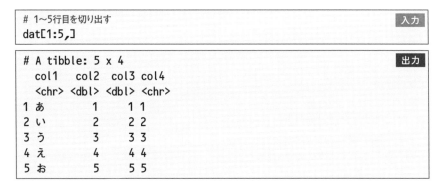

```
# 1~5行目を切り出す                                          入力
dat[1:5,]
```

```
# A tibble: 5 x 4                                           出力
  col1   col2   col3 col4
  <chr> <dbl> <dbl> <chr>
1 あ        1      1 1
2 い        2      2 2
3 う        3      3 3
4 え        4      4 4
5 お        5      5 5
```

また、連続した列番号を指定しなくても問題ないので、**c()** を利用して、次のように好きな行を指定して取り出すことも可能です。

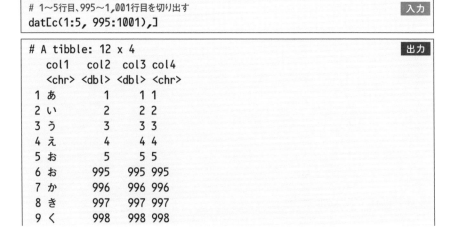

```
# 1~5行目、995~1,001行目を切り出す                            入力
dat[c(1:5, 995:1001),]
```

```
# A tibble: 12 x 4                                          出力
  col1   col2   col3 col4
  <chr> <dbl> <dbl> <chr>
1 あ        1      1 1
2 い        2      2 2
3 う        3      3 3
4 え        4      4 4
5 お        5      5 5
6 お      995    995 995
7 か      996    996 996
8 き      997    997 997
9 く      998    998 998
```

```
10 け     999   999 999
11 こ    1000  1000 あ
12 さ    1001    NA あ
```

3.8 Excelファイル以外のデータを取り込もう

本章では、R に Excel ファイルを取り込む方法を解説してきました。ビジネスで扱うデータの多くのが Excel ファイルだと思いますが、そうでない形式のデータを扱うこともももちろんあります。本節で簡単にいろいろな形式のデータの取り込み方法を解説しておきます。なお、人によっては業務で使わないデータ形式も登場しますので、当面 Excel データしか扱わないという人は読み飛ばしてもらっても問題はありません。本節のスクリプトが読み込むファイルは「r_rakuraku_book\ch03_Excel ファイルのインポート /other_data」にあります。

3.8.1　テキスト形式のデータの取り込み

Excel の次に目にすることが多いものとして、CSV 形式のデータがあります。CSV は、「Comma Separated Values」の略で、直訳すると「,」(カンマ)で区切られた値です。CSV の他、タブで区切られた TSV などもあります。これらはすべてテキスト形式と呼ばれるデータで、特別なソフトウェアをインストールすることなく、各 OS で開くことができます。

CSV などのテキスト形式のデータの読み込みには、readr パッケージを利用します。なお、ここで利用する data.csv は次のようなデータです。

```
col1, col2, col3
あ,1,1
い,1,1
う,1,1
え,1,1
お,1,1
```

このデータを読み込むには、`readr::read_csv()` を利用します。うまく読み込めたように見えますが、内容を確認してみると、`col1` 列が `\x82\xa0` などのように、おかしな表記になっています。

```
# readrパッケージがインストールされていなければ                              入力
# install.packages("readr")でインストール

# read_csv()でCSV形式のデータを読み込む
library(readr)
dat <- read_csv("data.csv")
dat
```

```
# A tibble: 5 x 3                                                        出力
  col1       col2   col3
  <chr>      <chr>  <dbl>
1 "\x82\xa0" a          1
2 "\x82\xa2" b          2
3 "\x82\xa4" c          3
4 "\x82\xa6" d          4
5 "\x82\xa8" e          5
```

　テキスト形式を読み込むときに、この例のような「文字化け」が起こります。
Windows で保存されるファイルの多くが shift-jis や cp932 と呼ばれる文字コード
で記録されています[注7]。R はそれらのファイルを utf-8 という文字コードで読み取ろ
うとするため、うまく読み込めない結果、文字化けが生じてしまいます。このような
場合は、read_csv() の locale 引数に対して、locale(encoding="shift-jis") あ
るいは "cp932" と記載すると、うまくテキストファイルを読み込むことができます。

```
# localeの設定で文字化けを避けてデータを読み込む                          入力
dat <- read_csv("data.csv", locale = locale(encoding="shift-jis"))
dat
```

```
# A tibble: 5 x 3                                                        出力
  col1  col2   col3
  <chr> <chr> <dbl>
1 あ    a         1
2 い    b         2
3 う    c         3
4 え    d         4
5 お    e         5
```

注7　コンピューターはデータを 0 と 1 の繰り返して保存します。文字コードは、この 0 と 1 の繰り
　　返しがどのような文字に該当するかを示した暗号表のようなものです。不正確な解説かもしれ
　　ませんが、とりあえず、本書を読む分にはこれくらいの理解で十分です。なお、今回の文字化
　　けは間違った暗号表で暗号を解読した結果、意味不明な文字の羅列になったというイメージです。

　`read_csv()` も `read_excel()` と同様に型を推定する機能があります。型の推定を行わずに、どの列がどの型かを指定したい場合は、`col_types` 引数を設定します。`col_types` 引数の設定方法としては、次のようにデータが3列あるときは、1列目と2列目が文字（Character の c を利用）、3列目が数字（Double の d を利用）なので `"ccd"` と書きます。

```
# col_typesで列ごとに型を指定                           入力
dat <- read_csv("data.csv", locale = locale(encoding="shift-jis"), c
ol_types = "ccd")
dat
```

```
# A tibble: 5 x 3                                      出力
  col1  col2   col3
  <chr> <chr> <dbl>
1 あ    a        1
2 い    b        2
3 う    c        3
4 え    d        4
5 お    e        5
```

　ややこしい指定方法ですが、`cols(.default="c")` として読み込むとすべての列の型を指定できます[注8]。

```
# cols()で.defaultを設定すると、すべての列に型を指定できる   入力
dat <- read_csv(
  "data.csv",
  locale = locale(encoding="shift-jis"),
  col_types = cols(.default="c")
)
dat
```

```
# A tibble: 5 x 3                                      出力
  col1  col2  col3
  <chr> <chr> <chr>
1 あ    a     1
2 い    b     2
3 う    c     3
```

注8　パッケージを作成しているのは世界中の R ユーザーです。そのため、同じ読み込む動作を行うのでも、パッケージが違う場合は設定方法が変わってくることが多々あります。これは R の弱点の1つとされています。ただし、ヘルプファイルを読めば多くの場合は問題ありません。

| 4 | え | d | 4 |
| 5 | お | e | 5 |

　CSV 以外にも、タブで区切られたファイルであれば **read_tsv()**、「;」(セミコロン)
で区切られた CSV ファイルであれば、**read_csv2()** という関数を利用すれば、こ
こで紹介した **read_csv()** と同じようにファイルを読み込むことができるので、試
してみてください。

3.8.2　統計ソフトのデータの読み込み

　市販の統計ソフトから R に乗り換えたいという方にとっては、これまで分析で
利用していたデータを R に移せるのか？ という問いは重要です。
　結論からいうと、できます。haven パッケージには **SPSS**、**Stata**、**SAS** などの代
表的な統計ソフトのデータを R で扱える形に変換する関数が用意されています。

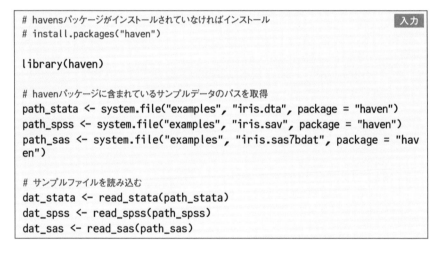

```
# havensパッケージがインストールされていなければインストール          入力
# install.packages("haven")

library(haven)

# havenパッケージに含まれているサンプルデータのパスを取得
path_stata <- system.file("examples", "iris.dta", package = "haven")
path_spss <- system.file("examples", "iris.sav", package = "haven")
path_sas <- system.file("examples", "iris.sas7bdat", package = "hav
en")

# サンプルファイルを読み込む
dat_stata <- read_stata(path_stata)
dat_spss <- read_spss(path_spss)
dat_sas <- read_sas(path_sas)
```

　このように haven パッケージを利用すると、代表的な統計ソフトである SPSS、
Stata、SAS のファイルを R に tibble 形式で取り込むことができます。

第 **4** 章

データ加工に適した Tidy データ

本章では、データを保管するときに大切な考え方
であるTidy（タイディー）データについて解説しま
す。第5章以降のデータ加工に関わるすべての関
数群は、データをTidyにするために使うといって
も過言ではありません。Tidyデータへの加工は、R
で統計分析や可視化（グラフの作成）する場合に必
須です。

4.1　Tidy（タイディー）データとは

　R でデータを分析するにあたり、非常に大切な概念を本章で取り扱います。それは、Tidy データと呼ばれる概念です。日本語では整然データと訳されることもありますが、本書では、Tidy データと表記します[注1]。

　Tidy データは『Tidy Data』（Hadley Wickham,2014[注2]）に定義が記載されています。引用してみましょう[注3]。

1. *Each variable forms a column.*
2. *Each observation forms a row.*
3. *Each type of observational unit forms a table.*

次は著者の訳です。

1. 1つの変数が列を形作る
2. 1つの観察が行を形作る
3. 1種類の観察単位が表を作る

　これらの原則（1変数1列、1観察1行、1種類の観察1表）を満たすと、分析しやすい形の Tidy データです。とはいっても、この Tidy データの条件だけでは、なんのことだかわからないでしょう。次の節で Tidy でないデータの条件も見てみましょう。

4.2　Tidy でないデータとは

　前節で紹介した原則に背くものはすべて、Tidy なデータではありません。Tidy でないデータのことを、Messy データと呼びます。Messy とは「乱雑な」、「散らかった」という意味です。『Tidy Data』でも Messy データの特徴を解説しています。次は著者の訳です。

注 1　こう表記するのは、著者が Tidy という単語に慣れすぎているため、Tidy データ以外の呼び方がしっくりこないという理由です。
注 2　Wickham, Hadley. 2014. "Tidy Data." *The Journal of Statistical Software* 59 http://www.jstatsoft.org/v59/i10/.
注 3　文献の中では、これは「Codd's 3rd normal form」であると記載されています。

1. **列名が値で変数の名前になっていない（列名が値）**
2. **1つの列に複数の変数が保存されている（列に複数変数）**
3. **変数が行と列両方に保存されている（行と列に変数）**
4. **1つのテーブルに複数の観察単位が保存されている（複数の観察単位）**
5. **1つの観察単位が複数のテーブルに分かれている（観察単位の分割）**

これだけではイメージがつきにくいので、次の節で実際に Messy データを Tidy に変換し、特徴を見ていきましょう。

4.3　複数の変数が列名となっているデータをTidyにしよう

図4-1を見てください。この表は、2021年3月31日に店舗Aで売れたアイスクリームの販売個数です。性別と年代ごとに集計を分けています[注4]。この例は、よくある Messy なデータの5つの特徴のうち、1、2、5が該当します。これを Tidy なデータに変換する手順を見ていきます。

図4-1　Messy：1. 列名が値で変数の名前になっていない

店舗Aでの2021年3月31日のアイスクリームの販売個数の記録

商品名	男性：20代	男性：30代	女性：20代	女性：30代
バニラ	102	242	90	130
いちご	124	192	310	411
チョコ	211	311	281	380

この表は、一見すると一覧性があって見やすいのですが、「1変数1列、1観察1行、1種類の観察1表」の Tidy データの原則を満たしていません。Tidy なデータにするには、どういう形になるかを考えてみる必要があります。このとき、「1観察1行」がどういう形になるかをイメージすることが大切です。図4-1の表からは、例えば「店舗Aでの2021年3月31日にバニラアイスの販売個数は20代の男性で102個だった」ということが読み取れます。このとき、観察していたものはどうなるでしょうか？ そして、1行はどのような形で記録されることが望ましいでしょうか？ 図4-2にこの表を記録しようとしたときの状況のイメージを図示してみました。

注4　紙面の都合で20代と30代しか表示していませんが、実際にデータとして入手する場合は、横方向にもっと長い表（男性、女性にそれぞれ、40代、50代、60代、70代以上などの区分が含まれる）であると考えておいてください。

図4-2　表の観察単位は？

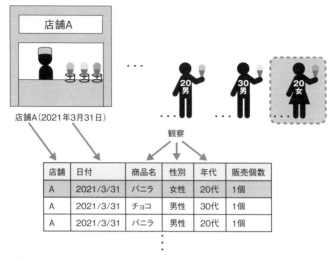

「1人のお客さんの購入行動」について、「購入したアイスクリームの種類」、「お客さんの性別」、「お客さんの年代」、「何個購入したか」を記録できれば、1観察1行の形になります。この図4-2の表を最終的に集計すると、図4-1の表を作ることができますね。図4-2の表の形になるように、図4-1を変形することをまずは考えます。

　図4-1の表の最初の問題点が、列名に変数の値が複数含まれていることです（図4-3）。例えば、「男性：20代」という列名は、性別という変数の値である「男性」と、年代という変数の値である「20代」という値です。このような、列名にデータが含まれている列名のことを、今後本書では列データと呼ぶことにします。

　図4-3の上の表を下の表のように、「列データ」列を使って書き直します。上の表も、下の表も、値が表す意味はまったく同じで、データの示し方が変化しただけです。これで少し Tidy な形に近づきました。ただし、この下の表は、Tidy データの「1変数1列」の原則に違反しています。「列データ」列に、「男性：20代」のように、2つの変数の値が含まれてしまっています。これは、「列データ」列を適切に2つの列に分けてあげれば、解消できます（図4-4）。

　どうでしょうか。図4-3の右側の表は Tidy データの条件である「1変数が1列」、「1行が1観察単位」を満たしているように見えます。ただ、「1つの観察単位が表を作る」という条件は満たせていません。

　「店舗 A の2021年3月31日のアイスクリームの売上」だけを分析したい場合は、これで Tidy データと見なして分析していってもよさそうです。ただし、普通は「店舗

図4-3 Messy：図4-1の列名にデータが含まれている問題を改善した場合

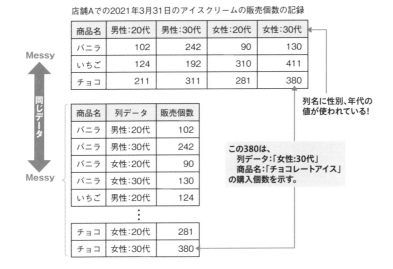

図4-4 Messy：2. 1つの列に複数の変数が保存されている

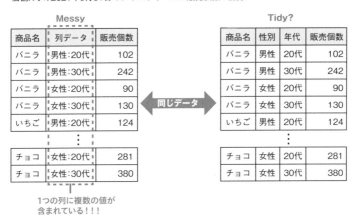

A から Z（全店舗）の2020年度のアイスクリームの販売個数」などを分析したいのではないでしょうか？そういう場合は、変数が2つ足りません。足しましょう（図4-5）。

　図4-5の右側が、図4-1の表が持つデータをすべて取り込んだ表です。表のタイトルやファイル名が変数の値を含むことは頻繁に起こりますので、取りこぼした変数がないか注意を払うとよいでしょう。あとは、「店舗 A の2021年3月31日以外」の

表を入手することができれば、図4-6のように「店舗A-Zの2020年度のアイスクリームの販売個数」の表を作成することができます。

図4-5　Messy：5. 1つの観察単位が複数のテーブルに分かれている-1

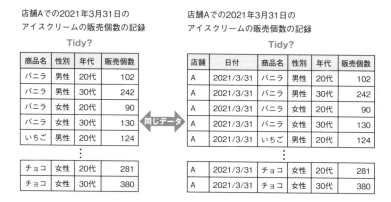

図4-6　Messy：5. 1つの観察単位が複数のテーブルに分かれている-2

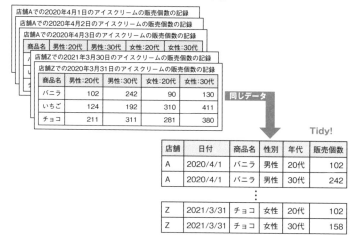

　図4-2でイメージした形になりましたね。これで Tidy なデータの完成です！ この形にすれば、簡単にデータを絞り込んで分析することができます。

4.4 行と列に変数が含まれているデータをTidyにしよう

　Tidy データへの変換例1では、よくある Messy なデータの特徴5つのうち、1、2、5を例示しました。ここでは、「3. 変数が行と列両方に保存されている」例を見てみましょう。図4-7のような観察を行ったとしましょう。店舗のスタッフの勤務開始時刻と勤務終了時刻を記録した表を考えましょう。

図4-7　観察の例2

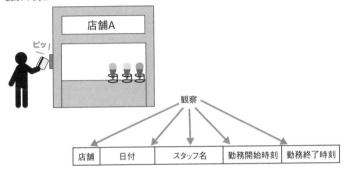

　この記録が図4-8のような表で出てきたとします。

図4-8　Messy：3. 変数が行と列両方に保存されている

年	月	店舗	スタッフ名	時刻	1日	2日	3日
2020	3	A	すずき たろう	出勤	08:30	08:30	12:00
				退勤	13:00	15:00	15:00
2020	3	A	やまだ はなこ	出勤	13:00	15:00	08:30
				退勤	18:00	18:00	12:00
2020	3	A	たなか けん	出勤	－	－	09:00
				退勤	－	－	12:00

「列データ」に日付の値が含まれている

…

「時刻」列に、「出勤時刻」「退勤時刻」の変数を表すデータになっている

　出退勤の記録など、このようにとるようなケースはありませんか？　この形の表も、もちろん Messy データです（人が見たときにわかりやすいという意味では、大きな問題はない表ではあります）。この表は1日、2日……と、月の日付が横方向に伸びており、「列データ」となっています。また、「観察」において、1つの観察が、「出

勤時刻」と「退勤時刻」を記録する形であるため、表の「時刻」列に、2つの変数が含まれる形となっています。これを Tidy な形にするためには、まず列に含まれるデータを「列データ」としてしまいましょう（図4-9）。

図4-9　Messy：3. 変数が行と列両方に保存されている-1

年	月	店舗	スタッフ名	時刻	1日	2日	3日
2020	3	A	すずき たろう	出勤	08:30	08:30	12:00
				退勤	13:00	15:00	15:00
2020	3	A	やまだ はなこ	出勤	13:00	15:00	08:30
				退勤	18:00	18:00	12:00
2020	3	A	たなか けん	出勤	−	−	09:00
				退勤	−	−	12:00

 … 同じデータ

年	月	日付	店舗	スタッフ名	時刻	値
2020	3	1日	A	すずき たろう	出勤	08:30
2020	3	1日	A	すずき たろう	退勤	13:00
2020	3	2日	A	すずき たろう	出勤	08:30
2020	3	2日	A	すずき たろう	退勤	15:00

2020	3	1日	A	やまだ はなこ	出勤	13:00
2020	3	1日	A	やまだ はなこ	退勤	18:00
2020	3	2日	A	やまだ はなこ	出勤	15:00

　また、時刻列に含まれている出勤、退勤という値は変数名を表すので、変数として取り出しましょう（図4-10）。

図4-10　Messy：3. 変数が行と列両方に保存されている-2

年	月	日付	店舗	スタッフ名	時刻	値
2020	3	1日	A	すずき たろう	出勤	08:30
2020	3	1日	A	すずき たろう	退勤	13:00
2020	3	2日	A	すずき たろう	出勤	08:30
2020	3	2日	A	すずき たろう	退勤	15:00

2020	3	1日	A	やまだ はなこ	出勤	13:00
2020	3	1日	A	やまだ はなこ	退勤	18:00
2020	3	2日	A	やまだ はなこ	出勤	15:00

同じデータ

日付	店舗	スタッフ名	出勤	退勤
2020/3/1	A	すずき たろう	08:30	13:00
2020/3/2	A	すずき たろう	08:30	15:00

2020/3/1	A	やまだ はなこ	13:00	18:00
2020/3/2	A	やまだ はなこ	15:00	18:00

　Tidy なデータのできあがりです。やや複雑ですが、観察する単位を頭に置いておけば、最終的な形のイメージはつきやすいでしょう。

4.5 複数の項目がテーブルに含まれるデータをTidyにしよう

例1と例2でカバーできなかったよくある Messy な形、「4. 1つのテーブルに複数の観察単位が保存されている」をここでは見ていきましょう。図4-11のような観察を考えます。

図4-11　観察の例3

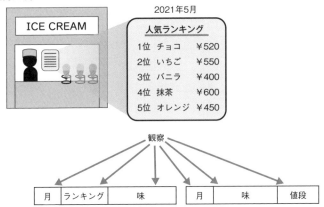

観察というのはやや大げさかもしれません。先月のアイスクリームの販売ランキングの横に、そのアイスクリームの価格を載せているランキング表です。この表そのものに違和感はないでしょうが、ここには「アイスのランキング」の情報と、「アイスの値段」の情報が混ざって掲示されています。このランキングの表が、図4-12の上の表だったとしましょう。これは、図4-12の下の2つの表のように分けることができます。

2つに分かれた表を Tidy な形にするのは、例1、例2の手順と同様です。最終的には図4-13のようになります。ここで、「今月」は2021年の5月のこと（図4-11を参照）なので、「1ヵ月前」は2021年4月となります。

図4-12　Messy：4. 1つのテーブルに複数の観察単位が保存されている-1

今月の ランキング	味	値段	1ヵ月前の ランキング	2ヵ月前の ランキング
1位	チョコ	520	1	2
2位	いちご	550	2	1
3位	バニラ	400	4	3
4位	抹茶	600	3	5
5位	オレンジ	450	5	4

今月の ランキング	味	1ヵ月前の ランキング	2ヵ月前の ランキング
1位	チョコ	1	2
2位	いちご	2	1
3位	バニラ	4	3
4位	抹茶	3	5
5位	オレンジ	5	4

味	今月の 値段	2ヵ月前の 値段
チョコ	520	490
いちご	550	550
バニラ	400	400
抹茶	600	600
オレンジ	450	450

図4-13　Messy：4. 1つのテーブルに複数の観察単位が保存されている-2

今月の ランキング	味	値段	1ヵ月前の ランキング	2ヵ月前の ランキング
1位	チョコ	520	1	2
2位	いちご	550	2	1
3位	バニラ	400	4	3
4位	抹茶	600	3	5
5位	オレンジ	450	5	4

味	今月の 値段	2ヵ月前の 値段
チョコ	520	490
いちご	550	550
バニラ	400	400
抹茶	600	600
オレンジ	450	450

年月	順位	味
2021/5	1	チョコ
2021/5	2	いちご
2021/5	3	バニラ
2021/5	4	抹茶
2021/5	5	オレンジ
2020/4	1	チョコ
2020/4	2	いちご

年月	味	値段
2021/5	チョコ	520
2021/5	いちご	550
2021/5	バニラ	400
2021/5	抹茶	600
2021/5	オレンジ	450
2020/4	チョコ	490
2020/4	いちご	550

4.6　Tidy データがまだわからないという人へ

　本章では、文献を参考にしつつ、Tidy でない形のデータを Tidy な形のデータにすることについて解説してきました。ただ、これらの例だけではやっぱりわからないという方も多いでしょう。

　データの加工と分析を繰り返すことで習得できるので、あきらめずに取り組んでください。少なくとも1列に1変数、1行に1観察、1つの表には1つの観察単位という原則を頭に置いておくだけで、かなり R で扱いやすいデータになるはずです。

　すごくシンプルに Tidy なデータのイメージをお伝えすると（正確ではありませんが）、何か追加で記録しようとしたときに、表が縦方向に伸びていけば、Tidy 寄りなデータ、横方向に伸びるのであれば、Messy なデータであると考えておいていただいてもよいでしょう[5]。

注5　縦方向にしか伸びない Messy なデータもありますが、少なくとも、横にぐんぐん伸びる表を見ると、R（や他の統計ソフトや分析ソフト）で扱うのは難しいというイメージです。

第 **5** 章

データ加工に必要な
パッケージ群「tidyverse」

本章では、Rを利用してデータ加工を行うにあたり、重要なパッケージ「群」であるtidyverseについて解説します。また、本章以降で解説する関数を紹介しています。

5.1　tidyverseとは

第4章で紹介した表データの加工は非常に複雑で、Excel だとやや手間取りそうな処理が多いです。R には、本章で紹介するデータの加工を簡単に実現するためのパッケージが多数用意されています。そのパッケージの多くは、まとめてインストールできるように tidyverse という名前のパッケージに集約されています。第2章で利用した readxl パッケージもこの tidyverse パッケージの一部です。本章では、tidyverse のインストールと、どういう関数が含まれるのかについて解説します。

tidyverse のインストールには **install.packages()** を使います（2.11 参照）。

```
# tidyverseパッケージのインストール                                    入力
install.packages("tidyverse")

# tidyverseを呼び出す
library(tidyverse)
```

tidyverse パッケージは他のパッケージと違い、「パッケージ群」として利用されます（図5-1）。

図5-1　tidyverseのインストールと利用のイメージ

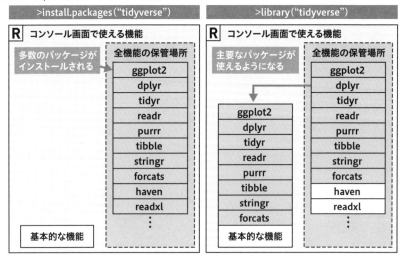

tidyverse をインストールすると、20個以上のパッケージがインストールされま

す^{注1}。これらのパッケージはすべて、データを R にインポートして、Tidy なデータに加工して、図を作成するという処理に関係します。これらのパッケージの中で、データ分析で利用頻度の高いものを、`library()` で読み込むことで R のコンソールから呼び出すことができます。以下、tidyverse に含まれる代表的なパッケージです。

- インポート：readr
- 加工：tidyr、dplyr、stringr、forcats
- 可視化：ggplot2

図5-2　tidyverse のパッケージの例

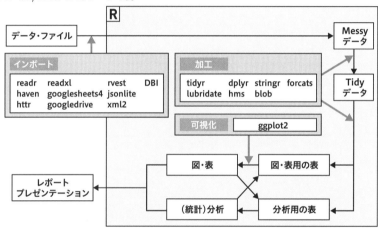

tidyverse に含まれるパッケージは、次のように確認します。

```
# tidyverseを構成するパッケージを確認する                          入力
tidyverse_packages()
```

```
 [1] "broom"          "cli"            "crayon"        "dbplyr"        出力
 [5] "dplyr"          "dtplyr"         "forcats"       "googledrive"
 [9] "googlesheets4"  "ggplot2"        "haven"         "hms"
[13] "httr"           "jsonlite"       "lubridate"     "magrittr"
[17] "modelr"         "pillar"         "purrr"         "readr"
[21] "readxl"         "reprex"         "rlang"         "rstudioapi"
[25] "rvest"          "stringr"        "tibble"        "tidyr"
[29] "xml2"           "tidyverse"
```

注1　詳細は、「https://www.tidyverse.org/packages/」でご確認ください。

　第2章ではデータインポートのために、readxl の使い方を中心に解説しました。次の第6章以降では、データ加工のためのパッケージの使い方を順番に解説します。

5.2 本書で紹介する関数一覧

　本節は、本を読み終わった方が目的の関数を簡単に探せるようにするためにあります。初めて読む方は飛ばして第6章へ進んでください。

　次の表は、第6章以降に解説される関数をまとめたものです。

表5-1　本書に登場する関数

章		節		パッケージ	関数	説明
1	R と RStudio の基本	5	R を使って計算しよう	-	-	基本的な四則演算
2	R の機能	2	型を理解しよう	base	typeof()	type を調べる
					mode()	mode を調べる
		3	変数を用意しよう	base	<-	代入する
		4	変数のルールや操作方法を確認しよう	base	rm()	変数を削除する
					ls()	現在存在する変数を表示する
		6	データの帯（ベクトル）について理解しよう	base	c()	ベクトルを作成する
		7	ベクトルの型を変換しよう	base	as.numeric()	数字型に変換する
					as.character()	文字型に変換する
		9	データフレームで表を作ろう	base	data.frame()	表（データフレーム）を作成する
		10	関数を理解しよう	base	help()	関数のヘルプを表示する
		11	パッケージを読み込もう	base	install.packages()	パッケージをインストールする
					library()	パッケージを呼び出す
3	Excel ファイルのインポート	3	ワーキングディレクトリを確認・設定しよう	base	getwd()	ワーキングディレクトリを表示する
					setwd()	ワーキングディレクトリを設定する
		5	Excel ファイルを実際に読み込もう	readxl	read_excel()	Excel ファイルを読み込む
		6	tibble について理解しよう	tibble	tibble()	表（tibble）を作成する
		8	Excel ファイル以外のデータを取り込もう	readr	read_csv()	CSV ファイルを読み込む
					locale()	read_csv() の読み込み設定（文字コードなど）を変更する
					cols()	read_csv() の読み込み設定（列の型など）を変更する
				haven	read_stata()	STATA（統計ソフト）のデータの読み込み

章		節		パッケージ	関数	説明
3	Excel ファイルの インポート	8	Excel ファイル以外 のデータを取り込も う	haven	read_spss()	SPSS（統計ソフト）のデータの読み込み
					read_sas()	SAS（統計ソフト）のデータの読み込み
6	列の加工	1	関数と関数をつなご う	magrittr	%>%	値を関数に渡す記号
				base	paste()	文字を結合する
					|>	値を関数に渡す記号
		2	列を追加しよう	dplyr	mutate()	列を新しく作る
		3	列名を変更しよう	dplyr	rename()	列の名前を変更する
				stats	setNames()	列の名前を変更する
		4	列を選択しよう	dplyr	select()	列を選択する
					everything()	select( ) 内で利用。すべ ての列名を選択する。
					relocate()	列の位置を変更する
					starts_with()	select( ) 内で利用。特定 の文字で始まる列名を選 択する。
					ends_with()	select( ) 内で利用。特定 の文字で終わる列名を選 択する。
7	行の加工	1	行を並び替えよう	dplyr	arrange()	行を昇順で並び替える
					desc()	arrange( ) 内で利用。行 を降順で並び替える
				base	order()	行を並び替える
		3	行を絞り込もう	dplyr	filter()	行を抽出する
8	文字を自由に 操る正規表現	1	正規表現とは	stringr	str_remove_all()	正規表現を利用して文字 をすべて削除する
		2	いらない文字を除去 しよう	stringr	str_remove()	正規表現を利用して文字 を削除する
					str_view()	正規表現の対象となる文 字を確認する
					str_view_all()	正規表現の対象となる文 字をすべて確認する
		3	探している文字が含 まれているか判定し よう	stringr	str_detect()	正規表現の対象となる文 字かどうかのロジカル型 を返す
		4	探している文字を抜 き出そう	stringr	str_extract()	正規表現の対象となる文 字を文字から抜き出す
		5	目的の文字を置き換 えよう	stringr	str_replace()	正規表現の対象となる文 字を置き換える
9	カテゴリカル データのため の因子型	2	架空のアンケートデ ータを作成しよう	stats	runif()	指定した範囲の数字をラ ンダムに生成する
				base	set.seed()	「ランダムさ」を指定する
					sample()	指定した値からランダム にサンプリングを行う
		3	因子型とは	base	table()	ベクトルを集計して表にする
					as.factor()	因子型に型変換する
					factor()	因子型を作成する
		5	変数を利用した因子 型の設定	dplyr	distinct()	表から重複を削除する

章		節		パッケージ	関数	説明
10	条件別による列の加工	1	割引クーポンを使ってアイスクリームの値段を計算しよう①	tribble	tribble()	tibble を「見たまま作成」する
		2	別の列の値に応じて列を加工する方法を確認しよう	dplyr	if_else()	条件（TRUE、FALSE）に応じた結果を返す
		4	もっと複雑な条件に応じて列を加工しよう	dplyr	case_when()	複数条件に応じた結果を返す
11	特殊な加工に必要な tidyr パッケージ	1	複数の列を1つにまとめよう	tidyr	unite()	複数の列を1つの列に結合する
		2	複数の列に分割しよう	tidyr	separate()	列を特定の記号で分割する
					extract()	列を正規表現で分割する
		3	欠損値を好きな値に変換しよう	tidyr	replace_na()	NA を置き換える
				base	list()	リストを作成する
		4	欠損値を埋めよう	tidyr	fill()	欠損値を上下の値を利用して埋める
				base	rep()	繰り返しのベクトルを作成する
		5	欠損値を好きな文字に置き換えよう	dplyr	na_if()	好きな文字を NA に置き換える
12	煩雑なデータを Tidy に ～縦データと横データの変換～	2	横のデータを縦のデータに変換しよう	tidyr	pivot_longer()	横のデータを縦に変換する
		3	縦のデータを横のデータに変換しよう	tidyr	pivot_wider()	縦のデータを横のデータに変換する
13	マスタデータと戦おう	2	複数の表を結合させよう	dplyr	left_join()	表同士を左方結合する
		4	いろいろな結合方法を知ろう	dplyr	right_join()	表同士を右方結合する
					inner_join()	2つの表で、両方の ID を保持したまま結合する
					full_join()	2つの表で、どちらか片方の ID を保持したまま結合する
		5	表を結合してデータを抽出しよう	dplyr	semi_join()	左方結合を行い、ID が該当する行を保持し、そうでないものを削除する
					anti_join()	左方結合を行い、ID が該当する行を削除し、そうでないものを保持する
14	単純な集計	1	平均・最小・最大を集計しよう	base	mean()	ベクトルの平均値を求める
					min()	ベクトルの最小値を求める
					max()	ベクトルの最大値を求める
		2	表を集計しよう	dplyr	summarise()	表を集計した結果を返す
15	集団の集計	1	表を1つの変数で分割して集計しよう	dplyr	group_by()	表にグループを設定する
		2	表を2つの変数で分割して集計しよう		ungroup()	表に設定したグループを解除する
		3	表が何行か調べよう	dplyr	n()	mutate、summarise の中で利用、表・グループの行数を返す
		4	行の前後の値で比較しよう	dplyr	lag()	ベクトルを後ろにずらして先頭に NA を挿入する
					lead()	ベクトルを前にずらして末尾に NA を挿入する

章	節	パッケージ	関数	説明
16 日付・時刻デ ータ	1 日付と時刻を R で表 現しよう	lubridate	as_date()	日付型を数字や文字から 作成する
			as_datetime()	日付時刻型を数字や文字 から作成する
	2 文字や数字を日付型 ・日付時刻型に変換 しよう	lubridate	mdy()	文字を日付型に変換（他 に ymd、dmy などもある）
			mdy_hms()	文字を日付時刻型に変換 （他に mdy_hm、mdy_ h などもある）
			make_date()	数字を日付型に変換
			make_datetime()	数字を日付時刻型に変換
	3 地域ごとの時差を表 現しよう	lubridate	with_tz()	日付時刻型のタイムゾー ンを変換（時刻も変換）
			force_tz()	日付時刻型のタイムゾー ンを変換（時刻は固定）
	4 日付と時刻を計算し よう	lubridate	as.duration()	Duration を作成する
			dyears()	Duration で1年（365.25 日）を作成する
			dmonths()	Duration で1か月（365. 25 ／ 12日）を計算する
			ddays()	Duration で1日を計算す る（他、dhours、dminu tes、dseconds など）
			years()	Period で1年を作成する
			months()	Period で1か月を計算する
			days()	Period で1日を作成する （他、hours、minutes、 seconds など）
			%m+%	日付型に Period をたす特 別な記号、架空の日付が あった場合は適切な存在 する日付を結果として返す
			%m-%	日付型に Period をひく特 別な記号、架空の日付が あった場合は適切な存在 する日付を結果として返す
			interval()	日付時刻型の帯、Interv al、を作成する
			int_overlaps()	Interval 同士の重なりが ないかを判定する
			int_length()	Interval の長さを計算する
			%within%	Interval を作成する
17 Tidy データ の作成	3 例3：複数の販売個 数データを Tidy に しよう	base	function()	関数を作成する
			return()	function 内で利用。どの 関数の実行結果を返すか 指定する

章		節		パッケージ	関数	説明
18	データの保存	2	表データをファイルとして保存しよう	readr	`write_csv()`	CSV ファイルとして表を保存する
				openxlsx	`createWorkbook()`	Excel の Workbook を R 内に作成する
					`addWorksheet()`	R 内の Workbook にシートを追加する
					`writeData()`	R 内の Workbook のシートに表データを追加する
					`saveWorkbook()`	R 内の Workbook を、Excel ファイルとして保存する
					`write.xlsx()`	Excel ファイルとして表を保存する
		3	R のオブジェクトを .rds 形式で保存しよう	readr	`write_rds()`	rds ファイルを保存する
					`read_rds()`	rds ファイルを読み込む
19	レポートの出力	2	R でグラフを書こう	graphics	`barplot()`	棒グラフをベクトルから作成する
					`plot()`	散布図をベクトルから作成する
					`hist()`	ヒストグラムをベクトルから作成する
				knitr	`kable()`	表を Markdown で出力する

第 **6** 章

列の加工

本章では、Rにおける重要なパイプ関数（%>%）について解説します。また、表データにおいて列を扱う場合に、よく利用する関数を紹介します。

6.1　関数と関数をつなごう

　パイプ関数と呼ばれる特殊な関数が magrittr というパッケージに含まれています[注1]。この関数を利用すると、スクリプトが実行される順番がわかりやすくなります。本書の中では、この関数の使用頻度が最も高いので、理解しておきましょう。なお、「関数」についてイメージがわかない方は 2.10 節をあらためて確認してください。

　図6-1では、目玉焼きの作成手順を 6 つのステップで記載しています。　目玉焼きの作成手順を表す関数が 6 つあるとします。1 つ前の手順に相当する関数を実行し、その結果を引数として次の手順に相当する関数に与えてあげると、関数が実行されるとしましょう。

図6-1　目玉焼きの作成手順

❶ フライパンを温める
❷ 油を引く
❸ 卵を入れる
❹ 水を入れる
❺ ふたを閉める
❻ 5分待つ

関数で手順を記載した場合：

5分待つ（ふたを閉める（水を入れる（卵を入れる（油を引く（フライパンを温める（ ）))))))

パイプ関数で手順を記載した場合：

 　%>%　フライパンを温める()　%>%　油を引く()　%>%　卵を入れる()　%>%
水を入れる()　%>%　ふたを閉める()　%>%　5分待つ()

　これを前提として、図6-1にある目玉焼きの作成手順を R のスクリプトとして記載します。すると、次のようなスクリプトになるはずです。なお、こんな関数は存在しません。あくまで解説のために作成した架空のものです。

注1　ルネ・マグリットという画家の有名な絵に、「パイプ（タバコの）」があるため、この名前らしいです。マグリッターと読みます。

```
# 目玉焼きの作成手順の架空のスクリプト                    入力
YOU <- "あなた"

step1 <- フライパンを温める(YOU)
step2 <- 油を引く(step1)
step3 <- 卵を入れる(step2)
step4 <- 水を入れる(step3)
step5 <- ふたを閉める(step4)

DEKIAGARI <- 待つ_5分(step5)

DEKIAGARI
```

[1] "おいしい目玉焼き"   出力

　このスクリプトで、 step1 から step5 までの変数は、一時的に関数の実行結果
を保存するため役割を持ちます。これらを以降では、中間変数と呼ぶことにします。
中間変数は次の実行手順となる関数に、1つ前の手順の結果を渡します。この中間
変数を利用せずに、同じ処理（関数の結果を次の関数に渡す）をしたいとき、どの
ように書けばよいでしょうか？　本章までの知識を利用するのであれば、図6-1の「関
数で手順を記載した場合」のように書くことができます。あるいは、1行で書かず
複数行に分けて書くのであれば、次のような形になります。

```
# 目玉焼きの作成手順の架空のスクリプト（中間変数を利用せず、複数行で記載する場合）  入力

DEKIAGARI <-
　待つ_5分(
　　ふたを閉める(
　　　水を入れる(
　　　　卵を入れる(
　　　　　油を引く(
　　　　　　フライパンを温める(
　　　　　　　YOU
　　　　　　)
　　　　　)
　　　　)
　　　)
　　)
　)
```

　この例のように <- の後ろで改行したり、() の中で改行しても問題なく動きます。

　この例で一番最初に記載されている関数が、 **待つ_5分()** です。一番最後に実行
されるはずの関数なのに、一番最初に書かれています。関数の **()** の中に別の関数
があるとき、 **()** の中の関数を先に実行するルールがあります。 **待つ_5分()** の中身
が **ふたを閉める（水を入れる（卵を入れる（油を引く（フライパンを温める（YOU）)）)）** と
なっており、あとの手順ほど **()** の外側に来てしまい、わかりにくく感じます。

　このわかりにくさを解消するために、R でよく利用する関数がパイプ関数です。
パイプ関数を利用すると、パイプの分だけ記載する量が増えますが、実行される順
番通りに関数が並ぶため、処理の流れが把握しやすくなります。

　パイプ関数（ **%>%** ）は関数といいつつ、これまでのように **関数名()** という形で
は記載しません。足し算の記号の **+** のように利用します。目玉焼きの作成手順を、
パイプ関数を利用して書き直します。 **YOU %>% フライパンを温める()** は **フライパ
ンを温める（YOU）** と同じ意味になります。同様に、 **YOU %>% フライパンを温める()
%>% 油を引く()** は **油を引く（フライパンを温める（YOU）)** と同じ意味です。関数の
みで記載したときと比較して、パイプ関数を記載する分だけ文字数は増えています
が、処理の順番は圧倒的にわかりやすくなっていませんか？

```
# 目玉焼きの作成手順の架空のスクリプト（パイプ関数を利用する場合）        入力
DEKIAGARI <- YOU %>%
  フライパンを温める() %>%
  油を引く() %>%
  卵を入れる() %>%
  水を入れる() %>%
  ふたを閉める() %>%
  待つ_5分()
```

　パイプ関数の機能は、「パイプの左側にあるオブジェクトをパイプの右側の関数
の中の1つ目の引数として与えて、その関数を実行する」です。引数を与える位置
は何も指定しなければ、「1つ目の引数」で固定されていますが、 **.** （ピリオド）を
利用することで、位置を変更することもできます。

　ピリオドを利用した指定方法を詳しく見ていきましょう。 **paste()** は引数に取る
文字列をつなぐことができる関数です。ここでは、 **paste()** を利用して、パイプで
送り込まれるものがどの引数として与えられるかを確認します。 次のスクリプト
では、 **paste()** の動作を確認します。 **paste()** の中にいくつか文字型の要素（ **"
犬が"** と **"わんわんとなく"** ）を引数として渡すと、与えた複数の文字列が1つの

文字列になり、渡した文字をスペースで区切った長さ1の文字列（**"犬が　わんわんとなく"**）として出力されました。

```
# paste()で文字をつなげる                                              入力
paste("犬が","わんわんとなく")
```

```
[1] "犬が わんわんとなく"                                              出力
```

次に、これとまったく同じ結果となる処理を **%>%** を使って書きます。**"犬が"** **%>%** paste("わんわんとなく") と書くことと、paste("犬が","わんわんとなく") と書くことはまったく同じ意味になります。パイプ関数の左側にある **"犬が"** という文字が、パイプ関数の右側にある関数 **paste()** の1つ目の引数の値として送り込まれていることがわかりますか？

```
# パイプ関数はctrl+shift+mを押すことで挿入することができる              入力
# (macOSではcommand+shift+m)
# パイプが送り込む先は「最初の引数」
"犬が" %>% paste("わんわんとなく")
# paste("犬が","わんわんとなく")と同じ処理
```

```
[1] "犬が わんわんとなく"                                              出力
```

何も気にせずパイプ関数を書くと、関数の1つ目の引数に値が送られますが、「.（ピリオド）」を利用することで、関数のどの位置に値を送り込むかを決めることができます。次の例では、**"犬が"** **%>%** paste("わんわんとなく", .) で、paste("わんわんとなく","犬が") というスクリプトと同じ結果になります。

```
# 送り込む先の位置を変更したいときは「.」(ピリオド)で変更             入力
"犬が" %>% paste("わんわんとなく", .)
# paste("わんわんとなく","犬が")と同じ処理
```

```
[1] "わんわんとなく 犬が"                                              出力
```

ピリオドの位置を変えてみると、このようにパイプ関数の左側のオブジェクトである **"犬が"** が、**paste()** の中の引数として与えられる位置が変わっていることを確認できました。

```
# ピリオドの位置を変更してみる                                        入力
"犬が" %>% paste(., "わんわんとなく")
```

また次のように、ピリオドは何回利用しても大丈夫です。

```
# 「.」は複数回利用してもOK                                    入力
"わん" %>% paste("犬が",. ,.)
# paste("犬が","わん","わん")と同じ処理
```

〔1〕 "犬が わん わん"　出力

　この例では、文字の位置を変更するだけなので、それほどパイプ関数の力は感じにくいかもしれませんが、表を加工する関数群と組み合わせると、処理がわかりやすくなります。

　ピリオドを利用したパイプ関数の引数の位置指定について、図6-2にまとめました。

図6-2　%>%での位置指定

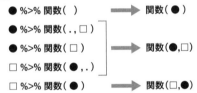

「.」で位置を指定しない場合、一番最初の引数として渡される

　補足として、R のバージョン4.1から base[注2]（基本機能）にもパイプ関数が含まれるようになりました。使い方は **%>%** とほとんど同じです。ただし、base には **.** を利用した引数の場所の変更は本書を執筆時点ではできません。引数を与える位置の変更は base でもできなくはないのですが、ひと手間かかります。そのため、本書では、**magrittr::%>%** で解説します。

```
# |>で、Rの基本機能としてのパイプ関数が利用できる               入力
"犬が"|> paste("わんわん")
```

〔1〕 "犬が わんわん"　出力

6.2　列を追加しよう

　ここからは、表のデータの加工を始めていきます。 次のように、 `tidyverse` を
読み込んで、`tibble` オブジェクトを作りましょう。

```
library(tidyverse)

dat <- tibble(
  menu      = c("Aコース", "Bコース", "Cコース", "Dコース"),
  nedan     = c(900, 1600, 2100, 3500),
  ticket    = c(10, 15, 20, 25)
)

dat
```
入力

```
# A tibble: 4 x 3
  menu     nedan ticket
  <chr>    <dbl>  <dbl>
1 Aコース    900     10
2 Bコース   1600     15
3 Cコース   2100     20
4 Dコース   3500     25
```
出力

　この表の `nedan` 列に商品の値段が、 `ticket` 列にクーポン利用時の割引率
（％） が示されているとします。この表に、「割引後の値段」列を追加したいときは
`dplyr::mutate()` を利用します。dplyr は tidyverse に含まれるパッケージです。

```
# dplyr::mutateで列を新たに追加できる
dat %>%
  mutate(final_nedan = nedan * (100 - ticket)/100 )
```
入力

```
# A tibble: 4 x 4
  menu     nedan ticket final_nedan
  <chr>    <dbl>  <dbl>       <dbl>
1 Aコース    900     10         810
2 Bコース   1600     15        1360
3 Cコース   2100     20        1680
4 Dコース   3500     25        2625
```
出力

新しい列が作成されていますね。表のデータをパイプ関数で `mutate()` に送り、そこで **列名 = 表と同じ長さのベクトル** とすることで列の作成ができました。

ただ、このままだと列を作成はしていても、その結果を保存していないので、`dat` に新しい列の作成が反映されていません。

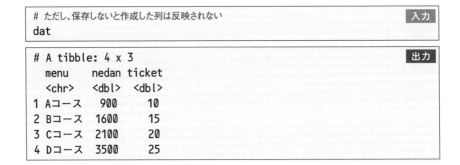

```
# ただし、保存しないと作成した列は反映されない                          入力
dat
```

```
# A tibble: 4 x 3                                                出力
  menu     nedan ticket
  <chr>    <dbl>  <dbl>
1 Aコース    900     10
2 Bコース   1600     15
3 Cコース   2100     20
4 Dコース   3500     25
```

次のように上書きしましょう。`mutate()` で列を作ると、与えた表データの列名をそのままベクトルとして利用できます。

```
# 処理した結果を代入することで上書きできる                              入力
dat <- dat %>% mutate(final_nedan = nedan * (100-ticket)/100)
dat
```

```
# A tibble: 4 x 4                                                出力
  menu     nedan ticket final_nedan
  <chr>    <dbl>  <dbl>       <dbl>
1 Aコース    900     10         810
2 Bコース   1600     15        1360
3 Cコース   2100     20        1680
4 Dコース   3500     25        2625
```

`tidyverse` 以前の書き方だと、次のように書きます。 それほど難しくはありませんが、`dat$` を列のベクトルを利用するたびに書かなければいけないので面倒です[注3]。

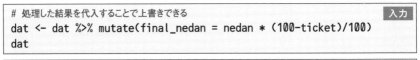

```
# mutateを使わない場合の変数の作成                                   入力
dat$final_nedan_kako <- dat$nedan * (100 - dat$ticket)/100

dat
```

注3　base の **attach()** などの関数を使うと、その必要がありませんが、本書では base の書き方はあまり解説しません。

```
# A tibble: 4 x 5                                      出力
  menu    nedan ticket final_nedan final_nedan_kako
  <chr>   <dbl>  <dbl>       <dbl>             <dbl>
1 Aコース    900     10         810               810
2 Bコース   1600     15        1360              1360
3 Cコース   2100     20        1680              1680
4 Dコース   3500     25        2625              2625
```

`mutate()` の特徴としては、表の行数と同じ長さのベクトルか、長さ1のベクトルしか引数の値に指定できません。長さ1のベクトルを利用した場合は、その値が繰り返し利用されて、列の値が全て同じ値となります。 長さが1のベクトルで新しい `test` 列を作成してみましょう。

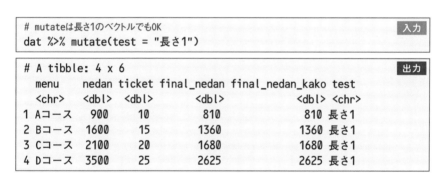

```
# mutateは長さ1のベクトルでもOK                         入力
dat %>% mutate(test = "長さ1")
```

```
# A tibble: 4 x 6                                          出力
  menu    nedan ticket final_nedan final_nedan_kako test
  <chr>   <dbl>  <dbl>       <dbl>             <dbl> <chr>
1 Aコース    900     10         810               810 長さ1
2 Bコース   1600     15        1360              1360 長さ1
3 Cコース   2100     20        1680              1680 長さ1
4 Dコース   3500     25        2625              2625 長さ1
```

ここに長さが1ではなく、かつ表の長さと違う長さのベクトルを与えます。

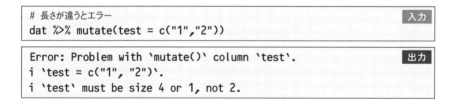

```
# 長さが違うとエラー                                      入力
dat %>% mutate(test = c("1","2"))
```

```
Error: Problem with `mutate()` column `test`.          出力
i `test = c("1", "2")`.
i `test` must be size 4 or 1, not 2.
```

「長さが4か1でないといけません」とエラーが出ます。

パイプ関数で作成した `paste()` （文字列をつなぐ、間にスペースが入る）やそれとよく似た `paste0()` （`paste()` と同じだが、間にスペースが入らない）を利用すると、次のようなこともできます。

```
# 消費税10%を入れて、メニュー表に載せる文字のようなものを作成する        入力
dat <- dat %>%
  mutate(label = paste0(menu," ", nedan, "円（税込み:", nedan*1.10,"円)"))

dat$label
```

```
[1] "Aコース 900円（税込み:990円)"   "Bコース 1600円（税込み:1760円)"   出力
[3] "Cコース 2100円（税込み:2310円)" "Dコース 3500円（税込み:3850円)"
```

　本節の内容を図6-3にまとめておきます。**mutate()** は、**表を保存する変数名 <-加工したい表 %>% mutate(作成したい列名 = 表と同じ長さのベクトル)** と書きます。このとき、**mutate()** の中では、**mutate()** に与えた表に含まれる列名を **表の変数名$ 列名** と記載せずに、単純に **列名** とするだけで利用できます。同様の処理に base を使うときは、**表の変数名 $ 作成したい列名 <- 表と同じ長さのベクトル** と書きます。現時点では base で書ける必要はありません。ただ、base で記載された解説を理解しやすくなるので、本書では可能な範囲で一般的と考えられる base の書き方も紹介します。

図6-3　mutate()の書き方

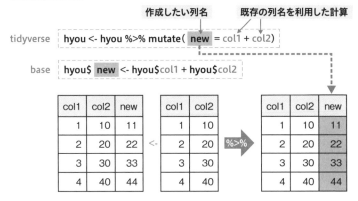

6.3 列名を変更しよう

列名を変更するには、`rename()` を利用します。まずは表を作りましょう。

```
# データを作成                                                    入力
dat <- tibble(col1 = c(1:5), col2 = c(6:10))

dat
```

```
# A tibble: 5 x 2                                                出力
   col1  col2
  <int> <int>
1     1     6
2     2     7
3     3     8
4     4     9
5     5    10
```

ここで作成した表 `dat` には `col1` 列と `col2` 列があります。`col2` 列の列名を `new` という列名に変えてみましょう。**新しい名前 = もとの名前** としてあげるだけなので簡単ですね。

```
# rename()を利用して、col2をnewに変更                              入力
dat2 <- dat %>% rename(new = col2)

dat2
```

```
# A tibble: 5 x 2                                                出力
   col1   new
  <int> <int>
1     1     6
2     2     7
3     3     8
4     4     9
5     5    10
```

同時に複数の列名を変更することもできます。

99

```
# 複数同時に名前を変更することも可能                          入力
# col1をnew1、col2をnew2という名前へ
dat2 <- dat %>%
  rename(
    new1 = col1,
    new2 = col2
  )

dat2
```

```
# A tibble: 5 x 2                                           出力
    new1  new2
   <int> <int>
1     1     6
2     2     7
3     3     8
4     4     9
5     5    10
```

　本節の内容を図6-4にまとめました。**dplyr::rename()** は、**保存したい変数名 <-
列名をいじりたい表 %>% rename(新しい列名 = もともとの列名)** という形で設定で
きます。**base**、**stats** の方法は、参考までに見ておいてください。

図6-4　rename()の書き方

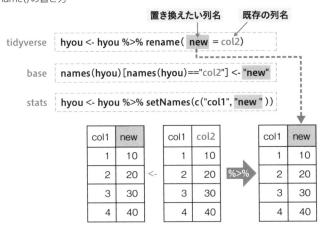

　ここから節の最後までは、第7章のロジカル型を理解していないと何をしている
かわからないので、初めて読む方は飛ばしてかまいません。

tidyverse を利用しないで変数名を変更する場合は次のようにします。

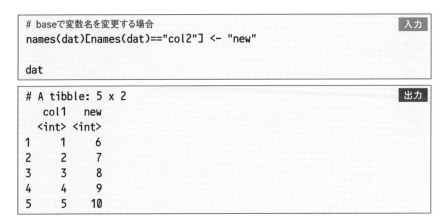

base で列名を変更する場合の詳細を見ていきます。names() を利用すると、表の列名を文字ベクトルとして取り出すことができます。

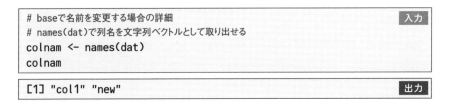

文字ベクトルとして取り出した列名のうち、変更したい列名の場所を示すロジカルベクトルを作成します。

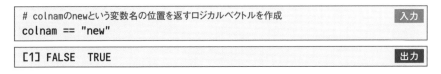

このロジカルベクトルを利用すると、目的の列名を取り出すことができます。

```
# ベクトルにロジカルベクトルを[]で指定すると、その値を取り出せる    入力
colnam[colnam=="new"]
```

```
[1] "new"                                                          出力
```

ここで、colnam はもともと names(dat) で作成した文字ベクトルなので、もと

に戻してあげます。

```
names(dat)[names(dat)=="new"]                                      入力
```

```
[1] "new"                                                          出力
```

この値を新しい列名で置き換えてあげると、列名の変更に成功です。

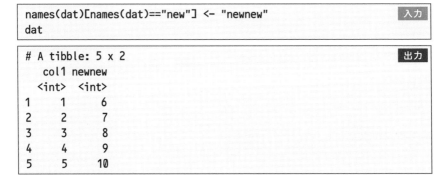

```
names(dat)[names(dat)=="new"] <- "newnew"                          入力
dat
```

```
# A tibble: 5 x 2                                                  出力
    col1 newnew
   <int>  <int>
1      1       6
2      2       7
3      3       8
4      4       9
5      5      10
```

　以上、かなりややこしいと感じたかもしれませんが、base での置き換え方法です。
　他にもまとめて全部の列名を置き換えたいときは、 **stats::setNames()** という
関数が利用でき、 **表 %>% setNames(列名にしたい文字ベクトル)** とするだけですべ
て置き換えることができます。stats パッケージはもともと R に含まれるので、特に
library() などをしなくても使えます。

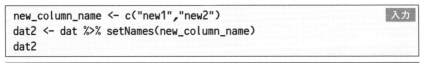

```
new_column_name <- c("new1","new2")                                入力
dat2 <- dat %>% setNames(new_column_name)
dat2
```

```
# A tibble: 5 x 2                                                  出力
    new1   new2
   <int>  <int>
1      1       6
2      2       7
3      3       8
4      4       9
5      5      10
```

　以上、いくつかの列名の置き換え方法でした。**setNames()** も **rename()** と同様
に使えるようになると便利です。

6.4 列を選択しよう

表の列を指定して取り出して、新しい表を作成したいときには、`dplyr::select()`を利用します。

まず、本節で利用するデータを作成しましょう。

```
# この節で利用するデータ                              入力
dat <- tibble(
  a1 = c( 1: 3), a2 = c( 4: 6), a3 = c( 7: 9),
  b1 = c(11:13), b2 = c(14:16), b3 = c(17:19),
  c1 = c(21:23), c2 = c(24:26), c3 = c(27:29),
  d1 = c(31:33), d2 = c(34:36), d3 = c(37:39)
)

dat
```

```
# A tibble: 3 x 12                                  出力
     a1    a2    a3    b1    b2    b3    c1    c2    c3    d1    d2    d3
  <int> <int> <int> <int> <int> <int> <int> <int> <int> <int> <int> <int>
1     1     4     7    11    14    17    21    24    27    31    34    37
2     2     5     8    12    15    18    22    25    28    32    35    38
3     3     6     9    13    16    19    23    26    29    33    36    39
```

この表は、`a1` ～ `d3` の全部で12個の列がある表です。ここから、`a3` 列を取り出してみましょう。`select()` を利用するときは、表 `%>% select( 取り出したい列名 )` とするだけで OK です。

```
# a3列を取り出して新しい表を作る                      入力
dat2 <- dat %>% select(a3)
dat2
```

```
# A tibble: 3 x 1                                   出力
     a3
  <int>
1     7
2     8
3     9
```

複数列を取り出す場合も簡単で、`select( 列名1, 列名2, ……)` のように、取り

出したい列を複数指定します。

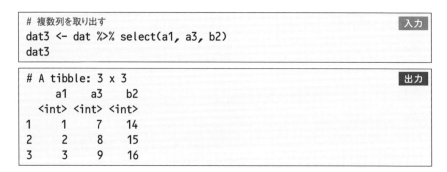

```
# 複数列を取り出す                                    入力
dat3 <- dat %>% select(a1, a3, b2)
dat3
```

```
# A tibble: 3 x 3                                    出力
      a1    a3    b2
   <int> <int> <int>
1     1     7    14
2     2     8    15
3     3     9    16
```

　並び順で「かたまり」として列を複数取り出すこともできます。c1 列から d2列
までを取り出したいときは、表 %>% select(c1:d2) とします。

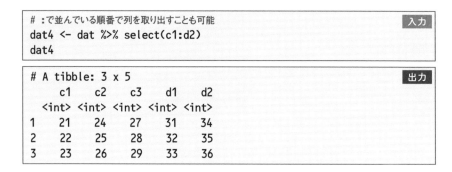

```
# :で並んでいる順番で列を取り出すことも可能            入力
dat4 <- dat %>% select(c1:d2)
dat4
```

```
# A tibble: 3 x 5                                    出力
      c1    c2    c3    d1    d2
   <int> <int> <int> <int> <int>
1    21    24    27    31    34
2    22    25    28    32    35
3    23    26    29    33    36
```

　いらない列を除外するには、!列名 とすることで除外できます。

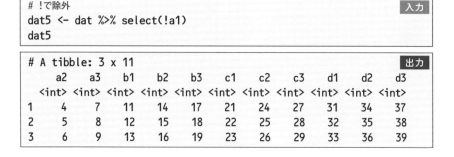

```
# !で除外                                             入力
dat5 <- dat %>% select(!a1)
dat5
```

```
# A tibble: 3 x 11                                   出力
      a2    a3    b1    b2    b3    c1    c2    c3    d1    d2    d3
   <int> <int> <int> <int> <int> <int> <int> <int> <int> <int> <int>
1     4     7    11    14    17    21    24    27    31    34    37
2     5     8    12    15    18    22    25    28    32    35    38
3     6     9    13    16    19    23    26    29    33    36    39
```

　a1 列だけ除外できていますね。複数列を除外したい場合は、!c(列名 , 列名 ,

……）のように書きます。

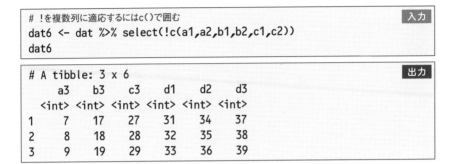

以上のような方法で列の選択ができますが、 select() にはその中で利用できる特別な関数がいくつか用意されています。特別な関数を利用することで、より自由に列の選択ができます。

まずは、「残っている列全部」を表す everything() です。

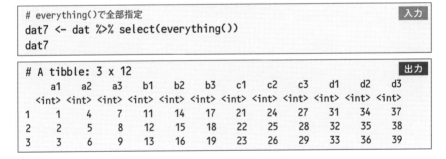

select() で、最初に移動したい列を指定して、最後に everything() とつけることで、列の位置を変更することができます。

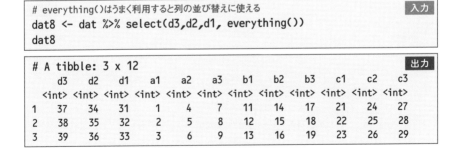

これと同じ処理をする関数も用意されています。`dplyr::relocate()` です。

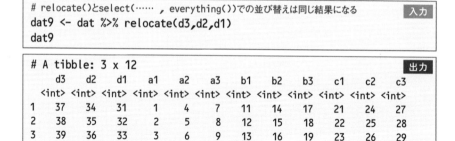

```
# relocate()とselect(……，everything())での並び替えは同じ結果になる    入力
dat9 <- dat %>% relocate(d3,d2,d1)
dat9
```

```
# A tibble: 3 x 12                                                   出力
    d3    d2    d1    a1    a2    a3    b1    b2    b3    c1    c2    c3
 <int> <int> <int> <int> <int> <int> <int> <int> <int> <int> <int> <int>
1   37    34    31     1     4     7    11    14    17    21    24    27
2   38    35    32     2     5     8    12    15    18    22    25    28
3   39    36    33     3     6     9    13    16    19    23    26    29
```

列の名前が特定の文字で始まる列を取得するには、`starts_with()` を利用します。例えば、`"c"` という文字で始まる列を取得するには、次のように書きます。

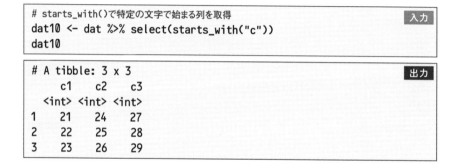

```
# starts_with()で特定の文字で始まる列を取得                            入力
dat10 <- dat %>% select(starts_with("c"))
dat10
```

```
# A tibble: 3 x 3                                                     出力
    c1    c2    c3
 <int> <int> <int>
1   21    24    27
2   22    25    28
3   23    26    29
```

同様に、特定の文字で終わる列を取得するには、`ends_with()` を利用します。

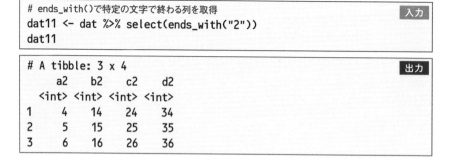

```
# ends_with()で特定の文字で終わる列を取得                              入力
dat11 <- dat %>% select(ends_with("2"))
dat11
```

```
# A tibble: 3 x 4                                                     出力
    a2    b2    c2    d2
 <int> <int> <int> <int>
1    4    14    24    34
2    5    15    25    35
3    6    16    26    36
```

`everything()`、`starts_with()`、`ends_with()` 以外にもいくつか `select()` の中で動く関数が設定されています。これらのドキュメントをある程度 R を学んで余

裕が生まれたら読んでみてください。慣れないうちはこれらの関数は利用せず、地道に打ち出してもよいでしょう。

また、**select()** を利用して名前を変更することもできます。

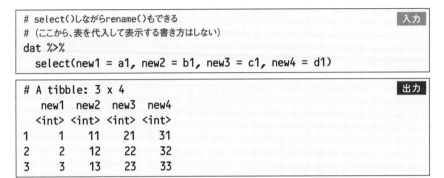

ここまで毎回、実行結果を表に代入するスクリプトを表示してきました。これは「代入をしないと、変更した内容が保存されない」ことを強調するためです。紙面の都合もあるので、ここからは「変更結果を保存したい場合は、**<-** で変数に代入する必要がある」ということを理解できたものとして記載をしていきます。

最後に、列の選択を base で処理するときには、

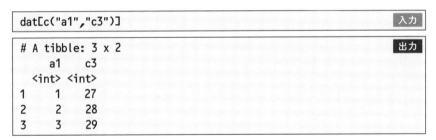

と、**表[目的の列名のベクトル]** でできます。

ここまでの内容を図6-5にまとめます。**select()** は **表 %>% select(列名 , 列名 , ……)** のようにして使います。base は **表[c(" 列名 "," 列名 ",……)]** のようにして使います。

107

図6-5　select()の書き方

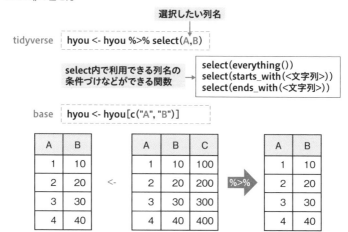

第 **7** 章

行の加工

本章では、行を並び替えたり、絞り込む関数を
紹介します。また、ロジカル型についてもあわ
せて解説していきます。

7.1 行を並び替えよう

はじめに、数字を含んだ列の並び替えを見てみましょう。値が小さいものから順に並べることを昇順（ascending order）に並べるといいます。行を昇順で並び替えるには、`arrange()` を利用します。

まずは、表を作ります。

```
# 表を作る
dat <- tibble(
  col1 = c(1,3,2,2,1,3),
  col2 = c(1,2,3,4,5,6)
)

dat
```
入力

```
# A tibble: 6 x 2
   col1  col2
  <dbl> <dbl>
1     1     1
2     3     2
3     2     3
4     2     4
5     1     5
6     3     6
```
出力

この表の `col1` 列に対し、`arrange()` を利用して昇順で並び替えます。

```
# arrange()で行を昇順に並び替えられる
dat %>% arrange(col1)
```
入力

この結果は、図7-1のようになります。`col1` 列の数値でちゃんと昇順に並んでいますね。

反対に、値が大きいものから順に並べることを降順（descending order）に並べるといいます。特に指定しない場合、行は昇順で並びます。これを降順で並び替えるためには `desc()` を `arrange()` の中で利用します。

図7-1 arrange()を使った昇順の並び替え

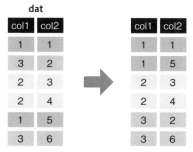

dat %>% arrange(col1)

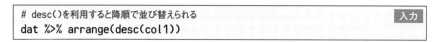

```
# desc()を利用すると降順で並び替えられる          入力
dat %>% arrange(desc(col1))
```

　この処理の結果は、図7-2のようになります。今度は **col1** 列の値が、大きい順に並んでいますね。

図7-2 arrange(desc())を使った降順の並び替え

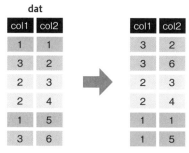

dat %>% arrange(desc(col1))

　arrange() は複数列を指定することもできます。新しい表を作成して試してみましょう。

```
# 表その2を作成                              入力
dat <- tibble(
  col1 = c(1,2,1,1,2,2),
  col2 = c(2,3,1,3,1,2)
)
```

複数列を指定して並べ替えます。

```
dat %>% arrange(col1, col2)                                    入力
dat %>% arrange(col2, col1)
```

それぞれの `arrange()` の結果を図7-3に示します。`arrange()` に列名を1つだけ
与えた場合の実行結果は、これまで解説してきた通りです。`dat %>% arrange(col1)`
の結果を見ると、`col1` 列はキレイに整列していますが、`col2` 列の順番はバラバラで
す。しかし、`dat %>% arrange(col1, col2)` と、`col2` 列も引数に加えて実行すると、
`col2` 列も `col1` 列の並び順を崩さないように、昇順で並んでいることがわかります。
これは、`dat %>% arrange(col2,col1)` も同様です。`arrange()` の引数に与える順番が、
並ぶ順番に影響を与えることを確認してください。

図7-3　arrange()で複数列を並び替える

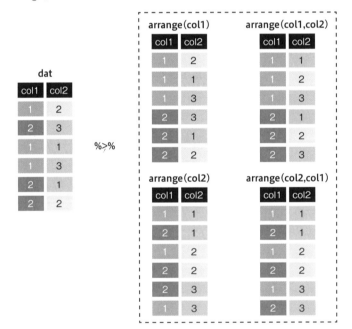

複数列を並び替えるとき、`desc()` を利用することで、列ごとに降順で並べるのか、
あるいは昇順で並べるのかを選択することができます。

```
# 昇順と降順を混ぜてもOK                                      入力
dat %>% arrange(      col1 ,        col2 ) #1
dat %>% arrange( desc(col1),        col2 ) #2
dat %>% arrange(      col1 , desc(col2)) #3
dat %>% arrange( desc(col1), desc(col2)) #4
```

　この処理の結果を図7-4にまとめました。 `desc()` をつけた列が降順に並んでいますね。

図7-4　arrange()の中で複数列に対してdesc()を使う

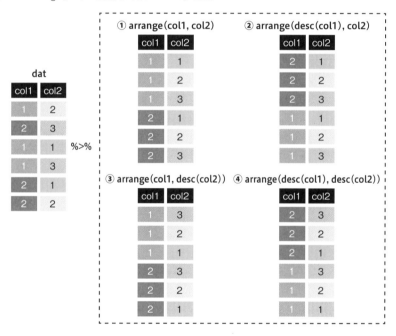

　ここまでは、すべて数字を含んだ列の並び替えでした。文字型のベクトルが列に含まれる場合はアルファベット順に並び替えてくれます（図7-5）。

```
# 文字の並び替え                                           入力
dat <- tibble(alpha = c("a","c","b","e","d"))

dat %>% arrange(dat)
```

図7-5　行をarrange()で並び替える

dat %>% arrange(alpha)

　base を使って行を並び替えるときは、 order() を利用します。図7-6にあるように、表 [order(表 $ 列名),] とすることで 表 %>% arrange(列名) と同じ処理をすることができます。

図7-6　行をbase order()で並び替える

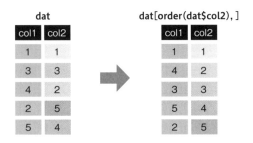

```
# baseで並び替えるにはorder()を利用                          入力
dat <- tibble(col1 = c(1,3,4,2,5), col2 = c(1,3,2,5,4))
dat[order(dat$col2), ]
```

　本節の arrange() と、それを base で表現した場合をまとめると、図7-7のようになります。

図7-7　7.1節のまとめ

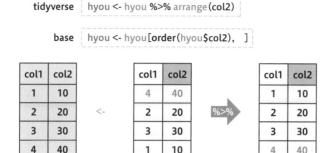

7.2　ロジカル型を理解しよう

7.2.1　ロジカル型とは

　行方向の加工でよく使われる関数は、次の節で紹介する `filter()` です。ただし、`filter()` を使いこなすために、ロジカル型と呼ばれる型の理解が必要になるので、先に解説します。

　ロジカル型は、`TRUE` と `FALSE` の決められた2つの値しかとらない型です。R では、`TRUE` あるいは `T`、`FALSE` あるいは `F` と入力することで自動的にロジカル型の値であると認識してくれます。ロジカル型は `TRUE`（真）と `FALSE`（偽）という英語からもある程度想像できますが、R において「真偽を判定する」目的で利用される型です。この型を利用することで、いろいろな条件に当てはまる、または当てはまらないといった判定が簡単にできます。

　まずは、実際に `TRUE` や `FALSE` をRで実行してみましょう。 次のように、`TRUE` と打つと `TRUE` と返ってきます。文字型のように `""` で囲まなくてもそのまま返ってくる点は、数字型に似ていますね。

```
# ロジカル型のTRUE
TRUE
```
入力

```
[1] TRUE
```
出力

　この `TRUE` はわざわざ `TRUE` と打たなくても、`T` とだけ打っても `TRUE` と返って

115

きます。

```
T                                                              入力
```
```
[1] TRUE                                                       出力
```

`TRUE` の型を調べてみましょう。 次のように、 `TRUE` の型は `logical` 型となっています。

```
typeof(TRUE)                                                   入力
```
```
[1] "logical"                                                  出力
```

`TRUE` の逆の `FALSE` も同じように見てみます。

```
# ロジカル型のFALSE                                             入力
FALSE
```
```
[1] FALSE                                                      出力
```

`F` とだけ入力した場合、`FALSE` と返ってきます

```
F                                                              入力
```
```
[1] FALSE                                                      出力
```

`FALSE` を `typeof()` で調べると、`"logical"` と返ってきました。

```
typeof(FALSE)                                                  入力
```
```
[1] "logical"                                                  出力
```

`FALSE` は数字型の `0`、 `TRUE` は数字型の `1` として扱われます。実際に `TRUE` と `FALSE` をRで計算しましょう。`TRUE` を3回足すと `3` になります。

```
# ロジカル型のTRUEは数字型の1と同様に計算できる                    入力
T + T + T
```
```
[1] 3                                                          出力
```

それに FALSE を足しても変化しません。

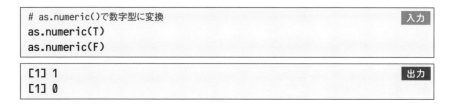

実際に、数字型に変換する as.numeric() を使って、TRUE、FALSE を数字に変換してみましょう。TRUE は 1、FALSE は 0 に変換されましたね。

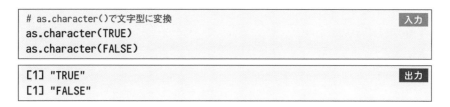

おもしろいのは、文字型に変換したときの動作です。文字型に変換する as.character() を使うと、TRUE は文字型の "TRUE" に、FALSE は文字型の "FALSE" に変換されました。

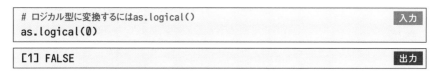

ここまでは、ロジカル型を数字型や文字型に変換してきましたが、今度は数字型、文字型をロジカル型に変換してみましょう。ロジカル型に変換するには、as.logical() を利用します。

数字型の 0 は FALSE に変換されます。

```
# ロジカル型に変換するにはas.logical()                          入力
as.logical(0)
```

```
[1] FALSE                                                    出力
```

数字型の 1 は TRUE に変換されます。

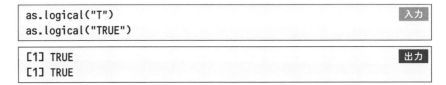

```
as.logical(1)                                            入力
```

```
[1] TRUE                                                 出力
```

また、文字型の "T" や "TRUE" は TRUE に変換されます。

```
as.logical("T")                                          入力
as.logical("TRUE")
```

```
[1] TRUE                                                 出力
[1] TRUE
```

"F" や "FALSE" は FALSE に変換されます。

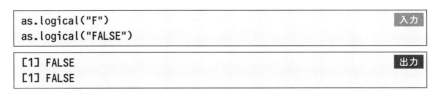

```
as.logical("F")                                          入力
as.logical("FALSE")
```

```
[1] FALSE                                                出力
[1] FALSE
```

　この変換で注意が必要なのは、数字型をロジカル型に変換するとき、0以外の数字がすべて TRUE となることです。

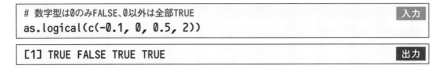

```
# 数字型は0のみFALSE、0以外は全部TRUE                      入力
as.logical(c(-0.1, 0, 0.5, 2))
```

```
[1] TRUE FALSE TRUE TRUE                                 出力
```

　文字型では、"T"、"TRUE"、"F"、"FALSE"、以外の文字をロジカル型に変換しようとすると、NA になります。

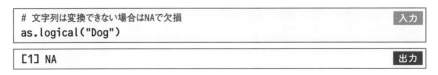

```
# 文字列は変換できない場合はNAで欠損                       入力
as.logical("Dog")
```

```
[1] NA                                                   出力
```

　以上の変換について、図7-8にまとめました。ロジカル型の TRUE は文字型だと "TRUE"、数字型だと 1 になること、FALSE は文字型だと "FALSE"、数字型だと 0 になることを確認しておいてください。

図7-8 ロジカル型のまとめ

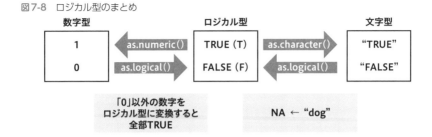

7.2.2 ロジカル型で印をつけよう

　ロジカル型はいろいろな場所で利用されます。プログラミングでは、「条件分岐」と呼ばれる処理でよく利用されます。「条件分岐」とは、何かしらの条件を達成していれば、この処理をして、そうでなければ別の処理をするという命令のことです。 ロジカル型は、R のデータ加工において「印をつける」目的で利用することが多いです。例えば、数字ベクトルの中で「ある値」と同じ値が含まれるかを調べたい場合は、 == を利用します。要素A == 要素B で、 要素A と 要素B が同じ値である場合は TRUE を、そうでない場合は、 FALSE を返してくれます。印をうまくつけることができると、その印をつけた要素を取り出したり、削除したりといろいろな操作ができる関数がR には多数用意されています。これ以降の解説を退屈に感じるかもしれませんが、先に進むために必要なので、がんばって理解してください。

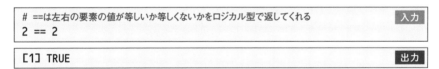

次のスクリプトでは、 == の左側のベクトルのどの位置に、 == の右側の要素の値があるかをロジカルベクトルで調べます。vec に数字の1から5のベクトルを代入して、vec の中で、要素の値が2である位置を示す（印をつけた）ロジカルベクトルを作成してみましょう。なお、ここで、 1:5 と書いていますが、これはc(1,2,3,4,5) と同じ意味です。数字1: 数字2 と ： （コロン）を利用することで、連続する数字のベクトルが簡単に作成できます。2つ目の位置が TRUE 、他の位置が FALSE となるロジカルベクトルが作成されました。これは、1から5までの数字ベクトルで、2の要素のある位置に TRUE 、そうでない要素の位置に FALSE が表示されていることを確認できます。要素の位置に TRUE と目印がついているイメージ

です。

```
# 1から5までの数字ベクトル(1:5)をvecに代入    入力
vec <- 1:5
# ==で2の位置に印をつける
vec == 2
```

```
[1] FALSE  TRUE FALSE FALSE FALSE    出力
```

今度は、**ベクトル** < **数字** という書き方で、**ベクトル** の要素が **数字** よりも小さい場合の位置に目印をつけます。TRUE TRUE FALSE FALSE FALSE と、1と2の数字がある位置に TRUE 、そうでない位置に FALSE がつきました。

```
vec <- 1:5   # c(1,2,3,4,5)と同じ    入力
vec <  3
```

```
[1]  TRUE  TRUE FALSE FALSE FALSE    出力
```

`==` 、 `<` のように、左側のベクトルと右側の数字の大小関係を比較して、ロジカルベクトルを返してくれる記号のことを比較演算子といいます。比較演算子は他にも、`<=`、`>`、`>=`、`!=` があります。それぞれを、表7-1にまとめました。

表7-1　比較演算子のまとめ

比較演算子	説明	例	結果
==	左と右が等しい	c(1:5) == 2	F T F F F
!=	左と右が等しくない	c(1:5) != 2	T F T T T
<	左が右より小さい	c(1:5) < 3	T T F F F
<=	左が右以下	c(1:5) <= 3	T T T F F
>	左が右より大きい	c(1:5) > 3	F F F T T
>=	左が右以上	c(1:5) >= 3	F F T T T

比較演算子（`<` `<=` `>` `>=` `!=` `==`）を組み合わせることでいろいろな条件のロジカル型のベクトルを作成することができます。

`==` と `!=` の左右の等しさを確認する記号を文字に適応することもできます。文字ベクトルに適応してみましょう。 `moji` に代入された、"a"，"b"，"c"，"d"，"e" という文字ベクトルで、"c"と一致する要素の位置（3番目の要素）に、TRUE と印がついています。

```
# 文字にも印をつけることができる                                入力
moji <- c("a","b","c","d","e")

moji == "c"
```

```
[1] FALSE FALSE  TRUE FALSE FALSE                              出力
```

!= でも見てみましょう。 今度は、 "c" の位置が FALSE、そうでない位置に
TRUE とついています。

```
moji != "c"                                                    入力
```

```
[1]  TRUE  TRUE FALSE  TRUE  TRUE                              出力
```

== では、演算子の左側は、1つの要素しか使えません。もし、ここで、複数の印
をつけたい対象がある場合は、 %in% 記号を利用しましょう。%in% は、 ベクトル
%in% 印をつけたい要素を含んだベクトル という形で利用します。例えば、先ほどの
moji ベクトル（ c("a","b","c","d","e")）のうち、"b" と "d" の位置に目印を
つけたロジカルベクトルを取得したいとき、次のように書くことでうまく "b" と
"d" の位置が TRUE となったロジカルベクトルを取得することができます。

```
moji %in% c("b","d")                                           入力
```

```
[1] FALSE  TRUE FALSE  TRUE FALSE                              出力
```

7.2.3 印をつけたものを取り出そう

ロジカル型のベクトルを作成することができると、それを利用してベクトルの要素
を取り出すことができます。要素を取り出すには、 ベクトル[ロジカル型ベクトル] と
記載します。これだけだとわかりにくいので、具体的にスクリプトを見ていきましょう。
まず、 vec という変数に1から5までの連続した数値ベクトルを代入して、1、3、
5番目の要素を取り出すことを考えます。これは、 vec[c(T,F,T,F,T)] と vec[目
的の位置に印 (TRUE) がついたロジカルベクトル] で実施できます。長さ5のベクトル
であった vec に収納されたベクトルが、長さ3のベクトルに変わっていますね。

```
# ロジカル型のベクトルを利用してベクトルから要素を取り出す    入力
vec <- 1:5

vec[c(T,F,T,F,T)]
```

```
[1] 1 3 5                                            出力
```

　ここで、与えるロジカル型ベクトルの長さがもとのベクトルの長さと違うときは、2.8節のベクトル同士の計算で表したように、自動的にロジカルベクトルの内容が繰り返されます。先ほどの数字の1から5が代入された **vec** に対して、長さ1のロジカルベクト **T** を与えると、**T** が5回繰り返されることになるので、**vec** の内容がすべて取り出されます。

```
# 長さ5[長さ1]                                       入力
vec[c(T)]
```

```
[1] 1 2 3 4 5                                        出力
```

　今度は、長さ2のロジカルベクトル **c(T,F)** を与えてみましょう。この場合、**c(T,F,T,F,T)** というように繰り返され、**1 3 5** という結果となります。

```
# 長さ5[長さ2]                                       入力
vec[c(T,F)]

# T F T F T F ……
# 1 2 3 4 5
```

```
[1] 1 3 5                                            出力
```

　このロジカルベクトルを利用してベクトルから **TRUE** となる位置の要素を取り出すときの書き方ですが、最初にやりがちな間違いは、ロジカルベクトルを書いたつもりで、そうなっていないケースです。次のスクリプトを見て、なぜエラーになったかわかりますか？ これは、**c()** でベクトルにすることを忘れていたことがエラーの原因です。本来の意図は、**vec[c(T,F,T)]** ですが、スクリプトでは、**c()** をつけ忘れた結果、ベクトルではなく3つの値を与えています。

```
# 長さが1以外のときは、c()でベクトルする            入力
vec[T,F,T]
```

```
Error in vec[T, F, T]:   次元数が正しくありません          出力
```

▶ 7.2.4 ロジカル型のTRUE、FALSEを ！でひっくり返そう

！（否定）の記号をロジカル型のベクトルの前に置くと、`TRUE` と `FALSE` をひっくり返すことができます。

```
# !でTRUE、FALSEをひっくり返すことができる          入力
!c(T,F,T)
```

```
[1] FALSE  TRUE FALSE                              出力
```

この！を使えば、さらに応用の効く条件で `TRUE`、`FALSE` をベクトルにつけることができます。例えば、アルファベットを含む文字ベクトルで、指定した文字以外の文字を取り出すような場合です。

```
# ベクトルを作成                                    入力
vec <- c("a","b","c","d","e","f","e","a","g")
vec
```

```
[1] "a" "b" "c" "d" "e" "f" "e" "a" "g"            出力
```

この `vec` ベクトルから `"a"` と `"e"` のみを取り出したい場合は、`%in%` を利用して、次のように書きます。

```
# aとeのみを取り出す                                 入力
vec[vec %in% c("a","e")]
```

```
[1] "a" "e" "e" "a"                                出力
```

ここで、`%in%` は左側の要素ひとつひとつに対して、右側のいずれかの要素が一致する場合は `TRUE`、すべて一致しない場合は `FALSE` と返します。

`"a"` と `"e"` 以外を取り出したい場合を考えます。`vec` ベクトルから `"a"` あるいは `"e"` と一致するものを `%in%` を使って取り出し、その結果を jyouken という名前の変数に代入します。この jyouken ベクトルで `TRUE` の位置は、`vec` ベクトルで `"a"` または `"e"` がある場所です。

```
# []の中の条件のロジカルベクトル                          入力
jyouken <- vec %in% c("a","e")
jyouken
```

```
[1]  TRUE FALSE FALSE FALSE  TRUE FALSE  TRUE  TRUE FALSE   出力
```

今回、 "a" と "e" 以外の場所に目印（ TRUE ）をつけたいので、 jyouken の
TRUE と FALSE が逆になれば、これが達成できます。ロジカルベクトルの TRUE と
FALSE を逆転させるには ! 記号を利用すればよいので、次のように書きます。

```
# jyoukenが「TRUEでない」ものを取り出したい                入力
vec[!jyouken]
```

```
[1] "b" "c" "d" "f" "g"                                  出力
```

うまく "a" と "e" 以外を取り出せましたね。変数を作らずに同じ内容を書くに
は、次のように書きます。

```
# vec %in% c("a","e") でないものを取り出したい            入力
vec[ !vec %in% c("a","e") ]
```

```
[1] "b" "c" "d" "f" "g"                                  出力
```

! でロジカルベクトルの結果をひっくり返す書き方はよく使いますので押さえて
おきましょう。

7.3　行を絞り込もう

ロジカル型でベクトルの要素に TRUE 、 FALSE で印をつけて、その要素を取り
出す方法は理解できましたか？ この方法が理解できれば、 dplyr::filter() の
解説に進めます。ここでは、表の行に TRUE 、 FALSE で印をつけて絞りこむ関数
filter() について解説します。

その前に、base の方法で表からデータを絞り込んでみましょう。まず、表を作ります。

```
# 表の作成                                                入力
dat <- tibble(
  item = c("a","b","c","d","e","f"),
  kosu = c(11,26,5,80,10,20)
```

```
)

dat
```

```
# A tibble: 6 x 2                                          出力
  item   kosu
  <chr>  <dbl>
1 a        11
2 b        26
3 c         5
4 d        80
5 e        10
6 f        20
```

この `dat` に、`item` 列と `kosu` 列という2列からなる表が代入されています。`kosu` 列の値が25以上となる行に `dat` を絞り込んでみましょう。`kosu` 列に含まれる値のベクトルを確認してみると、次のようになりました。

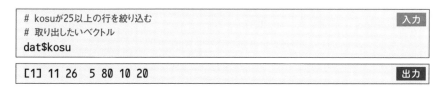

```
# kosuが25以上の行を絞り込む                               入力
# 取り出したいベクトル
dat$kosu
```

```
[1] 11 26  5 80 10 20                                      出力
```

このうち、値が25以上となる場合の要素に対して `TRUE` を目印としてつけたロジカルベクトルは次のようになります。

```
# kosuが25以上という条件のロジカルベクトル                 入力
dat$kosu >= 25
```

```
[1] FALSE  TRUE FALSE  TRUE FALSE FALSE                    出力
```

このロジカルベクトルを利用して、表から対象となる行を取り出すには、**表[ロジカルベクトル,]** とします。ここで、**,** がロジカルベクトルの後ろについていることに注意してください。表から目的の条件の行の抽出ができました。

```
# 表で行を抽出するには<hyou>[<ロジカルベクトル>,]         入力
dat[dat$kosu >= 25, ]
```

```
# A tibble: 2 x 2                                            出力
  item   kosu
  <chr> <dbl>
1 b        26
2 d        80
```

dplyr パッケージを用いると次のようになります。base の書き方より直観的でわかりやすいですね。

```
# dplyrで表の抽出                                            入力
dat %>% filter(kosu >= 25)
```

```
# A tibble: 2 x 2                                            出力
  item   kosu
  <chr> <dbl>
1 b        26
2 d        80
```

filter() は、関数内でロジカルベクトルを与えてあげることで、 TRUE の位置にある行を抜き出してくれます。関数内では、これまで紹介した mutate() などと同じように、列名そのものを $ 記号を用いずとも利用できます。filter() の中では > < >= <= == != %in% など、前節で紹介した記号はすべて使えます。

item 列で "b" と "c" を含む行のみを抽出する場合は、次のように書きます。

```
dat %>% filter(item %in% c("b","c"))                        入力
```

```
# A tibble: 2 x 2                                            出力
  item   kosu
  <chr> <dbl>
1 b        26
2 c         5
```

また、 "b" を含まない行のみの抽出は、次のように書きます。

```
dat %>% filter(item != "b")
```

```
# A tibble: 5 x 2                                          出力
  item   kosu
  <chr> <dbl>
1 a        11
2 c         5
3 d        80
4 e        10
5 f        20
```

`filter()` の使い方をまとめました（図7-9）。

図7-9　filter()のまとめ

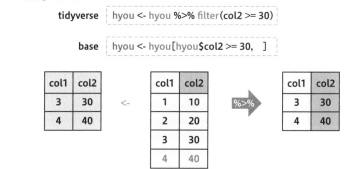

ただし、ここまでの知識だと文字を条件に含んだ複雑な条件での抜き出しはできません。次の章ではそのような方法について見ていきましょう。

第 **8** 章

文字を自由に操る
正規表現

本章では、文字を条件に含んで、抽出、判定、置き換えなど複雑な処理ができる正規表現について学びます。正規表現をRで利用する場合に便利なstringrパッケージの関数を中心に解説します。

8.1　正規表現とは

データの処理の中でよく困るのが、文字データの処理です。Excel データなどで、都道府県名が複数の全角スペースを使って「表示される幅が整えられている」ようなケースを考えてみます[注1]。　見た目は整っている気がしますが、R で分析を行う場合に、この全角スペースは邪魔になります。「北　海　道」という文字を考えてみます。この文字が変数に含まれている場合、変数 == "北海道" としても TRUE とはなりません。== で TRUE とするには、左右が完全に一致する必要があるからです。しかし、初めて処理するデータで、幅を揃えるためにどこに何個の全角スペースが入れられているかを予測することは難しいです。このようなケースで、「全角スペースだけを削除する」処理ができると便利です。

```
# 「整えられた」都道府県の列                        入力
# 日本語の列名は``で囲む
dat <- tibble(
  `都道府県` = c(
    "北　海　道","神奈川県",
    "東　京　都","大　阪　府",
    "鹿児島県" )
)

dat
```

```
# A tibble: 5 x 1                               出力
  都道府県
  <chr>
1 北　海　道
2 神奈川県
3 東　京　都
4 大　阪　府
5 鹿児島県
```

「全角スペースだけを削除する」には、正規表現と呼ばれる指定方法を利用します。正規表現とは、文字の集合を文字で表すために利用されるものですが、この

注1　個人的にはやめてほしいです。

解説だけだとなんのことだかわからないですね[注2]。少し難しい概念なので、図8-1のように、スイーツが複数ある場合を考えます。このとき、ソーダフロートとアイスクリームをまとめて「指定」したい場合は、どのような集合を考えますか？ スイーツなのは間違いないですが、それだと、どら焼きや3色団子も該当します。「冷たいスイーツ」だとどうでしょうか？ この4つのスイーツで考えると、間違いなくソーダフロートとアイスクリームを指定できますね。同様にどら焼きと3色団子を指定したい場合は「和菓子」となります。「冷たいスイーツ」や「和菓子」という言葉で、スイーツの「集合」を表すことができていますね。このとき、「冷たいスイーツ」や「和菓子」が正規表現に該当します。正規表現を利用することで、「集団」をまとめて指定できているように見えませんか？

図8-1 あるものの集合を文字で表した例

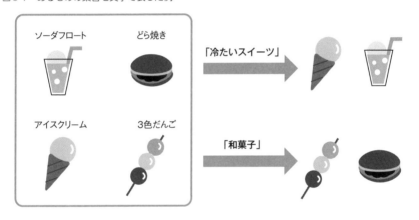

実際に、文字を対象とした正規表現の例を見てみましょう。次のスクリプトでは、stringr パッケージの `str_remove_all()` という関数を利用して、`dat` の `都道府県` 列の全角スペースを除外しています。`str_remove_all(` 文字ベクトル `,` 正規表現 `)` と書きます。 実行した結果、`pref` 列は `都道府県` 列に含まれる全角スペースを除去したものとなっていますね。

```
# 全角スペースを除去する                                    入力
dat %>%
  mutate(pref = str_remove_all(`都道府県`, "　"))
```

注2　正規表現は実行していく中でなんとなくイメージがわくようなもののような気がします。正規表現をなんの予備知識がない状態で説明を受けても、著者も理解できる気がしません。

```
# A tibble: 5 x 2                                          出力
  都道府県        pref
  <chr>          <chr>
1 北　海　道     北海道
2 神　奈　川　県 神奈川県
3 東　京　都     東京都
4 大　阪　府     大阪府
5 鹿　児　島　県 鹿児島県
```

　今度は、架空の住所データから、町名だけを抜き出す処理をします。抜き出すために利用する関数は、str_extract() です。"(?<=市).+(?=町)" という正規表現を str_extract() の中で利用することで、「市」と「町」で挟まれた部分の文字を抜き出すことができます。

```
# 住所データ(架空)                                          入力
vec <- c(
  "〒123-4567 架空県大木井市大木井町11-23-450",
  "〒123-4568 架空県中市中町3-21-451",
  "〒123-4569 架空県小市小町100-10-452"
)

# 町名だけを抜き出す
str_extract(vec, "(?<=市).+(?=町)")
```

```
[1] "大木井" "中"     "小"                                  出力
```

　番地として与えられている "11-23-450" という文字を "11丁目23番450号" というように、1つ目の - を 丁目、2つ目の - を番に置き換え、最後に号をつけることもできます。

```
# 11-23-450の表記を11丁目23番450号という記載に変更する        入力
str_replace(vec, "(?<=町)(\\d+)-(\\d+)-(\\d+)$", " \\1丁目\\2番\\3
号")
```

```
[1] "〒123-4567 架空県大木井市大木井町 11丁目23番450号"        出力
[2] "〒123-4568 架空県中市中町 3丁目21番451号"
[3] "〒123-4569 架空県小市小町 100丁目10番452号"
```

　個々の関数の働きについては、次の節から確認していきます。ここで登場した、"(?<= 〒)\\d+-\\d+(?=\\s)" や "(?<= 町)(\\d+)-(\\d+)-(\\d+)$" が正規表

現です。「文字の集合を文字で表す」ことがイメージできましたか？ ぱっと見ただけではややこしく感じるかもしれません。正規表現は「文字をパターンで一致させる」ことができる強力なツールです。完璧に習得するには、学習コストは高いですが、基本的な知識があれば tidyverse に含まれる関数群をさらに便利に使えるケースが多いです。また、文字列の加工には tidyverse に含まれる stringr パッケージを利用します。このパッケージには40弱の関数が含まれており、すべてを使いこなせれば非常に強力です。ただ、R を学び始めた方がいきなり全部を使いこなそうとするのは負担が大きいので、本章では `str_remove()`、`str_detect()`、`str_extract()`、`str_replace()` の4つの関数を紹介します。

8.2　いらない文字を除去しよう

　正規表現など、文字の加工には `str_` という名前で始まる、stringr パッケージに用意された関数を利用します。まずは、`str_remove()` で文字（string）を除去（remove）する方法からです。都道府県の文字の中の全角スペースを置き換えた前節の例を今度はベクトルで確認します。

```
vec <- c("北　海　道","神 奈 川 県","東　京　都",          入力
"大　阪　府","鹿 児 島 県"," 京 都 府 ")
vec
```

```
[1] "北　海　道" "神 奈 川 県" "東　京　都" "大　阪　府"    出力
[5] "鹿 児 島 県" " 京 都 府 "
```

　`vec` に含まれている全角スペースを除去するには、全角スペースを指定して除去する必要があります。`str_remove()` のヘルプを見ると、Usage で `str_remove(string, patern)` とあります[注3]。
　ここで、`string` 引数に処理したい対象の文字が文字ベクトルを指定します。`pattern` 引数は正規表現です。今回、全角スペースを置き換えたい場合は、`"　"`のように全角スペースをそのまま入力します。 ただし、`str_remove()` は最初に該当した1つの全角スペースしか除去しません。

注3　新しい関数を見かけたらまず `?関数名` でヘルプファイルを確認する癖はついていますか？

```
# str_remove(string, pattern)でpatternを除外                   入力
str_remove(vec, "　")
```

```
〔1〕"北　海　　道" "神奈　川　県" "東　京　　都" "大　阪　　府"   出力
〔5〕"鹿児　島　県" "京　都　府　"
```

すべての全角スペースを除去するには、**str_remove_all()** を利用します。

```
# str_remove_all(string, pattern)で全部のpatternを除外           入力
str_remove_all(vec, "　")
```

```
〔1〕"北海道"    "神奈川県" "東京都"    "大阪府"    "鹿児島県" "京都府"   出力
```

　では、次にそれぞれの都道府県の最後の「都・道・府・県」を除外する方法を考えてみましょう（パイプ関数でつないであげると加工した結果をさらに加工することが可能です）。複数の除外条件を入れる場合は、**〔　〕** の中に除去したい文字を指定します。

```
# 都・道・府・県を除外する?                                     入力
vec %>% str_remove_all("　") %>% str_remove("〔都道府県〕")
```

```
〔1〕"北海"    "神奈川" "東京"    "大阪"    "鹿児島" "京府"           出力
```

　ここで、「京都府」ですが、京都「府」と、府を除外したいのに、京「都」府と、**〔都道府県〕** の「都」が除外されています。このような場合に、正規表現で使える特殊な記号を利用します。

　今回、「各都道府県名の、最後の1文字の都か道か府か県を除外する」という条件のケースを見てみました。そのとき **$** を使うと「最後」を表す正規表現になるため、うまく除外できるはずです。やってみましょう。

```
# $で文字の最後を指定して都道府県を除外する                       入力
vec %>% str_remove_all("　") %>% str_remove("〔都道府県〕$")
```

```
〔1〕"北海"    "神奈川" "東京"    "大阪"    "鹿児島" "京都"           出力
```

　うまくいきました。ここで、**〔都道府県〕$** が、どのような文字を表しているか、イメージがつかない場合は、**str_view()** という関数で正規表現の適応される対象を確認することができます（図8-2）。図8-2で中央の正規表現（**〔都道府県〕**）では、「京都府」は、「京『都』府」と最初の「都」が正規表現の対象となっています。図8-2の

右の正規表現（［都道府県］$）では、「京都『府』」と文字の最後の「府」が対象となっています。$ で「都道府県のいずれか」から「都道府県のいずれかの文字の直後で終わる」という意味合いの正規表現になっています。

図8-2　str_view()の例

$ のような特殊な意味を持つ文字をメタ文字と呼びます。ここで主なメタ文字をいくつか紹介しておきましょう。ここで紹介するメタ文字は、^　$　\\d　\\s　. の5つです。

- ^：最初の文字
- $：最後の文字
- \\d：0から9までの数字いずれか
- \\s：スペース
- .：どのような文字でも

表8-1に、次のスクリプトの実行結果を掲載します。それぞれのメタ文字がどのように働いているかを確認してください。それぞれの表す意味で対象となっていることが確認できますね。

```
# ^
str_view("This is a pen. It's price is $1.20.", "^")
# $
str_view("This is a pen. It's price is $1.20.", "$")

str_view("This is a pen. It's price is $1.20.", "\\d")
str_view_all("This is a pen. It's price is $1.20.", "\\d")

# \\s
str_view("This is a pen. It's price is $1.20.", "\\s")
str_view_all("This is a pen. It's price is $1.20.", "\\s")

# .
str_view("This is a pen. It's price is $1.20.", ".")
str_view_all("This is a pen. It's price is $1.20.", ".")
```

表8-1　正規表現の特殊記号の例1

正規表現	"This is a pen. It's price is $1.20."	
	str_view	str_view_all
^	This is a pen. It's price is $1.20.	This is a pen. It's price is $1.20.
$	This is a pen. It's price is $1.20.	This is a pen. It's price is $1.20.
\\d	This is a pen. It's price is $1.20.	This is a pen. It's price is $1.20.
\\s	This is a pen. It's price is $1.20.	This is a pen. It's price is $1.20.
. (ピリオド)	This is a pen. It's price is $1.20.	This is a pen. It's price is $1.20.

　次に、繰り返しを表現する正規表現の書き方を見ていきましょう。`+` や `{m,n}` で繰り返しを表すことができます。`+` は「直前の文字が1回以上連続する」という正規表現です。`{m,n}` は「直前の文字が m 回以上、n 回以下連続する」という意味です。n を省いて `{m,}` と書くと、「m 回以上連続する」という意味になります。実際に動作を見てみましょう。

　次のスクリプトの結果は表8-2にある通りです。`A+` とした正規表現では、`str_view()` で最初の A が対象となっています。`str_view_all()` だと、A が連続したかたまりがすべて対象となっています。同様に `A{2,}` という正規表現では、A が2回以上続いているケースが対象となっています。最後に、`A{2,3}` を見てみます。`str_view_all()` では、 AAAA のとき AAA A と A が3回続いているものが対象となりますが、 AAAAA のときは AAA AA となりました。そして AAAAAA と A が6個続くと、

AAA AAA と3個ずつ区切られています。

```
# +:直前の文字が「1回以上連続する」                              入力
str_view("A AA AAA AAAA AAAAA", "A+")
str_view_all("A AA AAA AAAA AAAAA", "A+")

# {m,}:直前の文字が「m回以上連続する」
str_view("A AA AAA AAAA AAAAA", "A{2,}")
str_view_all("A AA AAA AAAA AAAAA", "A{2,}")

# {m,n}:直前の文字が「m回から最高n回連続する」
str_view("A AA AAA AAAA AAAAA AAAAAA", "A{2,3}")
str_view_all("A AA AAA AAAA AAAAA AAAAAA", "A{2,3}")
```

表8-2 正規表現の特殊記号の例2

正規表現	"A AA AAA AAAA AAAAA"	
	str_view	str_view_all
A+	A AA AAA AAAA AAAAA	A AA AAA AAAA AAAAA
A{2,}	A AA AAA AAAA AAAAA	A AA AAA AAAA AAAAA

正規表現	"A AA AAA AAAA AAAAA AAAAAA"	
A{2,3}	A AA AAA AAAA AAAAA AAAAAA	A AA AAA AAAA AAAAA AAAAAA

　複数の正規表現を用いた場合、いずれかが対象となるかを調べたいようなケースもあります。その場合は、| 記号を使いましょう。**正規表現1| 正規表現2** で正規表現1と2のいずれかを対象にできます。また、**[]** で対象となる文字の候補を記載すると、その中の文字いずれかという意味の正規表現です[注4]。表8-3に、次のスクリプトの結果を掲載します。\\sale\\s が表しているのが、「スペースのあとにa、あるいはeのあとにスペース」という文字の並びになります。**str_view_all()** では、absolute / apple / bad / book / idea において2つの正規表現のいずれかが対象となっています（一番最初にある「absolute」の前にはスペースがないので、「absolute」の「a」は対象外です）。**[abc]** という正規表現はaかbかcのいずれかの1文字を対象とする正規表現です。**[abc]+** で、a、b、c、aa、ab、ac、ba、……、aaa、aab、……abc、……とa、b、cの3つの文字だけでできた文字のかたまりをなんでも対象とすることができます。

注4　[] の表現は都、道、府、県いずれかの文字という条件ですでに見ていますね。

137

```
# a|b:正規表現aか正規表現bを対象とする                          入力
str_view("absolute / apple / bad / book / idea", "\\sa|e\\s")
str_view_all("absolute / apple / bad / book / idea ", "\\sa|e\\s")

# [abc]:文字a、b、cのいずれかの1文字
str_view("abcdefg,abesdbc", "[abc]+")
str_view_all("abcdefg,abesdbc", "[abc]+")
```

表8-3　正規表現の特殊記号の例3

正規表現	"absolute / apple / bad / book / idea "	
	str_view	str_view_all
\\sa|e\\s	absolute / apple / bad / book / idea	absolute / apple / bad / book / idea

正規表現	"abcdefg,abesdbc"	
	str_view	str_view_all
[abc]+	abcdefg,abesdbc	abcdefg,abesdbc

　本節で紹介した正規表現を組み合わせることでいろいろな文字を対象とすることができます。

8.3　探している文字が含まれているか判定しよう

　正規表現で表の行の抽出してみましょう。正規表現で指定した文字列がある場合に `TRUE`、ない場合に `FALSE` の結果が返ってくる `str_detect()` を `filter()` と同時に利用することで、感知（detect）することができます。 次の表は架空のデータです。`vec` 列には、「メニュー：値段」という文字列が入っています。

```
# 表を作成                                                    入力
dat <- tibble(
  vec = c(
    "cake(food): 520",
    "fruit(food):895",
    "tea(drink): 620",
    "coffee(drink):800",
    "water(drink): 200",
    "banana juice(drink): 1200"
  )
)
```

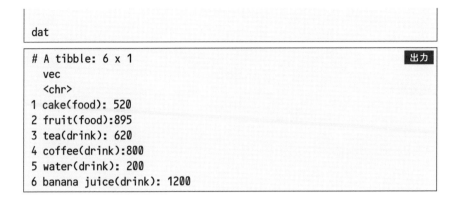

```
dat
```

```
# A tibble: 6 x 1                                        出力
  vec
  <chr>
1 cake(food): 520
2 fruit(food):895
3 tea(drink): 620
4 coffee(drink):800
5 water(drink): 200
6 banana juice(drink): 1200
```

　この `vec` 列で、「値段の下2桁が00となっている」行を抜き出してみましょう。行を抜き出すには `filter(` ロジカルベクトル `)` と記載します。ここで、ロジカルベクトルには `str_detect()` の実行結果を使用します。`str_detect(` 文字, 正規表現 `)` と記載することで、文字が正規表現に該当すれば `TRUE` を、そうでなければ `FALSE` を返します。このとき、文字の部分はベクトルでもよく、ベクトルを利用した場合は、ひとつひとつの要素が正規表現に該当するか調べ、ロジカルベクトルを返します。そのため、文字が数字に続いて0が2つで末尾になる文字という意味である正規表現 `"\\d00$"` を利用してあげると、次のように下2桁が00であるメニューを抽出することができました。

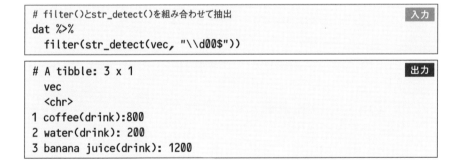

```
# filter()とstr_detect()を組み合わせて抽出                入力
dat %>%
  filter(str_detect(vec, "\\d00$"))
```

```
# A tibble: 3 x 1                                        出力
  vec
  <chr>
1 coffee(drink):800
2 water(drink): 200
3 banana juice(drink): 1200
```

　他にも、`str_detect()` を利用して行を抽出してみましょう。まずは、`"drink"` という文字が `vec` 列に含まれている場合です。正規表現の `drink` を使います。

```
# drinkという表記がある行のみを抜き出す                     入力
dat %>% filter(str_detect(vec, "drink"))
```

```
# A tibble: 4 x 1                                        出力
  vec
  <chr>
1 tea(drink): 620
2 coffee(drink):800
3 water(drink): 200
4 banana juice(drink): 1200
```

あるいは、 `vec` 列が `"c"` という文字で始まる場合の行を抽出してみます。ここでは、正規表現は、「c で始まる」を表した、`"^c"` を利用します。

```
# cで始まるメニューがある行のみを抜き出す                   入力
dat %>% filter(str_detect(vec, "^c"))
```

```
# A tibble: 2 x 1                                        出力
  vec
  <chr>
1 cake(food): 520
2 coffee(drink):800
```

今度は、メニューの名前が `"e"` で終わる場合を考えます。「e で終わる」ので、`e$` としたいところですが、`vec` 列、「メニュー名（種類）：値段」という表記になっているので「メニュー名が e で終わる」を表現した正規表現は、`"e\\("` となります。ここで `\\(` は、`"("` 自身が、`()` でグループを表すメタ文字です。そのため、「`(` はメタ文字ではなく、カッコを調べたいですよ」という意味で、`\\` をつけてエスケープします。エスケープされた文字は、メタ文字だったとしてもその効力がなくなり、ただの文字として扱われます。

```
# メニューがeで終わっている行を抜き出す                     入力
dat %>% filter(str_detect(vec, "e\\("))
```

```
# A tibble: 3 x 1                                        出力
  vec
  <chr>
1 cake(food): 520
2 coffee(drink):800
3 banana juice(drink): 1200
```

\ でのエスケープが難しいのは \ そのものを対象にしたいときです。\ は R では通常の文字の中でも特別な意味を持ちます。そのため、\ と入力したい場合は、\\ のように「エスケープ文字をエスケープ」してあげる必要があります。なので、R の正規表現で、\ を対象としたい場合は、文字の中に \\ が存在するかを正規表現で調べてあげる必要があります。\\ を調べるための正規表現は、"\\\\" と、\ が4個必要になるので、注意が必要です。

```
# \\で\が文字として入力できる、正規表現で\は\\\\                        入力
str_view("kore -> \\", "\\\\")
```

図8-3にこの str_view() の実行結果を表示してあります。"kore -> \\" が、画面上では、kore -> \ と、\ が1つになっていることと、きちんと正規表現の対象となっていることを確認しておいてください。

図8-3 \を正規表現で対象とする場合

Kore -> \

\ の他に、正規表現で探すことが難しいものが " (ダブルクオーテーション) です。まず、" を入力するためには、' (シングルクオーテーション) で囲ってあげる方法が一番わかりやすいです。そのため、次のように、" を文字の中身、' で文字を作る形で記載すると、正規表現として含めることが可能です。

```
# '""'で"を入力できる                                                入力
str_view('""', '"')
```

str_view() を実行すると、図8-4のように " をうまくとらえることができます。

図8-4 ダブルクオーテーションを正規表現で拾う

8.4　探している文字を抜き出そう

　正規表現を利用して文字列を抽出してみましょう。8.1 節の市と町の間の町名だけを抜きだす例を再度見てみます。

```
# 住所データ(架空)                                              入力
vec <- c(
  "〒123-4567 架空県大木井市大木井町11-23-450",
  "〒123-4568 架空県中市中町3-21-451",
  "〒123-4569 架空県小市小町100-10-452"
)

# 町名だけを抜き出す
str_extract(vec, "(?<=市).+(?=町)")
```

```
[1] "大木井" "中"      "小"                                    出力
```

　この正規表現はこれまでよりややこしく見えます。1つずつ見ていきましょう。まず、`.+` という正規表現は、`.`（なんでも）`+`（直前の文字を繰り返す）という意味なので、すべての文字が対象となります。

```
# 町名だけを抜き出す正規表現"(?<=市).+(?=町)"                    入力
str_extract(vec, ".+")
```

```
[1] "〒123-4567 架空県大木井市大木井町11-23-450"                出力
[2] "〒123-4568 架空県中市中町3-21-451"
[3] "〒123-4569 架空県小市小町100-10-452"
```

　今回、町名だけを抜き出したいので、町名が文字の中のどの位置にあるかを確認します。そうすると、〜市「町名」町〜という並びになっています。これを正規表現で表すと、「市という文字に続いて」「町名」「町という文字があとに続く」と書くことができます。

　まずは、「市という文字に続いて」という意味の正規表現です。これは、`(?<=市)`という正規表現になります。そのため、`(?<=市).+` で、「市という文字が出現した場合はその出現した次のなんでもよい文字を繰り返したものを対象とする」という意味になります。もともとの市と書いてあった部分より後ろの文字が抽出できています。

```
# 「市という文字に続いて」という正規表現                                    入力
str_extract(vec, "(?<=市).+")
```

```
［1］"大木井町11-23-450" "中町3-21-451"       "小町100-10-452"        出力
```

次に、「町」の前の文字を対象とする正規表現を考えましょう。この正規表現は、**(?=町)** で達成できます。「町」という文字の前のすべての文字を対象とする正規表現は、**.+(?=町)** となります。これは、「なんでもよい文字の繰り返しの直後に町という文字がくる」という意味です。次のスクリプトで vec ベクトルの3つの要素で、「町」という文字が出現する前の文字をすべて抜き出すことができていますね。

```
# 「町という文字があとに続く」という正規表現                                  入力
str_extract(vec, ".+(?=町)")
```

```
［1］"〒123-4567 架空県大木井市大木井" "〒123-4568 架空県中市中"          出力
［3］"〒123-4569 架空県小市小"
```

ここまでの、正規表現を組み合わせると、「市」と「町」という文字に挟まれた範囲の文字を対象とすることができます。その正規表現は、**(?<=市).+(?=町)** となります。

```
# 「市という文字に続いて」間になんでも「町という文字があとに続く」              入力
# 正規表現
str_extract(vec, "(?<=市).+(?=町)")
```

```
［1］"大木井" "中"       "小"                                        出力
```

いかがでしょうか？ **(?<=■).+(?=□)** という記載で、■と□の間のすべての文字を取得することができます。他の例も見てみましょう。8.2節で作成した dat から **()** の中身を対象とする正規表現を考えてみてください。mutate() を利用して抽出すると、次のようになります。

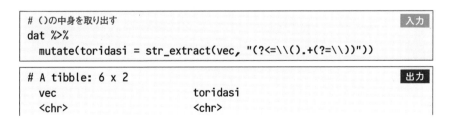

```
# ()の中身を取り出す                                                   入力
dat %>%
  mutate(toridasi = str_extract(vec, "(?<=\\().+(?=\\))"))
```

```
# A tibble: 6 x 2                                                    出力
  vec                     toridasi
  <chr>                   <chr>
```

```
1 cake(food): 520          food
2 fruit(food):895          food
3 tea(drink): 620          drink
4 coffee(drink):800        drink
5 water(drink): 200        drink
6 banana juice(drink): 1200 drink
```

　この正規表現について、(?<=■).+(?=□) の■が \\(で、□が対象とするの
が \\) です。\\ で (と) をエスケープしているので少し複雑に見えますが、
特に新しいことはしていません。このように、文字の一部を mutate() と str_
extract() を組み合わせることで取り出して、新しい列を作成することができます。

8.5 目的の文字を置き換えよう

　文字を置き換えたい状況もよく遭遇します。その場合は str_replace() を利用
します。8.1節の例を再度確認しましょう。

```
# 8.1節の例のベクトル                                        入力
vec
```

```
[1] "〒123-4567 架空県大木井市大木井町11-23-450"              出力
[2] "〒123-4568 架空県中市中町3-21-451"
[3] "〒123-4569 架空県小市小町100-10-452"
```

　このベクトルで住所の番地を、11-23-450 から、11丁目23番450号 という記載に
変更する方法を考えます。このような置き換えには、str_replace() を利用します。
まずは、実際に置き換えてみましょう。

```
# 例のベクトルの11-23-450の表記を11丁目23番450号という記載に変更する     入力
str_replace(vec, "(?<=町)(\\d+)-(\\d+)-(\\d+)$", " \\1丁目\\2番\\3
号")
```

```
[1] "〒123-4567 架空県大木井市大木井町 11丁目23番450号"        出力
[2] "〒123-4568 架空県中市中町 3丁目21番451号"
[3] "〒123-4569 架空県小市小町 100丁目10番452号"
```

　うまくいきましたね。図8-5にこの置き換えをまとめました。まとめを見てもやや
こしいですね。1つずつ解説しましょう。

図8-5　str_replace()のイメージ

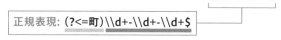

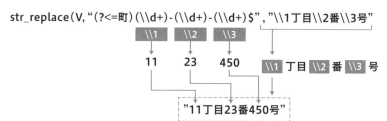

　まず、**(?<=町)\\d+-\\d+-\\d+$** という正規表現は、住所のベクトルの値の「『町』以降の連続する数字 - 連続する数字 - 連続する数字で終わる」文字を対象としています（なお、「-」はメタ文字ではなく、普通の文字です）。

　str_replace() の引数は **string** 引数、**pattern** 引数、**replacement** 引数の3つです。図8-5では、**pattern** 引数に **(?<=町)(\\d+)-(\\d+)-(\\d+)$** というように、数字を **()** で囲んだ正規表現を利用しています。この **()** で囲んだ正規表現は、**replacement** 引数で、**\\1**、**\\2**、**\\3** と記載することで、**()** の順番と対応した値を呼び出すことができます。

　図の **str_replace()** では、**\\1** が11に、**\\2** が23に、**\\3** が450に対応していて、**replacement** 引数に対して、**\\1丁目\\2番\\3号**で、**11丁目23番450号** という結果が返ってきます。この処理をベクトルに対して行ったのが先のスクリプトの内容です。

　8.2節の **dat** に対しても **str_replace()** を適応してみましょう。値段を示す数字の前に **¥** 記号を入れてみましょう。

```
# 数字の前に¥記号を入れる                                    入力
dat %>%
  mutate(vec2 = str_replace(vec, "(^.+( |:))(\\d+)", "\\1¥\\3"))
```

```
# A tibble: 6 x 2                                           出力
  vec                        vec2
  <chr>                      <chr>
1 cake(food): 520            cake(food): ¥520
```

```
2 fruit(food):895          fruit(food):￥895
3 tea(drink): 620          tea(drink): ￥620
4 coffee(drink):800        coffee(drink):￥800
5 water(drink): 200        water(drink): ￥200
6 banana juice(drink): 1200 banana juice(drink): ￥1200
```

　この正規表現では、`(^.+( |:))` が `\\1`、`( |:)` が `\\2`、`(\\d+)` が `\\3` に
相当しています。やや複雑ですが、`"(^.+( |:))(\\d+)"` を `vec` 列の 1 行目
`cake(food): 520` を例にして見てみます。`\\1` に相当するのは `cake(food):`、
`\\2` に相当するのが正規表現 `( |:)` で、今回の場合は `:` のあとのスペースです。
`\\3` に相当するのが `520` です。`\\2` が `\\1` の中の括弧であるところがわかりづら
いかもしれませんが、このような対応になっています。

　この正規表現に対して、`replacement` 引数で `\\1￥\\3` とすることで ￥ の前と
後ろに目的の文字を入れています。このように置き換えをうまくできるようになる
と、いろいろな文字の処理が簡単になりますので、少しずつでよいので正規表現を
使えるように取り組んでみてください。

第 **9** 章

カテゴリカルデータの
ための因子型

本章では、因子型という文字型、数字型、ロジカル型に続く4つ目の型について解説します。因子型はアンケートデータの表現などに利用できる便利な型ですが、これまでの型と比べてやや複雑です。また、ランダムなデータの作成についてもふれます。

9.1　アンケートのデータを集計しよう

Web アンケートを行って図9-1のような記録を得たとします。

図9-1　Webアンケート

商品アンケート

Q1:今回購入いただいたアイスクリームの味をお答えください。

□ バニラ　　□ チョコ　　□ いちご

Q2:年齢をお答えください

□ ～19歳　　□ 20～39歳　□ 40～59歳　□ 60～歳

Q3:味の満足度はいかがですか?

□ 1(不満)　　□ 2(普通)　　□3(満足)

q1	q2	q3
バニラ	-19	1
バニラ	20-39	3
チョコ	20-39	3
いちご	40-59	2
チョコ	60-	3
バニラ	-19	3

　グラフの作成や分析を R でするとき、データを因子型にしておくと、カテゴリーにデータを分けてグラフ化や分析をしてくれるため、便利になることが多いです[注1]。文字型のままでも問題がないことは多いですが、データ分析に進む前に表の列を適切な形の因子型に変えましょう。

　また、あわせて次の節では図9-1にあるようなデータを R で作成する方法を解説します。(架空の) データを自分で作れるようになると、関数の動作の確認や、データの加工方法について試行錯誤することができ、R の上達速度も上がるので、遠回りに感じるかもしれませんがお付き合いください。それでは、始めていきましょう。

9.2　架空のアンケートデータを作成しよう

　本章では、架空のアンケートデータを R で作成し、それを使って関数の動作を見ていきます。ここで、データを作成するのに利用する関数は、文字ベクトルをランダムで生成してくれる `sample()` と、数字ベクトルをランダムで生成してくれる `runif()` [注2]です。

注1　本書では分析と可視化の話は少ししかしませんので、メリットを十分に感じるには、別の本を読んでいただく必要があるかもしれません。

注2　【run】【if】ではなくて、【r】【unif】というように区切ります。「Random UNIForm distribution」で`runif`です。これは、一様分布と呼ばれる分布をする数字をランダムに生成してくれます。R には他にも、いろいろな分布に関する関数が存在します。分布についての詳しい解説は本書の範囲外です。

9.2.1 ランダムな数字を生成しよう

　今回のアンケートデータには、「ランダムな数字」で表現できる列はありませんが、みなさんがご自身で別のデータを作成したいときに必要となるかもしれませんので、まず解説します。ランダムな数字ベクトルを生成するには、 `runif()` が便利です。`runif()` は `runif(n = ベクトルの長さ , min = 最小値 , max = 最大値 )` と記載することで、好きな範囲の数字がランダムに含まれる数字ベクトルを作成することができます。 次のスクリプトでは、0（ `min` ）から100（ `max` ）までの数字が20（ `n` ）個、ランダムに生成されています。この関数は実行するたびに結果が変わるのが特徴です。

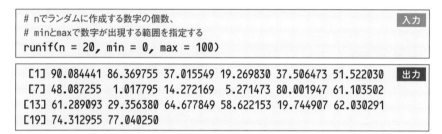

　`set.seed( 好きな数字 )` を同時に実行すると毎回同じ結果になります。

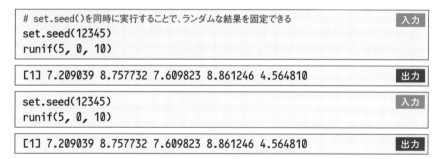

　1回目と2回目の `runif()` の結果は同じになりました。このように、 `set.seed`（ 数字 ）で、同じ数字を利用することで「ランダムさ」を固定できます。試してみてください。

9.2.2 くじ引きをやってみよう

　次に指定した値をランダムに含んだベクトルを作成する `sample()` です。これはややこしいので図を用いて説明します。

　`sample()` は箱に入れた数字や文字をランダムに抽出してきて、その結果をベクトルとして返してくれる関数です。「くじ引き」を R 上でやってくれるイメージを持ってください。引数は以下の4つを設定できます。

- **x** 引数：箱にいれるくじ
- **size** 引数：箱からくじを引く回数
- **replace** 引数：引いたくじを戻すか戻さないか
- **prob** 引数：くじの種類の出る確立

　図9-2に、引いたくじを戻す場合（ `replace=TRUE` ）の `sample()` の動作、図9-3に引いたくじを戻さない場合（ `replace=FALSE` ）の `sample()` の動作を図示しました。

図9-2　引いたくじを戻す場合

vec <- sample(x=c("○","△","□"), size=100, replace=TRUE)

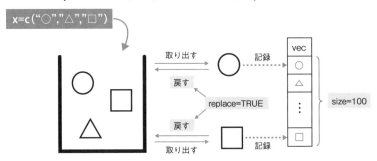

★「戻す」ので、xの長さはsizeの値より小さくてもOK

図9-3　引いたくじを戻さない場合

vec <- sample(x=「○、△、□が100個ずつ」, size=100, replace=FALSE)

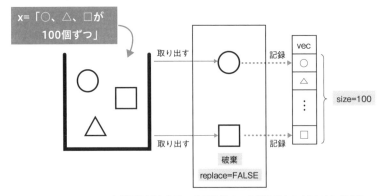

★「破棄する」ので、xの長さはsizeの値より大きくないといけない

replace 引数の値が違うと動作がまったく違うことに注意が必要です。まず、図9-2にある replace = TRUE とした場合の動作を確認し、続いて図9-3にある replace = FALSE とした場合の動作を確認します。

次のスクリプトでは、図9-2のように replace=TRUE とした場合の動作を確認します。2回 sample() を実行していますが、最初の no_prob には prob 引数を設定しない場合の sample() の実行結果、次の with_prob には prob 引数を設定する場合の実行結果を代入します。

```
# tidyverseを使えるようにする                                    入力
library(tidyverse)

# set.seed()で「ランダムさ」を固定できる
set.seed(12345)

# sampl()のprob引数の動作を確認してみる
# prob引数を設定しないで、ジャンケンを300回やった場合
no_prob <- sample(
  x = c("グー", "チョキ", "パー"),
  size = 300,
  replace = TRUE
)

# グーが50%、チョキが30%、パーが20%の場合
with_prob <- sample(
  x = c("グー", "チョキ", "パー"),
  size = 300,
  replace = TRUE,
  prob = c(0.5, 0.3, 0.2)
)
```

作成した変数に保存された、それぞれ長さ300の文字列ベクトルの最初の10個の要素の結果を見てみましょう。

2回の sample() の実行で、両方とも replace = TRUE としているので、完全にランダムであれば、おおむねグーチョキパーの3つが同じ回数ずつ出現するはずです。まずは no_prob の結果です。

```
# それぞれのsample()の結果を確認(最初の10回ずつ)              入力
no_prob[1:10]
```

```
[1] "チョキ" "パー" "チョキ" "チョキ" "グー" "パー" "チョキ"    出力
[9] "チョキ" "パー" "チョキ"
```

次に、 with_prob の値です。

```
with_prob[1:10]    入力
```

```
[1] "チョキ" "パー"    "チョキ" "パー" "グー" "グー" "グー"    出力
[8] "チョキ" "チョキ" "パー"
```

ベクトルに何がどれくらいの回数出現するかを調べるためには、 table() が便利です。まずは no_prob に含まれる値の個数です。

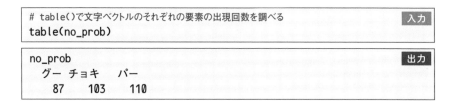

```
# table()で文字ベクトルのそれぞれの要素の出現回数を調べる    入力
table(no_prob)
```

```
no_prob    出力
  グー  チョキ    パー
   87    103    110
```

次に、 with_prob に含まれる値の個数です。

```
table(with_prob)    入力
```

```
with_prob    出力
  グー  チョキ    パー
  133    96    71
```

今回、 prob 引数の設定がないときはばらついてはいますが、似たような回数でグーチョキパーが出現しています。一方、 prob 引数を設定した場合は、グーが明らかに一番多く、グーチョキパーで50％、30％、20％の出現頻度の設定が反映されているように見えます[注3]。

あらためて図9-2を見返して、それぞれの引数の設定がどのように結果となるベクトルに影響をおよぼすか確認してください。

次に、図9-3の処理を見てみましょう。次のスクリプトでは、 sample() の x 引

注3　今回は 100 回のくじ引きであるため、ばらつきが大きい結果でした。size 引数を 300 ではなく、30,000 にして実行してみてください。より prob 引数の設定が明確な結果になるはずです。

数を1から10の数字にして、`size` 引数を10として10個取り出す形です。`replace`
引数は `FALSE` としているので、`x` 引数から出現した値は1回しか出現しません（一
度引いた数字をもとに戻さない）。1から10までの数字から10個をもとに戻さずに
順番に数字を引いていくと、どの数字も必ず1回ずつ出現するはずです。本当にそ
のようになるか、3回 `sample()` を実行して確認してみましょう。1から10までの
数字が1回ずつ出現することが確認できます。

```
# replace = FALSEとした場合のsample()の動作                           入力
try1 <- sample(x = c(1:10), size = 10, replace = FALSE)
try2 <- sample(x = c(1:10), size = 10, replace = FALSE)
try3 <- sample(x = c(1:10), size = 10, replace = FALSE)
```

`try1` の結果を確認します。

```
try1                                                              入力
```
```
[1]  2  3  8 10  5  7  9  6  1  4                                 出力
```

毎回目視で確認するのも大変なので、`table()` で集計します。すると、次のように
1から10までの数字が1回ずつ出現していることが確認できます。

```
table(try1)                                                       入力
```
```
try1                                                              出力
 1  2  3  4  5  6  7  8  9 10
 1  1  1  1  1  1  1  1  1  1
```

同じように、`try2` も集計しましょう。

```
table(try2)                                                       入力
```
```
try2                                                              出力
 1  2  3  4  5  6  7  8  9 10
 1  1  1  1  1  1  1  1  1  1
```

続いて、`try3` を集計します。

```
table(try3)                                                       入力
```

```
try3                                                    出力
 1  2  3  4  5  6  7  8  9 10
 1  1  1  1  1  1  1  1  1  1
```

やはり、1から10までの数字が1回ずつ出現しています。

　今回、 `set.seed()` は利用していないにもかかわらず、4回試した結果を `table()` で数えるとすべて同じ結果でした（1から10の数字が全部で1回ずつ出現）。数字の出現する順番は違いますが、これは、 `replace = FALSE` としているので、10個のくじを全部引ききれば、中身に入れているもの（ `x` ）が同じであれば同じ結果になるのは当たり前ですね。

　このように、 `replace = FALSE` とすることで、「くじ引きのくじをもとに戻さずにくじを引く」という動作ができます。図9-3で、この場合の動作をしっかりとイメージしておいてください。

9.2.3　ランダムな表データを作成しよう

　それでは、 `sample()` を利用して図9-1で例示した架空のアンケート調査の結果を作成してみましょう。 `sample()` を3つ利用して、 `q1` 列から `q3` 列までの、3つの列を含む表を作成しています。

```
# 架空のアンケート調査の結果を作成               入力
set.seed(12345)
dat <- tibble(
  q1 = sample(c("バニラ", "チョコ", "いちご"), 10, TRUE),
  q2 = sample(c("-19", "20-39", "40-59", "60-"), 10, TRUE),
  q3 = sample(1:3, 10, TRUE)
)

dat
```

```
# A tibble: 10 x 3                             出力
   q1     q2     q3
   <chr>  <chr> <int>
 1 チョコ 40-59    2
 2 いちご 20-39    3
 3 チョコ 20-39    1
 4 チョコ -19      2
 5 バニラ 60-      1
```

```
 6 いちご 60-      2
 7 チョコ 40-59   3
 8 チョコ 20-39   2
 9 いちご 20-39   2
10 チョコ -19     3
```

簡単に架空の表を作成することができます。

9.3　因子型とは

前節で架空のアンケートデータを作成しました。このデータは **q1** 列と **q2** 列が文字型、**q3** 列が数字（整数）型です。このままでもよさそうですが、データのカテゴリーが一度も出現しない場合に、そのカテゴリーがあるはずなのに、単に出現していないだけなのか、あるいは、そのカテゴリーそのものがないのかの区別できないため、問題となります。

例えば、たまたまサンプルで作成した10件のデータのうち、**q1** 列でバニラと答えた人がいないデータを集計する場合を考えます。

```
# q1でバニラと答えた人がいない場合のデータ                          入力
no_van <- dat %>% filter(q1 != "バニラ")
```

もともとの **dat** のほうを **table()** で集計します。

```
# 集計                                                            入力
dat$q1 %>% table()
```

```
.                                                                出力
いちご チョコ バニラ
     3      6      1
```

この結果と次のスクリプトの結果を比較してみましょう。**q1** 列の **"バニラ"** という値を除去した **no_van** を **table()** で集計すると、バニラは0件のため、**table()** の集計結果には出てきません。しかし、これでは「バニラ」が0件だったのか、「バニラ」という選択肢がそもそも存在していないのか区別ができません。理想は、「バニラ0件」と集計結果に表示することです。因子型を利用すれば、それが可能です。

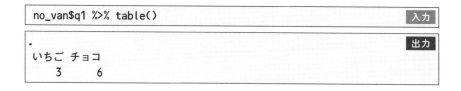

```
no_van$q1 %>% table()                                    入力
```

```
.                                                        出力
いちご チョコ
   3      6
```

因子型は、「そのベクトルに存在するデータにどんな項目があるか」という情報を含む型です。「バニラ0件」のように、ベクトルに含まれるはずの項目を含めてデータを調べることは、文字型や数字型では不可能です。ここでは、文字型のベクトルから因子型のベクトルを作成してみましょう。**as.factor()** を利用します。

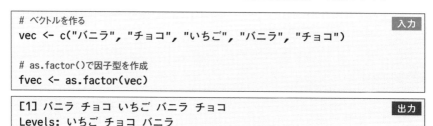

```
# ベクトルを作る                                         入力
vec <- c("バニラ", "チョコ", "いちご", "バニラ", "チョコ")

# as.factor()で因子型を作成
fvec <- as.factor(vec)
```

```
[1] バニラ チョコ いちご バニラ チョコ                   出力
Levels: いちご チョコ バニラ
```

as.factor() で作成した **fvec** を表示すると、これまでの型と違い、下に **Levels** という表記が出ています。**Levels**（水準あるいはレベル）は、そのベクトルの中に含まれる要素の項目を表しています。今回は、**いちご**、**チョコ**、**バニラ** の3つですね。

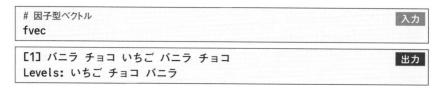

```
# 因子型ベクトル                                         入力
fvec
```

```
[1] バニラ チョコ いちご バニラ チョコ                   出力
Levels: いちご チョコ バニラ
```

因子型はおもしろい特徴を持っています。**as.character()** でもとの文字に戻した場合と、**as.numeric()** で数字に変換した場合に違う動作をします。文字型に変換してみましょう。文字として表示されています。

```
# 因子型を文字型に変換                                   入力
as.character(fvec)
```

```
[1] "バニラ" "チョコ" "いちご" "バニラ" "チョコ"        出力
```

次に、数字型に変換します。すると、今度は数字として表示されました。

```
# 因子型を数字型に変換                                    入力
as.numeric(fvec)
```

```
[1] 3 2 1 3 2                                          出力
```

文字型と数字型で違う結果になりました。この数字はどこから出てきたのでしょうか？　文字型を数字に変換すると `NA`（欠損）となったはずです。

実は因子型のベクトルは、ベクトルの中に「対応表」を持っていて、ベクトルの正体は「数字のベクトル」です。このイメージを持つと、因子型に関する話が理解しやすくなります。

図9-4を見てください。これは、先ほどの変換をまとめた図です。文字型を `as.factor()` で因子型に変換した場合に、因子型のベクトルそのものは数字で表記されており、「対応表」が下にくっついているように表現してあります。因子型を見たときにこのイメージを持てるとよいです。対応表に「バニラ」が含まれていれば、「このベクトルにはバニラという要素が含まれる可能性がある」ということがわかりますね。

図9-4　因子型の型変換のイメージ

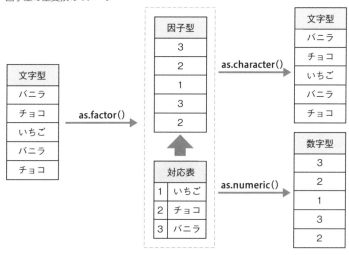

図9-4では、`as.factor()` を利用して因子型ベクトルを作成しました。ただ、「ない」項目についての対応表は作成できません。「ない」項目も含めて対応表を作るためには、`factor()` を利用します。

今度は、「いちご」が含まれていないベクトルを作成して、それを `factor()` で対応表に「いちご」を含んだ因子型ベクトルを作成します。まずは、`as.factor()` で因子型ベクトルを作成します。「いちご」が含まれるという情報を与えていないので、**Levels: チョコ バニラ** と、「いちご」が水準に含まれていないベクトルとなっています。

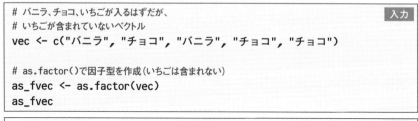

```
# バニラ、チョコ、いちごが入るはずだが、                                  入力
# いちごが含まれていないベクトル
vec <- c("バニラ", "チョコ", "バニラ", "チョコ", "チョコ")

# as.factor()で因子型を作成(いちごは含まれない)
as_fvec <- as.factor(vec)
as_fvec
```

```
[1] バニラ チョコ バニラ チョコ チョコ                                 出力
Levels: チョコ バニラ
```

次に、`factor()` を利用しましょう。`factor()` には `levels` 引数で、対応表に含みたい値をベクトルとして与えることが可能です。このように「出現してほしい値」を指定しておくことで、`f_fvec` の実行時に、**Levels: バニラ チョコ いちご**と与えたベクトルである `vec` には含まれていない **いちご** という水準が表示される結果となりました。

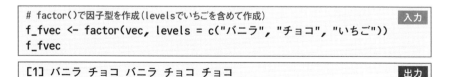

```
# factor()で因子型を作成(levelsでいちごを含めて作成)                    入力
f_fvec <- factor(vec, levels = c("バニラ", "チョコ", "いちご"))
f_fvec
```

```
[1] バニラ チョコ バニラ チョコ チョコ                                 出力
Levels: バニラ チョコ いちご
```

この2つの因子型ベクトルを `table()` で集計してあげると、その違いがはっきりします。次のように、`as.factor()` で作成したベクトルには、もともとのベクトルに含まれるデータに応じた水準が表示されるため、「いちご」は表示されません。

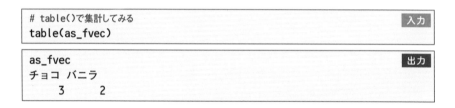

```
# table()で集計してみる                                              入力
table(as_fvec)
```

```
as_fvec                                                            出力
チョコ バニラ
    3     2
```

`factor()` で作成したベクトルは、引数の `levels` 引数に表示させたい項目を与えて作成するため、**いちご** がないことを含めて集計してくれています。このように、「ない」ことが「ない」とわかることが因子型のメリットの1つです。

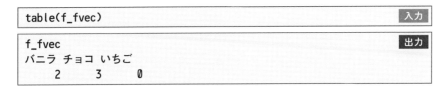

さらに、`factor()` に `labels` 引数を与えてあげることで、「よりわかりやすい表示」に変更することができます。`factor()` を利用した因子型ベクトルは、次の3つのステップ（図9-5と図9-6を参照）で作成されます。

❶ `levels` 引数をもとに `factor()` に与えたベクトル x が水準ごとに値に変換される

❷ ラベル（対応表での表示、`labels` 引数で設定）が作成される

❸ 因子型が完成する

図9-5　因子型のできあがるイメージ1

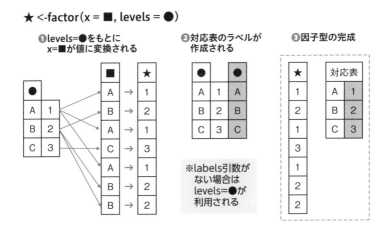

ここで、❷の対応表のラベルが作成される部分を見てみると、引数に x と `levels` 引数しか与えていない場合は、`levels` 引数の設定がそのまま最後の対応表として利用されます。ここで、`labels` 引数を与えた場合は、図9-6のように最後

の対応表がやや違う結果となります。

図9-6　因子型のできあがるイメージ2

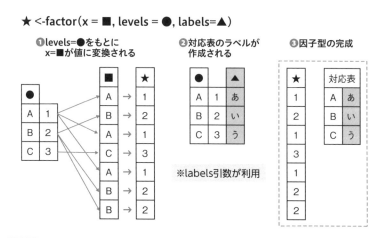

　labels 引数を与えてあげると、❷の対応表のラベルが作成されるステップで、labels 引数の値が利用されます。そうすると、「ＡＢＣＡ」というベクトルを、「あ い う あ」と表示される、「１２３１」という数字ベクトルに変換することができます。この labels 引数の機能は、入力に利用されるベクトルが実際の表示したい水準と違うときは便利です。例えば、アンケート結果で男を1、女を2と入力したデータを入手した場合を考えてみましょう。　次のスクリプトでは、表示されている Levels 引数の数字1、2が何を表しているかはわかりません。

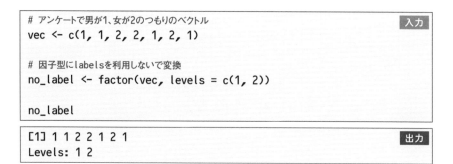

　labels 引数を使うと、一目瞭然ですね。

```
# 因子型にlabels引数を利用して変換                                    入力
with_label <- factor(vec, levels = c(1, 2), labels = c("男", "女"))

with_label
```

```
[1] 男 男 女 女 男 女 男                                            出力
Levels: 男 女
```

labels 引数を設定しないで集計しても、1 が 4 件、2 が 3 件と表示されている
だけです。

```
# labels引数を利用しないで集計                                       入力
table(no_label)
```

```
no_label                                                         出力
1 2
4 3
```

labels 引数を設定したこちらでは、1 が 男、2 が 女 を示すことがわかりやす
くなりました。

```
# labels引数を利用して集計                                          入力
table(with_label)
```

```
with_label                                                       出力
男 女
 4  3
```

9.4 　因子型の列を作成しよう

　ここでは、前節で学んだ関数を利用して、架空のアンケートデータの列を因子型
にしてみましょう。
　架空のアンケートの作成は、9.2.3項の内容です。この架空データの q1 列は、そ
のままの集計でよさそうです。q2 列は「歳」と見やすいように入れたい、q3 列は
図9-1にあるように数字の1から3をそれぞれ、「不満」、「普通」、「満足」と表示した
いとしましょう。

```
# 架空のアンケートデータの作成(9.2.3項の再掲)                          入力
set.seed(12345)
dat <- tibble(
  q1 = sample(c("バニラ", "チョコ", "いちご"), 10, TRUE),
  q2 = sample(c("-19", "20-39", "40-59", "60-"), 10, TRUE),
  q3 = sample(1:3, 10, TRUE)
)

dat
```

```
# A tibble: 10 x 3                                               出力
   q1      q2     q3
   <chr>   <chr>  <int>
 1 チョコ  40-59      2
 2 いちご  20-39      3
 3 チョコ  20-39      1
 4 チョコ  -19        2
 5 バニラ  60-        1
```

次のようにすると、それぞれの列を因子型に変換できます。列の変換を確認する目的で、 `mutate()` の中ではあえてもとの列を置き換えずに「f」で終わる変数名を新たに作成しています。列名に規則性を持たせると、 `select()` で `ends_with()` などが利用できるので便利です[注4]。

```
# データのq1-q3列を因子型に変更する                                  入力
dat <- dat %>%

mutate(
  q1f = as.factor(q1),
  q2f = factor(x       = q2,
               levels = c("-19", "20-39", "40-59", "60-"),
               labels = c("-19歳", "20-39歳", "40-59歳", "60歳-")),
  q3f = factor(x = q3,
               levels = c(1:3),
               labels = c("不満", "普通", "満足")))

# 変換した列を抜き出して確認
dat %>% select(ends_with("f"))
```

注4　この例では、列名が短すぎて `ends_with()` と打つほうが面倒ですが、「f」で終わる変数が 20 個あるなどの場合では有用です。

```
# A tibble: 10 x 3                                                    出力
   q1f     q2f     q3f
   <fct>   <fct>   <fct>
 1 チョコ  40-59歳 普通
 2 いちご  20-39歳 満足
 3 チョコ  20-39歳 不満
 4 チョコ  -19歳   普通
 5 バニラ  60歳-   不満
 6 いちご  60歳-   普通
 7 チョコ  40-59歳 満足
 8 チョコ  20-39歳 普通
 9 いちご  20-39歳 普通
10 チョコ  -19歳   満足
```

うまく置き換えて **<fct>**（因子型）と表記された列が作成されていますね。

9.5　変数を利用した因子型の設定

　factor() の levels 引数や labels 引数は変数で指定することもできます。本節の内容はやや発展的なので、つまずいたら飛ばしてもらってかまいません。

　次のデータは、5歳きざみでアンケートをとった場合を想定しています。

```
# 変数で因子型のレベルやラベルを指定することも可能                        入力
# データを作成
dat2 <- tibble(
  q = sample(
    x = c("-5", "6-10", "11-15", "16-20", "21-25", "26-30", "31-35",
      "36-40", "41-45", "46-50", "51-55", "56-60", "61-"),
    size = 100,
    replace = TRUE
))
```

　まずは levels 引数に与えるベクトルを作成してみましょう。dplyr::distinct()で列を重複なしの形に変換できます。

```
# level引数を作成                                                    入力
# distinct()で列を「重複なし」にできる
dat_levels <- dat2 %>% distinct(q)
dat_levels
```

```
# A tibble: 13 x 1                                                   出力
   q
   <chr>
 1 56-60
 2 41-45
 3 16-20
 4 36-40
 5 51-55
 6 26-30
 7 21-25
 8 11-15
 9 -5
10 46-50
11 61-
12 6-10
13 31-35
```

並び順が適切でないので、**arrange()** で並べ替えます。ただし、**q** 列が文字ベク
トルであるため、12行目に **6-10** 歳の値があり、並んでほしい順番に並んでいません。

```
# arrange()で並べ替える                                             入力
dat_levels <- dat_levels %>%
  arrange(q)
dat_levels
```

```
# A tibble: 13 x 1                                                   出力
   q
   <chr>
 1 -5
 2 11-15
 3 16-20
 4 21-25
 5 26-30
 6 31-35
 7 36-40
 8 41-45
```

```
 9 46-50
10 51-55
11 56-60
12 6-10
13 61-
```

直接行を指定して入れ替える方法もあります。 しかし、この方法では細かい区分の年齢データが出たときに毎回行を見ながら並び順を考えないといけないので手間がかかります。

```
# dat[c(<行番号>),]で行番号を並び替えることができる        入力
dat_levels[c(1, 12, 2:11, 13),]
```

```
# A tibble: 13 x 1        出力
   q
   <chr>
 1 -5
 2 6-10
 3 11-15
 4 16-20
 5 21-25
 6 26-30
 7 31-35
 8 36-40
 9 41-45
10 46-50
11 51-55
12 56-60
13 61-
```

その場合は、 str_extract() で数字を抜き出して、 as.numeric() で数字型に変更して、それを arrange() で並べ替えるスクリプトを書くと、多くの場合に対応できます。

```
# str_extract()で最初の数字を抜き出して数字データをarange()する作戦    入力
dat_levels2 <- dat_levels %>%
  mutate(init_num = str_extract(q, "\\d+(?=-)|(?<=-)5$"),
         init_num = as.numeric(init_num)) %>%
  arrange(init_num)

dat_levels2
```

```
# A tibble: 13 x 2                                              出力
   q      init_num
   <chr>    <dbl>
 1 -5           5
 2 6-10         6
 3 11-15       11
 4 16-20       16
 5 21-25       21
 6 26-30       26
 7 31-35       31
 8 36-40       36
 9 41-45       41
10 46-50       46
11 51-55       51
12 56-60       56
13 61-         61
```

　なお、ここで正規表現は `"\\d+(?=-)|(?<=-)5$"` となっており、「数字の連続のあとに -」あるいは「- のあとに5で終わる」ものから数字を取り出そうとしています。
| で2つの正規表現のどちらかにあたる場合として記載しています。`mutate()` の中では、1行目に作成した `init_num` を同じ関数内の次の行で利用していますが、このような書き方をしても問題なく動作します。同じ列に複雑な処理をするときなどは、複数行に分けて書くことで読みやすくなるので試してみてください。

　最後に、表データから列をベクトルとして抜き出すには `$` か `pull()` を利用します。

```
vec_level <- dat_levels2 %>% pull(q)                            入力
vec_level
```

```
[1] "-5"     "6-10"  "11-15" "16-20" "21-25" "26-30" "31-35"    出力
[8] "36-40" "41-45" "46-50" "51-55" "56-60" "61-"
```

この一連の流れを1つの処理で書くと、次のようになります。

```
# dat2からq列をもとに、順番を整えたlevels引数に利用できるベクトルとして抜き出す   入力
vec_level <- dat2 %>%
  distinct(q) %>%
  arrange(q) %>%
```

```
  mutate(init_num = as.numeric(str_extract(q, "\\d+(?=-)|(?<=-)5$")
)) %>%
  arrange(init_num) %>%
  pull(q)
vec_level
```

```
[1] "-5"    "6-10"  "11-15" "16-20" "21-25" "26-30" "31-35"   出力
[8] "36-40" "41-45" "46-50" "51-55" "56-60" "61-"
```

あとは、この作ったベクトルを利用してラベルを作成しましょう。str_replace( )を2回利用して、2つ目に数字がある場合は2つ目の数字の後ろに、2つ目に数字がない場合は1つ目の数字の後ろに、「歳」という文字をつけています。

```
# ラベルを設定するための文字ベクトルをvec_levelから作成する   入力
vec_label <- vec_level %>%
  str_replace("(-\\d+$)", "\\1歳") %>%
  str_replace("(-$)", "歳\\1")

vec_label
```

```
                                                         出力
[1] "-5歳"     "6-10歳"  "11-15歳" "16-20歳" "21-25歳" "26-30歳"
[7] "31-35歳" "36-40歳" "41-45歳" "46-50歳" "51-55歳" "56-60歳"
[13] "61歳-"
```

作成したレベルとラベルを利用して因子型に変形します。

```
# 因子型に変更する   入力
dat2 <- dat2 %>%
  mutate(q_fac = factor(x = q, levels = vec_level, labels = vec_label))

# 表の列を数えるにはcount()を利用する
dat2 %>% count(q_fac)
```

```
# A tibble: 13 x 2   出力
   q_fac       n
   <fct>     <int>
1 -5歳         6
2 6-10歳       5
3 11-15歳     11
4 16-20歳      8
```

167

```
 5  21-25歳      5
 6  26-30歳      5
 7  31-35歳     10
 8  36-40歳      7
 9  41-45歳     10
10  46-50歳     13
11  51-55歳      6
12  56-60歳      9
13  61歳-        5
```

うまく変換できました。

第 **10** 章

条件別による列の加工

本章では、表データの行の値に応じて、処理した結果を変える関数を解説します。これらの関数を利用することで、複雑な条件を利用した列の加工が楽になります。

10.1 割引クーポンを使ってアイスクリームの値段を計算しよう①

アイスクリームを販売するお店で、クーポンがあれば1割引きの値段で購入できるような状況を考えます（図10-1）。

図10-1　状況設定1

1日の販売個数を集計したデータが表10-1のようにあったとしましょう。このデータでは、値段は割引される前の値が入力されています。

表10-1　状況設定1の集計データ

アイスの味	値段	クーポン	販売個数
バニラ	300	あり	200
バニラ	300	なし	340
いちご	350	あり	320
いちご	350	なし	540
チョコ	400	あり	180
チョコ	400	なし	230

この節では、表10-1の集計データに対して、「売上」という名前の列を作成していきます。まずはデータを作ります。ここでは tibble::tribble() という関数を利用します。

表のデータをそのまま写して入力したい場合は、 tribble() を利用すると[注1]、「見た目通り」に入力できます。~ で始まる要素で列名を作成して、値を入力します。

実際にやってみましょう。~a, ~b で、作ろうとしている表は列が2つあります。1つ目の列は a という名前、2つ目の列は b という名前であると指定したあと、

注1　実際のデータが手元にある場合はインポートをすると思いますが、ここでは練習のため、自力でデータを作っています。

「1行目のaの値，1行目のbの値，2行目のaの値，2行目のbの値，3行目のaの値，3行目のbの値，……」と入力します。これをそのまま1行で書くと読みにくいです。

```
# そのまま書くとわかりにくいが……                          入力
tribble(~a, ~b, 1, 2, 10, 20)
```

```
# A tibble: 2 x 2                                      出力
      a     b
  <dbl> <dbl>
1     1     2
2    10    20
```

次のように適切に改行してあげると、かなり見やすく、 tibble() と違い、見たままの表を作成することができます。

```
# 適切に改行すると、表の位置と同じ位置に値を関数の中で書ける      入力
tribble(
  ~a, ~b,
   1,  2,
  10, 20
)
```

```
# A tibble: 2 x 2                                      出力
      a     b
  <dbl> <dbl>
1     1     2
2    10    20
```

これを利用して表10-1の表を作成すると、次のような形になります注2。

```
# tribble()を利用すると、「そのまま」入力できる              入力
dat <- tribble(
  ~aji    , ~nedan, ~coupon, ~kosu,
  "バニラ",    300, "あり" , 200  ,
  "バニラ",    300, "なし" , 340  ,
  "いちご",    350, "あり" , 320  ,
  "いちご",    350, "なし" , 540  ,
  "チョコ",    400, "あり" , 180  ,
  "チョコ",    400, "なし" , 230  ,
)
```

注2　列名を入力して、「"バニラ", 300, "あり", 200,」を入力した直後に、「 Shift + Alt + ↓ 」（macOS では、 ⌘ + Option + ↓ ）」と入力すると、その行の内容を下の行にコピーすることができます。入力が楽になるのでお試しを。

```
dat
```

```
# A tibble: 6 x 4                                           出力
  aji    nedan coupon  kosu
  <chr>  <dbl> <chr>  <dbl>
1 バニラ   300 あり     200
2 バニラ   300 なし     340
3 いちご   350 あり     320
4 いちご   350 なし     540
5 チョコ   400 あり     180
6 チョコ   400 なし     230
```

　この表に対して、売上列を作成していきます。基本的には、nedan × kosu で計算すればよいのですが、 coupon 列の値が あり の場合には、(nedan × 0.9) × kosu という式を利用しなければなりません（1割引き分）。

　普通に mutate() を利用すると、このような式の使い分けはできません。このような場合には、ある条件によって違う処理をしてくれる関数、if_else() を利用します。

10.2 別の列の値に応じて列を加工する方法を確認しよう

　if_else() の基本的な動作のイメージは図10-2にある通りです。引数にロジカルベクトル、 TRUE の場合の値、 FALSE の場合の値を与えてあげることで、ロジカルベクトルの値に応じた新しいベクトルを作成することができます。

図10-2　if_else()の動作イメージ

if_else(ロジカルベクトル, TRUEの場合, FALSEの場合)

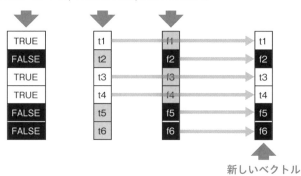

新しいベクトル

実際に動作を見ていきましょう。

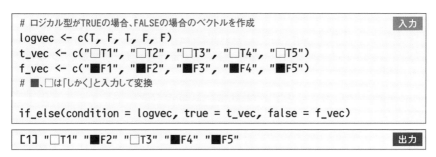

```
# ロジカル型がTRUEの場合、FALSEの場合のベクトルを作成                    入力
logvec <- c(T, F, T, F, F)
t_vec <- c("□T1", "□T2", "□T3", "□T4", "□T5")
f_vec <- c("■F1", "■F2", "■F3", "■F4", "■F5")
# ■、□は「しかく」と入力して変換

if_else(condition = logvec, true = t_vec, false = f_vec)
```

```
[1] "□T1" "■F2" "□T3" "■F4" "■F5"                                出力
```

動作はイメージできますか？ `condition` 引数に与えたロジカルベクトルの
`TRUE` と `FALSE` の位置に応じて、`true` 引数と `false` 引数に与えたベクトルの同
じ位置の値が返ってきます。長さ1のベクトルは自動で伸びるという特徴はこの関
数でも有効です。

```
# true引数とfalse引数の値は単一の要素でもOK                          入力
if_else(logvec, "□TRUEだよ", "■FALSEだよ")
```

```
[1] "□TRUEだよ"  "■FALSEだよ" "□TRUEだよ"  "■FALSEだよ" "■FALSEだよ"  出力
```

また、文字でなくても数字でも大丈夫です。

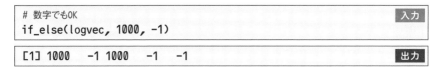

```
# 数字でもOK                                                       入力
if_else(logvec, 1000, -1)
```

```
[1] 1000   -1 1000   -1   -1                                     出力
```

ここで、注意が必要なのは、`true` 引数と `false` 引数に与える値の型が一致して
いる必要があるという点です。`true` 引数を文字型、`false` 引数を数字型として
`if_else()` を実行してあげましょう。

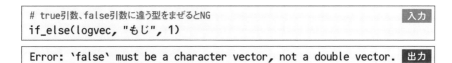

```
# true引数、false引数に違う型をまぜるとNG                            入力
if_else(logvec, "もじ", 1)
```

```
Error: `false` must be a character vector, not a double vector.  出力
```

　文字と数字を混ぜるとエラーがでました。この挙動は多くの初学者が引っかかります[注3]。if_else() には、true 引数、false 引数以外に missing 引数というものがあります。これは、condition 引数の内容に NA が含まれていた場合の動作を設定するものです。NA は欠損を意味する特別な記号で、データ分析をしていると頻繁に遭遇します。

　missing 引数は特に設定しなければ NA は NA のままです。

```
# NAがcondition引数に含まれるとき、デフォルトではNAが返る       入力
if_else(c(T, F, NA), "□", "■")
```

```
[1] "□" "■" NA       出力
```

　missing 引数を指定すると、置き換えることができます。

```
# missing引数を設定すると別のものに置き換えることができる       入力
if_else(c(T, F, NA), "□", "■", missing = "--ないよ--")
```

```
[1] "□"          "■"          "--ないよ--"       出力
```

　ここまでは大丈夫ですね。では、missing 引数に NA を明示してみましょう[注4]。何もふれていなければ NA を NA で勝手に置き換えてくれる設定になっています。ただし、missing = NA と書いてしまうとエラーが出ます。この現象は、NA の型が何であるかを意識していないことで生じます。if_else() では、true 引数、false 引数、missing 引数のすべてが同じ型でないといけません。そのため、NA をこの引数のどこかに記載して、他の引数がロジカル型以外であるとエラーが生じます。

```
# ただし、なぜかNAで置き換えようとするとエラーが出る       入力
if_else(c(T, F, NA), "□", "■", missing = NA)
```

```
Error: `missing` must be a character vector, not a logical vector.       出力
```

　NA の型を確認しましょう。ロジカル型です。

[注3]　もちろん、著者も引っかかっています。学び始めた頃、解決までに 10 時間くらいかかりました。あまりにもうまくいかないので、自力で解決したときに「面倒だな」よりも、「楽しい」と思ったことが R にはまるきっかけだったのかもしれません。なお、他のプログラミング言語を少し学ぶと、こっちの型が違うとエラーが出る動作が当たり前な気がします（R がいろいろな部分で柔軟すぎるのかもしれません）。

[注4]　これはデフォルトで NA が返ってくるようになっているので、まったく意味がないです。

```
typeof(NA)
```
入力

```
[1] "logical"
```
出力

このようなときは、ロジカル型ではない特別な NA を利用しましょう。 NA_character_ は文字型（character）です。

```
# 特別なNA
typeof(NA_character_)
```
入力

```
[1] "character"
```
出力

NA_real_ は数字型（double）です。

```
typeof(NA_real_)
```
入力

```
[1] "double"
```
出力

NA_xxx_ という特別な NA を利用することで NA_character_ を文字として、NA_real_ を数字として if_else() に与えることができます。やってみましょう。 普通の NA では、他の引数と型が一致しないのでエラーが発生します。

NA_character_ を利用すると、無事に NA を返すことができます。

```
if_else(c(T, F, NA), "□", "■", NA_character_) # OK
```
入力

```
[1] "□" "■" NA
```
出力

ここまで missing 引数に対して NA を設定する方法を考えてきましたが、true 引数や false 引数も同じように NA_xxx_ を使うと NA を返すように設定できます。

```
# missing以外にも設定できる
if_else(c(T, F, NA), 1000, NA_real_, 99999)
```
入力

```
[1]  1000    NA 99999
```
出力

10.3 割引クーポンを使ってアイスクリームの値段を計算しよう②

10.1節の続きです。実際に `if_else()` を利用していきましょう。次のスクリプトでは、`coupon` 列が **あり** のときの売上の価格を10%引いた値で計算した `uriage` 列を作成します。まず、`t_or_f` 列を見てください。この列は、`coupon == "あり"` というスクリプトで作成されています。その結果はロジカルベクトルですね。次に、`if_else()` の `condition` 引数に与える条件が、`t_or_f` 列となっています。あとの動作は前節で解説した通りです。`true =` の部分には `coupon` 列が **あり** の場合に計算したい式、`false =` の部分には `coupon` 列が **なし** のときに計算したい式を入れています。

```
# 10.1節で作成した表データdatを利用                                    入力
# if_else()とmutate()を組み合わせて売上を計算する
dat %>%
  mutate(
    t_or_f = coupon=="あり",
    uriage = if_else(condition = t_or_f,
                     true      = nedan * 0.9 * kosu,
                     false     = nedan * kosu)
  )
```

```
# A tibble: 6 x 6                                                      出力
  aji    nedan coupon  kosu t_or_f uriage
  <chr>  <dbl> <chr>  <dbl> <lgl>   <dbl>
1 バニラ   300 あり     200 TRUE    54000
2 バニラ   300 なし     340 FALSE  102000
3 いちご   350 あり     320 TRUE   100800
4 いちご   350 なし     540 FALSE  189000
5 チョコ   400 あり     180 TRUE    64800
6 チョコ   400 なし     230 FALSE   92000
```

ロジカルベクトルを別の列にする必要はもちろんなくて、慣れてきたら `if_else()` の `condition` 引数を直接 `coupon=="あり"` としてもかまいません。次のスクリプトは、1つ前のスクリプトと同じ処理を行っています。1つ前の処理では、`t_or_f = coupon=="あり"` としてロジカルベクトルを含む列をわざわざ作成していましたが、次の処理では `t_or_f` 列を作ることなく、そのままロジカルベクトルを `if_else()` の `condition` 引数に与えています。次のように短く書けますね。

```
# if_else()とmutate()を組み合わせて売上を計算する          入力
dat %>%
  mutate(uriage = if_else(coupon=="あり",
                          nedan * 0.9 * kosu,
                          nedan * kosu))
```

```
# A tibble: 6 x 5                                          出力
  aji     nedan coupon  kosu uriage
  <chr>   <dbl> <chr>  <dbl>  <dbl>
1 バニラ   300 あり     200  54000
2 バニラ   300 なし     340 102000
3 いちご   350 あり     320 100800
4 いちご   350 なし     540 189000
5 チョコ   400 あり     180  64800
6 チョコ   400 なし     230  92000
```

10.4 もっと複雑な条件に応じて列を加工しよう

今度は、図10-3のような状況を考えます。

図10-3 状況設定2

この状況で出てくるクーポンは、バニラが5%引き、いちごが10%引き、チョコが15%引きです。この条件で表10-1と同じような表で売上を計算したい場合、どうすればよいでしょうか？ **if_else()** を利用するのであれば、次のような処理が考えられます。

```
# クーポンの有無と味によって割引率が変わる売上を計算したい                入力
dat %>%
  mutate(
    waribiki = if_else(
      coupon == "なし", 1,
      if_else(aji=="バニラ", 0.95,
              if_else(aji=="いちご", 0.90,
                      if_else(aji=="チョコ", 0.85, NA_real_)))))

  ) %>%
  mutate(
    uriage = nedan * kosu * waribiki
  )
```

```
# A tibble: 6 x 6                                              出力
  aji      nedan coupon  kosu waribiki uriage
  <chr>    <dbl> <chr>  <dbl>    <dbl>  <dbl>
1 バニラ     300 あり     200     0.95  57000
2 バニラ     300 なし     340     1     102000
3 いちご     350 あり     320     0.9   100800
4 いちご     350 なし     540     1     189000
5 チョコ     400 あり     180     0.85  61200
6 チョコ     400 なし     230     1     92000
```

　割引率の計算がとてもややこしいことになっていますね。一応解説しておくと、coupon 列が「なし」の場合は割引がないので waribiki 列の値は1です。その後、バニラであれば 0.95 、いちごであれば 0.90 、チョコであれば 0.85 の値が入るように条件を作って、uriage 列の結果を計算しています。

　このように複数の if_else() が入れ子構造になった（ネストした）状態のスクリプトを書いている場合は、次のような case_when() を利用できないか、検討してみましょう（図10-4）。

図10-4　case_when()のイメージ

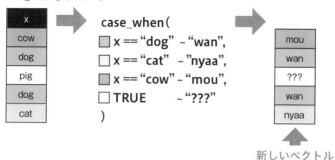

図10-4を実際にRで動かしてみましょう。 `case_when()` は、 `TRUE/FALSE` とな
る**条件 ~ 結果** という記述を複数入れることができます。上の条件から順番に見て
いき、一番最初に `TRUE` となる条件の結果が返ってきます。最後の条件を `TRUE` と
しておくと、すべての条件に該当しないときに、必ず最後の結果となります。

```
# case_when()で複数の条件で場合分けした結果を取得できる         入力
x <- c("cow", "dog", "pig", "dog", "cat")

case_when(
  x=="dog" ~ "ワン",
  x=="cat" ~ "ニャー",
  x=="cow" ~ "モー",
  TRUE     ~ "???"
)
```

```
[1] "モー"   "ワン"   "???"   "ワン"   "ニャー"          出力
```

　この関数を利用して、アイスクリームの割引クーポンの処理を書いてみましょう。
ここでも、 `mutate()` で `waribiki` 列を作成し、その結果を利用して `uriage` 列を
作成してみましょう。 `if_else()` をネストした場合と比較して、かなり処理の内
容が読みやすくなりました。

```
dat %>%                                                          入力
  mutate(
    waribiki = case_when(
      coupon == "なし"        ~ 1   ,
      aji    == "バニラ"      ~ 0.95,
      aji    == "いちご"      ~ 0.90,
      aji    == "チョコ"      ~ 0.85,
      TRUE                    ~ NA_real_
    ),
    uriage = nedan * waribiki *kosu
  )
```

```
# A tibble: 6 x 6                                                出力
  aji    nedan coupon  kosu waribiki uriage
  <chr>  <dbl> <chr>  <dbl>    <dbl>  <dbl>
1 バニラ   300 あり     200     0.95  57000
2 バニラ   300 なし     340     1    102000
3 いちご   350 あり     320     0.9  100800
4 いちご   350 なし     540     1    189000
5 チョコ   400 あり     180     0.85  61200
6 チョコ   400 なし     230     1     92000
```

第 **11** 章

特殊な加工に必要な tidyr パッケージ

第10章までは、dplyr パッケージの関数を中心に表を加工する関数を紹介しました。ここからは、表の特殊な加工が実現できる tidyr パッケージの関数を紹介します。

11.1　複数の列を1つにまとめよう

複数の列の内容を1つにまとめて1列にする関数が `unite()` です。まずは、`unite()` を使わないで結合してみましょう。文字を結合できる `stringr::str_c()`（`base::paste0()` と同じ機能）を利用して、3つの列の内容を間に `_` を挟んで結合します。次のように、a 列、b 列、c 列の3列をうまく結合できました。

```
# 表を作る                                                       入力
dat <- tibble(
  a = c("a", "b", "c", "d"),
  b = c(1:4),
  c = c("A", "B", "C", "D")
)

# mutate()を利用して2つの列を結合して1つだけ残す
dat %>%
  mutate(z = str_c(a, b, c, sep = "_")) %>%
  select(z)
```

```
# A tibble: 4 x 1                                                出力
  z
  <chr>
1 a_1_A
2 b_2_B
3 c_3_C
4 d_4_D
```

これを `tidyr` の `unite()` を利用すると、`unite( 新しい列名 , 結合したい列名 , 結合したい列名 , ……)` でもっと簡単に結合できます。

```
# unite()を利用すると、unite(新しい列名, 結合したい列名)で結合できる    入力
dat %>% unite("z", a, b, c)
```

```
# A tibble: 4 x 1                                                出力
  z
  <chr>
1 a_1_A
2 b_2_B
3 c_3_C
4 d_4_D
```

`unite()` にはオプションとして使える引数がいろいろあります。

- **sep** 引数：結合する文字を変更
- **remove** 引数：結合に利用した列を残すか残さないかを決定
- **na.rm** 引数：欠損値があった場合の処理

ひとつひと見ていきましょう。

まずは、 **sep** 引数です。各列の間に **sep** 引数で指定した文字が入っています。もし、何も間に入れたくなければ、**sep=""** とします。

```
# sep引数で結合する文字を変更                                      入力
dat %>% unite(col = "z", a, b, c, sep = "--@--")
```

```
# A tibble: 4 x 1                                              出力
  z
  <chr>
1 a--@--1--@--A
2 b--@--2--@--B
3 c--@--3--@--C
4 d--@--4--@--D
```

remove 引数はロジカル型で設定します。**TRUE** では結合に利用した列は削除されます。

```
# remove引数で結合に利用した列を残すか決定                         入力
dat %>% unite("z", a, b, c, remove = TRUE)
```

```
# A tibble: 4 x 1                                              出力
  z
  <chr>
1 a_1_A
2 b_2_B
3 c_3_C
4 d_4_D
```

remove 引数を **FALSE** とすると、結合に利用した列を残すことができます。

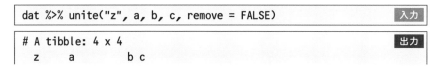

```
dat %>% unite("z", a, b, c, remove = FALSE)                   入力
```

```
# A tibble: 4 x 4                                              出力
  z        a          b c
```

```
   <chr> <chr> <int> <chr>
1 a_1_A a      1 A
2 b_2_B b      2 B
3 c_3_C c      3 C
4 d_4_D d      4 D
```

　また、 NA が列に出現している場合の取り扱いは、 na.rm 引数で設定できます。まず、 dat の b 列に if_else() を利用して2が入っていれば NA に変更してみましょう[注1]。

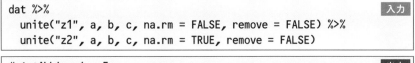

```
# b列が2であれば欠損値へ                                            入力
dat <- dat %>% mutate(b = if_else(b==2, NA_integer_, b))
```

　そのあと、 unite() を利用して変数 z1 列と z2 列を作ります。引数は両方とも remove = FALSE としてあるので、作成に利用した列はそのままです。ただし、 z1 列では、 na.rm = FALSE 、 z2 列では na.rm = TRUE と引数の値が変わります。そうすると、次のように b 列の値が NA となる2行目の z1 列と z2 列の値は、それぞれ NA を除去しない b_NA_B と NA を除去した b_B という結果になりました。

```
dat %>%                                                          入力
  unite("z1", a, b, c, na.rm = FALSE, remove = FALSE) %>%
  unite("z2", a, b, c, na.rm = TRUE, remove = FALSE)
```
```
# A tibble: 4 x 5                                                 出力
  z1      z2     a      b c
  <chr>   <chr>  <chr> <int> <chr>
1 a_1_A   a_1_A  a      1 A
2 b_NA_B  b_B    b     NA B
3 c_3_C   c_3_C  c      3 C
4 d_4_D   d_4_D  d      4 D
```

　unite() を利用すれば、氏名で名字と名前が分かれているようなデータから氏名列を作成することもできます。 si 列と mei 列を作成して、それを unite() で結合してみましょう。

注1　この部分の処理がわからない場合は、第 10 章の if_else() の解説を見直してみてください。

```
# 氏名が分かれて保存されているデータ                                    入力
dat <- tibble(si = c("山田", "西田", "鈴木"), mei = c("太郎", "典充",
"花子"))

dat %>%
  unite("simei", si, mei, sep = " ", remove = FALSE)
```

```
# A tibble: 3 x 3                                                  出力
  simei      si      mei
  <chr>      <chr>  <chr>
1 山田 太郎  山田    太郎
2 西田 典充  西田    典充
3 鈴木 花子  鈴木    花子
```

11.2 複数の列に分割しよう

11.2.1 列を分割しよう

unite() と真逆の処理をする関数が separate() です。今度は氏名が含まれる列をスペースで分割して新しい2つの列にすることを考えてみましょう。

separate() の使い方は、separate(col = "分割したい列名", into = c(分割後の列名), sep = "正規表現での分割位置", remove = 分割した列を削除するか否か)となります。ややこしいので実際にどのように動くかを見てみましょう。最初の引数である col 引数で、分割したい列を指定しています。今回は simei 列です。次に、この simei 列をどのように分けたいか考えます。「間のスペースで前後に分けて、スペースの前は si 列、スペースの後ろは mei 列に入れる」という形です。このとき、分割したあとにできあがる列は、si 列と mei 列の2つなので、これを、into 引数に c("si", "mei") として与えてあげます。あとは、「スペースの前後」は sep 引数に、\\s という正規表現を与えてあげましょう（remove = FALSE として、分かれる前後の確認のために、分割もとの列をここでは残してあります）。

```
# 氏名列を含んだデータ                                              入力
dat <- tibble(simei = c("山田 太郎", "西田 典充", "鈴木 花子"))

# separate()で2つに分ける
```

```
dat %>%
  separate(
    col = "simei",
    into = c("si", "mei"),
    sep = "\\s",
    remove = FALSE
  )
```

```
# A tibble: 3 x 3                                          出力
  simei    si    mei
  <chr>    <chr> <chr>
1 山田 太郎 山田   太郎
2 西田 典充 西田   典充
3 鈴木 花子 鈴木   花子
```

引数が多数出てきて混乱しやすいのでひとつひとつあらためて見ていきましょう。

```
# 関数の動作を確認するためのデータを作成                      入力
dat <- tibble(z = c("12ab/cd@ef", "34gh@ij/kl", "56mn@op#qr"))

dat
```

```
# A tibble: 3 x 1                                          出力
  z
  <chr>
1 12ab/cd@ef
2 34gh@ij/kl
3 56mn@op#qr
```

このような列 `z` を `separate()` で分割する場合、`sep` 引数を設定しなければ「何らかの記号」で自動的に分割されます。

```
# デフォルトでは記号で勝手に区切ってくれる                    入力
dat %>%
  separate("z", into = c("w", "x", "y"), remove = FALSE)
```

```
# A tibble: 3 x 4                                          出力
  z          w     x     y
  <chr>      <chr> <chr> <chr>
1 12ab/cd@ef 12ab  cd    ef
2 34gh@ij/kl 34gh  ij    kl
3 56mn@op#qr 56mn  op    qr
```

sep 引数を指定すると、「そこだけで区切る」ことができるので、次のように @ 記号だけを利用して分割することができます。

```
# sep引数でどの記号やパターンで区切るかを設定できる                                    入力
dat %>%
  separate(
    col     = "z",
    into    = c("x", "y"),
    sep     = "@",
    remove  = FALSE
  )
```

```
# A tibble: 3 x 3                                                      出力
  z            x         y
  <chr>        <chr>     <chr>
1 12ab/cd@ef   12ab/cd   ef
2 34gh@ij/kl   34gh      ij/kl
3 56mn@op#qr   56mn      op#qr
```

正規表現を利用することもできるので、やや複雑な条件でも分割できます。例えば、「数字の直後の数字以外の文字の間」で分割したいときは、**(?<=\\d)(?=\\D)** とします。

```
# sep引数は正規表現を利用することも可能(\\Dは数字以外を表します)                    入力
dat %>%
  separate(
    col     = "z",
    into    = c("num", "text"),
    sep     = "(?<=\\d)(?=\\D)",
    remove  = FALSE
  )
```

```
# A tibble: 3 x 3                                                      出力
  z            num     text
  <chr>        <chr>   <chr>
1 12ab/cd@ef   12      ab/cd@ef
2 34gh@ij/kl   34      gh@ij/kl
3 56mn@op#qr   56      mn@op#qr
```

sep 引数をうまく設定できれば、例えば住所データで、郵便番号の部分と住所の部分を指定して分割するようなことも可能です。

なお、分割したあとの列は、基本的にはすべて文字型です。ここで、その分割し

たあとを自動的に数字型に変換したいときは、`convert` 引数に `TRUE` を与えてあげましょう。変換が自動的に行われています。

```
# convert引数を利用すると自動的に数字型などに変換してくれる        入力
dat %>%
  separate(
    col     = "z",
    convert = TRUE,
    into    = c("num", "text"),
    sep     = "(?<=\\d)(?=\\D)",
    remove  = FALSE
  )
```

```
# A tibble: 3 x 3                                               出力
  z               num text
  <chr>         <int> <chr>
1 12ab/cd@ef       12 ab/cd@ef
2 34gh@ij/kl       34 gh@ij/kl
3 56mn@op#qr       56 mn@op#qr
```

`separate()` を利用すると、`into` 引数で指定した列名の数と、分割したあとの列数が一致しないことがよくあります。そのときは、`extra` 引数と `fill` 引数という引数で設定します。新しいデータを作成して `extra` 引数と `fill` 引数の働きを見ていきましょう。

```
# 要素数が一致しないデータを作成                                 入力
dat <- tibble(z = c("1a/2b", "1c/2d/3e", "1f/2g/3h/4i"))
dat
```

```
# A tibble: 3 x 1                                               出力
  z
  <chr>
1 1a/2b
2 1c/2d/3e
3 1f/2g/3h/4i
```

ここで作成した `z` 列、`/` で列を切り分けると1行目が2つ、2行目が3つ、3行目が4つの列に区切ることができます。これまでの方法で分割します（`into = c("c1", "c2")` と、2列に分ける設定としたため、警告が出ます）。ここで出てくる警告は、「列は2つ（`into` 引数の設定）のはずなので、分割したときに2つ以上の

列ができた行は、余分な列を除外しました」という内容です。これは、`separate()` の `extra` 引数が `"warn"`（警告）となっているために生じた結果です。

```
# into引数で作成する列名の長さが足りないと、警告後、         入力
# 収まりきらない要素が除外
# (extra = "warn"がデフォルト設定)
dat %>%
  separate(col = "z", into = c("c1", "c2"), remove = FALSE)
```

```
Warning: Expected 2 pieces. Additional pieces discarded in 2   出力
rows [2, 3].

# A tibble: 3 x 3
  z         c1    c2
  <chr>     <chr> <chr>
1 1a/2b     1a    2b
2 1c/2d/3e  1c    2d
3 1f/2g/3h/4i 1f  2g
```

　警告を出さずに、余分に発生した列を除外したければ、`extra = "drop"` としましょう。

```
# 警告なしで除去したければ、extra引数をdropと設定          入力
dat %>%
  separate(
    col    = "z",
    into   = c("c1", "c2"),
    remove = FALSE,
    extra  = "drop"
  )
```

```
# A tibble: 3 x 3                                        出力
  z         c1    c2
  <chr>     <chr> <chr>
1 1a/2b     1a    2b
2 1c/2d/3e  1c    2d
3 1f/2g/3h/4i 1f  2g
```

　列を除去したくないときは、余った列を最後の列にすべて含めて分割できる `extra = "merge"` を設定しましょう。

```
# 除去せずに余分な列を最後の列にくっつけて残すには、extra引数をmergeと設定    入力
dat %>%
  separate(
    col    = "z",
    into   = c("c1", "c2"),
    remove = FALSE,
    extra  = "merge"
  )
```

```
# A tibble: 3 x 3                                                出力
  z          c1    c2
  <chr>      <chr> <chr>
1 1a/2b      1a    2b
2 1c/2d/3e   1c    2d/3e
3 1f/2g/3h/4i 1f   2g/3h/4i
```

　分割した要素が除去されると都合が悪い場合は、 `into` 引数の数を多めに設定しておいて、予想通りに分割されるかを調べることが多いです。要素が足りないときは `fill` 引数で設定できます。この引数は `"warn"` がデフォルトの設定です。次のスクリプトを見てください。 5分割するように `into` 引数で指定しましたが、どの行も5つには分割できません。そのため、警告メッセージが出て、足りない部分は欠損値で埋めましたと表示されています。

```
# into引数でやや長めに分割後の列を作成                            入力
# 警告後、NAが挿入される
# (fill = "warn"がデフォルト設定)
dat %>%
  separate(
    col    = "z",
    into   = c("c1", "c2", "c3", "c4", "c5"),
    remove = FALSE
  )
```

```
Warning: Expected 5 pieces. Missing pieces filled with `NA` in   出力
3 rows [1, 2, 3].

# A tibble: 3 x 6
  z          c1    c2    c3    c4    c5
  <chr>      <chr> <chr> <chr> <chr> <chr>
1 1a/2b      1a    2b    <NA>  <NA>  <NA>
```

```
2 1c/2d/3e    1c    2d    3e    <NA>   <NA>
3 1f/2g/3h/4i 1f    2g    3h    4i     <NA>
```

このとき、どちら側に欠損値を「つめる」のかは、`fill` 引数に `"right"` か `"left"` を設定することで指定できます。

`"right"` に設定すると、右に `NA` が入ります。

```
# どちらにNAを「つめて」列を埋めるかはrightとleftで設定可能          入力
intocol <- c("c1", "c2", "c3", "c4")
dat %>%
   separate(col = "z", into = intocol, remove = FALSE, fill = "righ
t")
```

```
# A tibble: 3 x 5                                             出力
  z            c1    c2    c3    c4
  <chr>        <chr> <chr> <chr> <chr>
1 1a/2b        1a    2b    <NA>  <NA>
2 1c/2d/3e     1c    2d    3e    <NA>
3 1f/2g/3h/4i  1f    2g    3h    4i
```

また、`"left"` に設定すると、左に `NA` が入ります。

```
dat %>%                                                      入力
   separate(col = "z", into = intocol, remove = FALSE, fill = "left")
```

```
# A tibble: 3 x 5                                             出力
  z            c1    c2    c3    c4
  <chr>        <chr> <chr> <chr> <chr>
1 1a/2b        <NA>  <NA>  1a    2b
2 1c/2d/3e     <NA>  1c    2d    3e
3 1f/2g/3h/4i  1f    2g    3h    4i
```

➤ 11.2.2 要素を抽出して列を作ろう

`separate()` は列を分割するのに便利な関数です。ただ、分割ではなくて、一部を抜き出したいときもあります。そんなときは `extract()` を利用します。抽出には、正規表現で **( )** を利用して指定します。`separate()` のように、`extract(col = 対象となる列, into = 抽出後の列名, regex = 正規表現)` という書き方です。ここで、`regex` 引数は抜き出したい部分を **( )** で囲んだ正規表現です。架空の住所データ

から郵便番号を取り出してみましょう。ここで利用する正規表現は、**" 〒 (\\d+-\\
d+)(.+)"** です。この正規表現は、最初のカッコの中身が郵便番号の「数字3桁 - 数
字4桁」を対象とする正規表現で、次のカッコが「郵便番号の後ろのすべての文字」
です。これらが、`yubin` 列と `hoka` 列に抽出されることがわかりますか？

```
# 住所データから郵便番号を抜き出す                        入力
# 架空の表データを作成
dat <-tibble(z = c(
    "〒123-4567北海道蝦夷市大木井町11-23-450",
    "〒123-4568東京都町田市中町3-21-451",
    "〒123-4569京都府京都市中京区小町100-10-452",
    "〒123-4560沖縄県琉球市海町132-93-20"
))

# 郵便番号を取り出す
dat %>%
    extract(z, into = c("yubin", "hoka"), remove = FALSE,
            regex = "〒(\\d+-\\d+)(.+)")
```

```
# A tibble: 4 x 3                                      出力
  z                                       yubin      hoka
  <chr>                                   <chr>      <chr>
1 〒123-4567北海道蝦夷市大木井町11-23-450  123-4567  北海道蝦夷市大木井町
11-23-450
2 〒123-4568東京都町田市中町3-21-451       123-4568  東京都町田市中町
3-21-451
3 〒123-4569京都府京都市中京区小町100-10~ 123-4569  京都府京都市中京区小
町100-10~
4 〒123-4560沖縄県琉球市海町132-93-20      123-4560  沖縄県琉球市海町
132-93-20
```

`seprate()` と違い、何か特別な区分となる記号がなくても `extract()` を利用す
ると比較的簡単に取り出すことができます。この `extract()` は、あとあと `pivot_
longer()` という関数を利用するときに覚えておくとよいので、ここで紹介しました。

11.3　欠損値を好きな値に変換しよう

11.3.1　欠損値を埋めよう

表データの列にある欠損値を好きな数字や文字で埋めたいときは、`replace_`

na() を利用します。replace_na() は「何に対して適応するか」で、その書き方が違います。まず、欠損値を含んだ表を作成しましょう。

```
# 表の作成                                            入力
dat <- tibble(
  c1 = c(1, 2, NA, 3, NA, 4),
  c2 = c("a", NA, "b", NA, "c", "d")
)
dat
```

```
# A tibble: 6 x 2                                    出力
     c1 c2
  <dbl> <chr>
1     1 a
2     2 NA
3    NA b
4     3 NA
5    NA c
6     4 d
```

replace_na() を mutate() の中でベクトルに対して利用するときは、replace_na(列名 , replace = 置き換えたい値) と書きます。

```
# ベクトルに適応する書き方のときはmutate()と一緒に利用する  入力
dat %>%
  mutate(c1 = replace_na(c1, replace = "C1が欠損!"),
         c2 = replace_na(c2, "C2が欠損!"))
```

```
# A tibble: 6 x 2                                    出力
  c1        c2
  <chr>     <chr>
1 1         a
2 2         C2が欠損!
3 C1が欠損! b
4 3         C2が欠損!
5 C1が欠損! c
6 4         d
```

次に表に対して適応する場合は、 表 %>% replace_na(replace = list(列名 = 置き換えたい値 , 列名 = 置き換えたい値 , ……)) と記載します。

```
# 表に適応するときは、list()を利用してまとめて指定する          入力
dat %>%
  replace_na(replace = list(c1 = "C1欠損", c2 = "C2欠損"))
```

```
# A tibble: 6 x 2                                        出力
  c1    c2
  <chr> <chr>
1 1     a
2 2     C2欠損
3 C1欠損 b
4 3     C2欠損
5 C1欠損 c
6 4     d
```

　`replace_na()` の使い方はそれほど難しくないですね。`list()` については続いて解説します。`list()` の使い方がいまいちわかりにくいという方は、ベクトルに適応する書き方をまずは覚えておきましょう。

11.3.2　データをリストとして保持しよう

　ここで、`list()` という、初めて見る関数が出てきました。`list()` で作成するのはリストオブジェクトと呼ばれます。リストはベクトルと違い、いろいろな型を混ぜたデータを保持することができます。

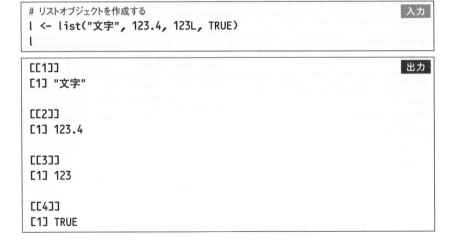

```
# リストオブジェクトを作成する                            入力
l <- list("文字", 123.4, 123L, TRUE)
l
```

```
[[1]]                                                   出力
[1] "文字"

[[2]]
[1] 123.4

[[3]]
[1] 123

[[4]]
[1] TRUE
```

　ベクトルの場合、文字と数字を混ぜると、自動的にすべて文字に変換されましたが、リストだとそのままの形で保持されています。リストに含まれるオブジェクトは、**リストオブジェクト [[数字]]** で取り出すことができます。1つ目のオブジェクトは、次のように書くと取り出すことができます。

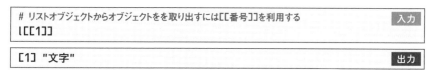

```
# リストオブジェクトからオブジェクトをを取り出すには[[番号]]を利用する
l[[1]]
```
入力

```
[1] "文字"
```
出力

　2つ目のオブジェクトは、次のように書きます。

```
l[[2]]
```
入力

```
[1] 123.4
```
出力

　リストは、オブジェクトであればなんでも保持することができます。 次の例ではリストの中に、リスト、ベクトル、表（ **tibble** ）を入れました。このように、複数のオブジェクトをかたまりとして保持できるのが、リストの特徴です。 **tibble** の中でリスト列というものに利用したり、データを保存したりするときに便利なオブジェクトですが、今の段階ではこれ以上の解説はしません。とりあえず、「ベクトルより自由にオブジェクトを保存できるもの」という認識でかまいません。

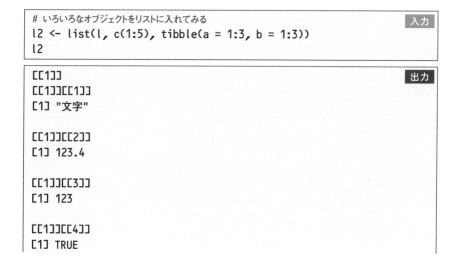

```
# いろいろなオブジェクトをリストに入れてみる
l2 <- list(l, c(1:5), tibble(a = 1:3, b = 1:3))
l2
```
入力

```
[[1]]
[[1]][[1]]
[1] "文字"

[[1]][[2]]
[1] 123.4

[[1]][[3]]
[1] 123

[[1]][[4]]
[1] TRUE
```
出力

```
[[2]]
[1] 1 2 3 4 5

[[3]]
# A tibble: 3 x 2
      a      b
  <int>  <int>
1     1      1
2     2      2
3     3      3
```

　なお、`replace_na()` では、名前つきリスト（named list）を引数として関数に与えています。名前つきリストを作成した場合は、**リスト名[["名前"]]** という記載方法で保持されたオブジェクトを取り出すことができます。関数の引数として、名前つきリストが必要になるケースも多いので、この書き方には慣れておきましょう。

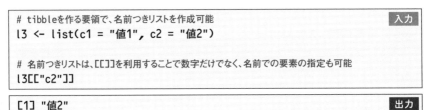

```
# tibbleを作る要領で、名前つきリストを作成可能                         入力
l3 <- list(c1 = "値1", c2 = "値2")

# 名前つきリストは、[[]]を利用することで数字だけでなく、名前での要素の指定も可能
l3[["c2"]]
```

```
[1] "値2"                                                            出力
```

　なお、同じ要領で名前つきベクトルも作成できます。こちらは **ベクトル名["名前"]** で、値を取り出すことができます。

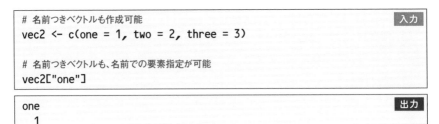

```
# 名前つきベクトルも作成可能                                          入力
vec2 <- c(one = 1, two = 2, three = 3)

# 名前つきベクトルも、名前での要素指定が可能
vec2["one"]
```

```
one                                                                  出力
  1
```

11.4　欠損値を埋めよう

データを加工していてよく出会うデータの中には、値は空白（あるいは欠損）なのに、その内容は上のデータが省略されたものがあります（図11-1）。

図11-1　省略で値が表現されている表の例

店舗	売上ランキング	味
A	1位	バニラ
	2位	チョコ
	3位	抹茶
B	1位	あずき
	2位	いちご
	3位	バニラ
C	1位	バニラ

店舗の値が省略されていて空白になっている

⋮

意図的にそうなっている場合もあれば、Excel ファイルを R で読み込んだ結果、セルの結合が解かれ、データが欠損している場合もあります（図11-2[注2]）。

図11-2　Excelで結合されたセルを読み込んだ場合の表の例

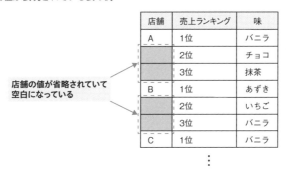

Excelファイル

店舗	売上ランキング	味
A	1位	バニラ
	2位	チョコ
	3位	抹茶
B	1位	あずき
	2位	いちご
	3位	バニラ
C	1位	バニラ
	2位	チョコ
	3位	いちご

インポート

Rのtibble

店舗	売上ランキング	味
A	1位	バニラ
	2位	チョコ
	3位	抹茶
B	1位	あずき
	2位	いちご
	3位	バニラ
C	1位	バニラ
	2位	チョコ
	3位	いちご

Excelで結合されているセルは、Rにインポートした場合、左上のセルに値が保存され、残りは欠損となる

注2　Excel のセル結合はなるべく避けるべきという話を聞いたことがある方もいらっしゃるかもしれませんが、データをプログラム的に加工するようなケースではけっこう手間になることがわかっていただけますか？ Excel にセル結合の機能がそもそもなければ、こんな手間は……やめときます。

　このような形の表データにおいて、空白のセルに「上の値をそのままコピーする」には、`fill()` を利用します。まずデータを作成してみましょう。 ここで表を作成するのに利用する `rep()` は、`rep( 繰り返したいベクトル , 繰り返したい回数 )` という書き方で「繰り返すベクトル」を簡単に作成することができます。例として、 `rep(1:2, 2)` と書くと、`c(1, 2)` が2回繰り返されることになるので、結果は【1】1 2 1 2 となります。

```
# 表の作成                                                    入力
dat <- tibble(
  company = c("32 ice cream", rep(NA, 8)),
  tenpo   = c("A", NA, NA, "B", NA, NA, "C", NA, NA),
  rank    = rep(1:3, 3),
  aji     = c("バニラ", "抹茶"  , "あずき"  , "チョコ", "いちご",
              "抹茶"  , "バニラ", "チョコ", "抹茶"           )
)
dat
```

```
# A tibble: 9 x 4                                            出力
  company       tenpo rank aji
  <chr>         <chr> <int> <chr>
1 32 ice cream  A         1 バニラ
2 <NA>          <NA>      2 抹茶
3 <NA>          <NA>      3 あずき
4 <NA>          B         1 チョコ
5 <NA>          <NA>      2 いちご
6 <NA>          <NA>      3 抹茶
7 <NA>          C         1 バニラ
8 <NA>          <NA>      2 チョコ
9 <NA>          <NA>      3 抹茶
```

　この表を `fill()` を使って欠損値を埋めましょう。`fill()` の使い方は、表 %>% `fill( 列名 , 列名 , ……)` です。まずは1列だけ埋めた場合を見てみましょう。

```
# fill()で欠損値を直前の値で埋める                            入力
dat %>% fill(tenpo)
```

```
# A tibble: 9 x 4                                            出力
  company       tenpo rank aji
  <chr>         <chr> <int> <chr>
1 32 ice cream  A         1 バニラ
2 <NA>          A         2 抹茶
3 <NA>          A         3 あずき
4 <NA>          B         1 チョコ
```

```
5 <NA>        B       2 いちご
6 <NA>        B       3 抹茶
7 <NA>        C       1 バニラ
8 <NA>        C       2 チョコ
9 <NA>        C       3 抹茶
```

　tenpo 列の NA がちゃんと上の値をコピーして埋まっていますね。複数列では
次のようになります。

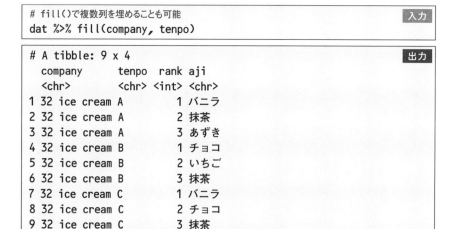

```
# fill()で複数列を埋めることも可能                                    入力
dat %>% fill(company, tenpo)
```

```
# A tibble: 9 x 4                                                    出力
  company      tenpo  rank aji
  <chr>        <chr> <int> <chr>
1 32 ice cream A        1 バニラ
2 32 ice cream A        2 抹茶
3 32 ice cream A        3 あずき
4 32 ice cream B        1 チョコ
5 32 ice cream B        2 いちご
6 32 ice cream B        3 抹茶
7 32 ice cream C        1 バニラ
8 32 ice cream C        2 チョコ
9 32 ice cream C        3 抹茶
```

　なお、例で取り上げたのは「下向き」に埋めるケースでした。この、埋める方向
は .direction 引数で設定できます。詳しくは help() の Examples にあるサンプ
ルコードを見てください[注3]。

11.5　欠損値を好きな文字に置き換えよう

　前節の fill() は、データが欠損しているときに有効な関数でした。ただ、もし
「スペースや空白など、何か別の方法でデータの欠損を表現している場合」には、
fill() はうまく動きません。スペースで欠損が表現されている例を見てみましょう。

```
# 意図的なNA以外での欠損の例                                          入力
dat <- tibble(
```

注3　デフォルトの下方向に埋める設定以外、あまり利用しないとは思いますが……。

```
  tenpo = c("A", " ", " ", "B", " ", " "),
  rank = rep(1:3, 2)
)
dat
```

```
# A tibble: 6 x 2                                    出力
  tenpo  rank
  <chr> <int>
1 "A"      1
2 " "      2
3 " "      3
4 "B"      1
5 " "      2
6 " "      3
```

　欠損以外の値を埋めたい場合は na_if() を利用すると便利です。na_if() は、指定した値を欠損値にできる関数です。使い方は、表 %>% mutate(新しい列名 = na_if(置き換えたい列名 , NA に置き換えたい値)) という書き方です。 次のように、指定した列名（ tenpo 列）の指定した値（ " " ）がすべて NA に置き換わっています。あとは、作成した NA に対して、fill() を適応すると埋めることができます。

```
# na_if()で空白の値をNAに置き換える                   入力
dat %>%
  mutate(tenpo = na_if(tenpo, " "))
```

```
# A tibble: 6 x 2                                    出力
  tenpo  rank
  <chr> <int>
1 A        1
2 <NA>     2
3 <NA>     3
4 B        1
5 <NA>     2
6 <NA>     3
```

　na_if()、replace_na() は表ではなくベクトルに対して指定するため、mutate() と組み合わせないと利用できないので注意が必要です注4。

注4　個人的な感想ですが、ベクトル単位での処理が R での表操作の基本だと考えており、replace_na() や fill() がやや特殊な動きをしている気がします。tidyr がそもそも特殊な処理をより簡単にというイメージが強いパッケージです。

第 12 章

煩雑なデータをTidyに
〜縦データと横データの変換〜

第4章のMessyデータをTidyデータに変換するプロセスは覚えていますか？ 本章では、MessyデータからTidyデータへの加工で必須となる、横データと縦データを互いに変換する関数について解説します。変換の全体像を理解するのに時間がかかるかもしれませんが、この内容をマスターすれば、データの加工で困ることが大幅に減ります。

12.1　縦と横のデータを理解しよう

　少しだけ英語の勉強をしましょう。long という英単語と wide という英単語を聞いたとき、long は縦に長い、wide は横に幅広いというイメージをしっかりと持ってください（図12-1）。

図12-1　LongとWideのイメージ

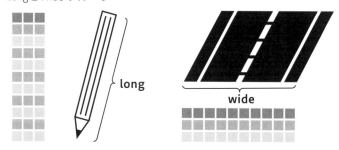

　縦に長いデータを縦持ちデータ、横に長いデータを横持ちデータと呼ぶことにします。第4章でもいくつかの例を挙げて解説していますが、まったく同じ内容のデータでも、そのデータの見せ方は何通りもあります。本章で紹介する関数 `pivot_longer()` と `pivot_wider()` は、横持ちデータを縦に長くしたり、縦持ちデータを横に長くしたりと、データの見せ方を大きく変更することができる関数です。pivotには回転軸のような意味があり、文字通り表データの表現を回転させるための関数です。

　引数の指定方法がややこしいかもしれませんが、マスターすると Excel ではなかなか手間のかかる変換をさくっとできるようになるので、ぜひ押さえておきましょう。

12.2　横のデータを縦のデータに変換しよう

　まずは、横持ちデータを縦に長くする `pivot_longer()` からです。この関数をよく利用するのは、列名が値になっている「列データ」の処理が必要なケースです。「列データ」の例としては、図12-2にあるように、「男性：20代、男性：30代、女性：20代、女性：30代」といったような列名です。列の名前でデータが表されているような表を Tidy なデータにするには、列の名前を値として取り出し、その値が入った新し

い列を作成する必要があります。

　`pivot_longer()` による変換のイメージが図12-2です。この図の横持ちデータは、図4-1にある Messy データの例の再掲です。関数を適切に設定することで、図12-2のような横持ちデータを縦持ちデータに変換することが、ここでの目的です。

図12-2　pivot_longer()による変換のイメージ

商品名	男性：20代	男性：30代	女性：20代	女性：30代
バニラ	102	242	90	130
いちご	124	192	310	411
チョコ	211	311	281	380

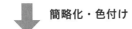

簡略化・色付け

商品名	男性：20代	男性：30代	女性：20代	女性：30代
バニラ	①	②	③	④
いちご	⑤	⑥	⑦	⑧
チョコ	⑨	⑩	⑪	⑫

この値は2つの「変数名」の結果

pivot_longer()

商品名	性別：年代	値
バニラ	男性：20代	①
バニラ	男性：30代	②
バニラ	女性：20代	③
バニラ	女性：30代	④
いちご	男性：20代	⑤
いちご	男性：30代	⑥
いちご	女性：20代	⑦
いちご	女性：30代	⑧
チョコ	男性：20代	⑨
チョコ	男性：30代	⑩
チョコ	女性：20代	⑪
チョコ	女性：30代	⑫

　`pivot_longer()` をうまく動作させるためには、`cols` 引数にどの列が「列データ」に該当するかを指定してあげる必要があります。`names_to` 引数（デフォルトは `"name"`）、`values_to` 引数（デフォルトは `"value"`）は設定してもしなくても問題ありません。これら3つの引数の動作を、図12-3にまとめました。

　慣れないうちは、この動作はややこしく感じます。一番大切なのは、`cols` 引数の指定です。`cols` 引数は、「列データ」となる列を `select()` と同じ書き方で指定します[注1]。どの列が「列データ」になるかは、列名に値が含まれているかどうかで判断します。図12-2の例では、列名に男性や20代など、性別、年齢の値が記載されていることで判別ができました。多くの場合、横持ちデータは大半が列データであるため、素直に列名を1つずつ記載する方法は手間です。そのため、「指定した列名以外」を表すことができる `!c( 指定した列名 )` を利用することで、簡潔に記載する

注1　ヘルプファイルには、tidyselect と記載されています。tidyselect で列名の指定ができる場合は、`select()` の内側で利用できる関数（`everything()`、`starts_with()` など）が利用できます。

図12-3　pivot_longer()の引数の設定について

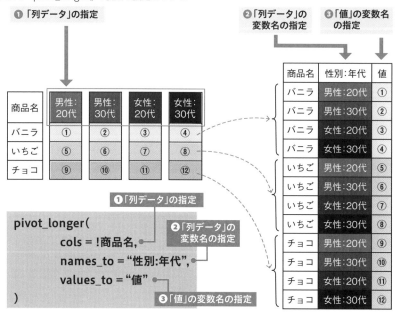

ことができます。図12-2で、商品名以外の列データを指定することを考えると、すべて書き出すのであれば、c(男性：20代、男性：30代、女性：20代、女性：30代) となりますが、! を利用した書き方であれば、!c(商品名) とするだけで済みます。

実際に R でも動かしてみましょう。まずは表のデータを作成します。

```
# データの作成                                               入力
dat <- tribble(
  ~item, ~m_20s, ~m_30s, ~f_20s, ~f_30s,
  "バニラ", 1  , 2      , 3     , 4     ,
  "いちご", 5  , 6      , 7     , 8     ,
  "チョコ", 9  , 10     , 11    , 12
)

dat
```

```
# A tibble: 3 x 5                                           出力
  item   m_20s m_30s f_20s f_30s
  <chr>  <dbl> <dbl> <dbl> <dbl>
```

```
1 バニラ    1    2    3    4
2 いちご    5    6    7    8
3 チョコ    9   10   11   12
```

これに `pivot_longer()` を使ってみましょう。この表を縦に長い形にするために考えないといけないことは、

❶ 「列データ」の指定
❷ 「列データ」の変数名の指定
❸ 「値」の変数名の指定

以上3つの指定です。これはそれぞれ `pivot_longer(cols = 列データの指定,` `names_to = "列データの変数名", values_to = "値の変数名")` と書いて、今回は列データの指定を `item` 列以外の列で、変数の名前は適当に決めてしまいましょう。`cols` 引数で縦に伸ばしたい「列データ」を指定して、 `names_to` 引数、 `values_to` 引数で新しくできる列の名前を指定するイメージはつきましたか？

```
# pivot_longer()で、item列以外の列を指定して縦持ちデータへ          入力
dat %>%
  pivot_longer(cols = !item, names_to = "N", values_to = "V")
```

```
# A tibble: 12 x 3                                              出力
   item   N      V
   <chr>  <chr> <dbl>
 1 バニラ m_20s    1
 2 バニラ m_30s    2
 3 バニラ f_20s    3
 4 バニラ f_30s    4
 5 いちご m_20s    5
 6 いちご m_30s    6
 7 いちご f_20s    7
 8 いちご f_30s    8
 9 チョコ m_20s    9
10 チョコ m_30s   10
11 チョコ f_20s   11
12 チョコ f_30s   12
```

12.3 縦のデータを横のデータに変換しよう

前節と逆の変換を `pivot_wider()` でします。この関数は図12-4のように縦持ち
データを横持ちデータに変換するための関数です。この変換は、前節で解説した横
から縦への変換と逆の変換です。縦から横への変換は「列データにしたい列」と「横
にしたときに値として列データの下に並べたい値を持つ列（列データの値列）」を
まず選びます。次に、「選ばれなかった残りの列」と「列データの列」と「値列」の
関係を崩さないように横方向に並べます。

図12-4　pivot_wider()の働き

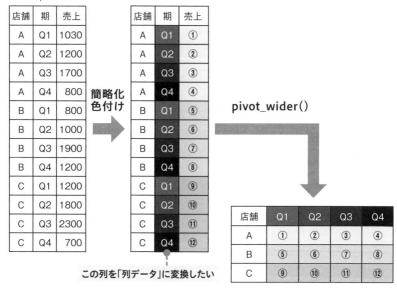

`pivot_wider()` で表を横に並べるには、`pivot_longer()` の引数とは微妙に名
前の違う引数を設定する必要があります。それらの引数は `id_cols` 引数、`names_`
`from` 引数、`values_from` 引数の3つです。それぞれの設定が何を指定するのかは
図12-5にまとめました。

図12-5　pivot_wider()の引数の設定

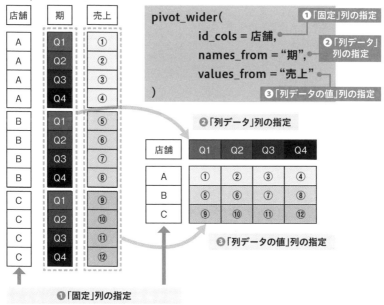

`pivot_longer()` では `cols` 引数で、「列データ」を指定しました。`pivot_wider()` では、 `id_cols` 引数で「列データにしない列」を指定します。「固定したい列」を指定するイメージです。`pivot_longer()` は、 `names_to` 引数、`values_to` 引数という引数で新しく作成される列名を指定していました。`pivot_wider()` では、 `names_from` 引数で、「列データ」とする列を指定して、`values_from` 引数で「列データ」それぞれの値を指定します。

英単語の「to」には「向かう」ようなイメージがあります。「names to」や「values to」は、もともとの関数が作用する前のデータを新しい変数に向かって変換するイメージです。同じように、英単語の「from」には「〜からやってくる」というイメージがあります。「names from」や「values from」は、関数が作用する前のデータから新しい名前（names、列名）や値（values）がやってくるというイメージです[注2]。

それでは、実際に `pivot_wider()` の動作を見てみましょう。まずは、縦持ちの

注2　`pivot_wider()` や `pivot_longer()` は比較的新しい関数です。古いスクリプトだと、`gather()` で横のデータを縦に長く、`spread()` で、縦のデータを横に広くするような処理をしていました。引数の指定方法はほぼ似通っているのですが、英語圏の人たちには wider、longer、to、from という指定方法のほうがイメージ通りらしいです。

データを作成します。

```
# データの作成                                                   入力
dat <- tibble(
  tenpo  = c(rep("A", 4), rep("B", 4), rep("C", 4)),
  ki     = rep(c("Q1", "Q2", "Q3", "Q4"), 3),
  uriage = 1:12
)
dat
```

```
# A tibble: 12 x 3                                              出力
   tenpo ki    uriage
   <chr> <chr>  <int>
 1 A     Q1         1
 2 A     Q2         2
 3 A     Q3         3
 4 A     Q4         4
 5 B     Q1         5
 6 B     Q2         6
 7 B     Q3         7
 8 B     Q4         8
 9 C     Q1         9
10 C     Q2        10
11 C     Q3        11
12 C     Q4        12
```

　このデータに対して、`pivot_wider()` を適応します。ここで、行方向で固定して、列データに「しない」列は `tenpo` 列であるため、`id_cols = tenpo` とします。列データ（列名とするデータ、名前は英語で name）としたい列は、`ki` 列なので、`names_from = ki` です。最後に、列データの列の下に、値（value）として入れたい変数は `uriage` 列の値なので、`values_from = uriage` とします。そうすると、うまく横方向のデータに変換できます。

```
# pivot_wider()を利用してki列を「列データ」、uriage列をその値へ       入力
dat %>%
  pivot_wider(
    id_cols = tenpo, names_from = ki, values_from = uriage)
```

```
# A tibble: 3 x 5                                               出力
  tenpo    Q1    Q2    Q3    Q4
  <chr> <int> <int> <int> <int>
```

```
1 A       1     2     3     4
2 B       5     6     7     8
3 C       9    10    11    12
```

以上が基本的な変形の方法でした。

12.4　横から縦への変換の応用
〜列データを変換しながら複数の列に分割しよう〜

12.2節で紹介した `pivot_longer()` は、基本的な使い方だけでもかなり便利な関数です。さらに設定方法を変更すれば、よりたくさんの変換を1つの関数で実施できます[注3]。

12.2節の処理を再度確認しておきましょう。今度は、最終的に目標とする Tidy なデータにまで処理します。ここでは12.2節で横持ちデータを縦持ちデータに変換したあとに、 N 列の内容を `separate()` で、性別（ sex ）と年代（ age ）に分けてあります。 もともとの N 列は、 `m_20s` のように、1つの列に性別と年代という2つのデータが含まれており、Tidy なデータではありませんでしたね。`separate()` で N 列の内容を2つに割っただけで、Tidy なデータになりました。

```
# データの作成                                                    入力
dat <- tribble(
  ~item, ~m_20s, ~m_30s, ~f_20s, ~f_30s,
  "バニラ", 1  , 2    , 3    , 4    ,
  "いちご", 5  , 6    , 7    , 8    ,
  "チョコ", 9  , 10   , 11   , 12
)

# pivot_longer()で縦持ちにしたあと、
# separate()で性別列(sex)と年代列(age)を追加
dat %>%
  pivot_longer(cols = !item, names_to = "N", values_to = "V") %>%
  separate(N, c("sex", "age"), sep = "_")
```

注3　1つの関数でたくさんの変換が実施できるのは便利ですが、あまりにもたくさんの変換を1つの関数で実施すると読み返すときにわかりにくくなる可能性もあります。慣れるまでは、他の関数で実施できる場合は処理の記載が長くなってもよいので、1関数、1変換となるように書くほうがよいでしょう。

```
# A tibble: 12 x 4                                          出力
   item    sex    age      V
   <chr>   <chr>  <chr>  <dbl>
 1 バニラ  m      20s      1
 2 バニラ  m      30s      2
 3 バニラ  f      20s      3
 4 バニラ  f      30s      4
 5 いちご  m      20s      5
```

実は、 `pivot_longer()` には、 `separate()` まで自動でやってくれる引数の指定
方法があります。それは、 `names_to` 引数に割ったあとの変数名をベクトルで与え
てあげて、どこで割るかを `names_sep` 引数で指定してあげる方法です。次の例では、
`names_to = c("sex", "age")` としてあり、 `names_sep = "_"` としてあります。
`separate()` をわざわざ追加で与えなくてもよいので、スクリプトが短くなりました。

```
# separate()を使わずにpivot_longer()だけで列データを処理する    入力
dat %>%
  pivot_longer(
    cols = !item,
    names_to = c("sex", "age"),
    names_sep = "_",
    values_to = "V"
  )
```

```
# A tibble: 12 x 4                                          出力
   item    sex    age      V
   <chr>   <chr>  <chr>  <dbl>
 1 バニラ  m      20s      1
 2 バニラ  m      30s      2
 3 バニラ  f      20s      3
 4 バニラ  f      30s      4
 5 いちご  m      20s      5
```

なお、 `extract()` と同じように、正規表現のグループ（ `()` ）を利用した列の抽出
もできます。その場合は、 `names_sep` 引数ではなく、 `names_pattern` 引数を指定し
てください(詳細については、 `pivot_longer()` のヘルプファイルをご確認ください)。

縦から横への変換の応用
〜欠損しているデータを埋めよう〜

`pivot_wider()` は便利なのですが、「固定したい」列と「列データ」の組み合わせが「ない」ときは `NA` となってしまいます。実際に、そのような例を確認してみましょう。次に作成するデータは、意図的に `tenpo` 列が `c` の場合に `ki` 列の `Q1` と `Q2` の値を除外したものとなっています。

```
# データの作成（店舗CのQ1、Q2のデータない）                           入力
dat <- tibble(
  tenpo  = c(rep("A", 4), rep("B", 4), rep("C", 2)),
  ki     = c(rep(c("Q1", "Q2", "Q3", "Q4"), 2), "Q3", "Q4"),
  uriage = 1:10
)
dat
```

```
# A tibble: 10 x 3                                                   出力
   tenpo ki    uriage
   <chr> <chr>  <int>
 1 A     Q1         1
 2 A     Q2         2
 3 A     Q3         3
 4 A     Q4         4
 5 B     Q1         5
 6 B     Q2         6
 7 B     Q3         7
 8 B     Q4         8
 9 C     Q3         9
10 C     Q4        10
```

このデータを横に広げてみましょう。

```
# pivot_wider()で横に広げると                                        入力
dat %>%
  pivot_wider(id_cols = tenpo, names_from = ki, values_from = uriage)
```

```
# A tibble: 3 x 5                                                    出力
  tenpo    Q1    Q2    Q3    Q4
  <chr> <int> <int> <int> <int>
1 A         1     2     3     4
```

```
2 B          5     6     7     8
3 C          NA    NA    9    10
```

tenpo 列が C の行で、 Q1 列、 Q2 列の値が欠損しています。ここで、 NA では
なくて、 0 という数字を代わりに入れたいケースでは、 values_fill 引数を利用し
ます。 values_fill = 0 とすると NA でなく、 0 で埋めることができました。

```
# vlues_fill = 0とすると、NAでなくて0で埋めることができる                      入力
dat %>%
  pivot_wider(
    id_cols      = tenpo,
    names_from   = ki,
    values_from  = uriage,
    values_fill  = 0
  )
```

```
# A tibble: 3 x 5                                                            出力
  tenpo    Q1     Q2    Q3    Q4
  <chr> <int> <int> <int> <int>
1 A         1     2     3     4
2 B         5     6     7     8
3 C         0     0     9    10
```

NA 以外で埋める動作はとても利用頻度が高いので、ここで覚えておきましょう。

12.6　自由にデータを変換しよう

顧客アンケートなどを実施した場合に、複数項目を選択可能な質問にすることが
あります。図12-6の例を見てください。好きなアイスクリームの味を最大3種類ま
で選択するアンケートを例に挙げています。このとき、x 番目の設問である Qx の
1つ目から3つ目までの解答を記録するときに、1つ目の選択、2つ目の選択、3つ目
の選択をそれぞれ列として保存する形は、よく見る記録方法です（「図12-6：記録
されているデータ」）。

図12-6 アンケートデータのよくある形と欲しい形

Qx）あなたの好きなアイスクリームの味は
どれですか？（最大3つまで選択してください）
□バニラ　□いちご　□チョコ
□あずき　□抹茶　□みかん
□ラムネ　□ミルク　□パイン

記録されているデータ

顧客ID	Qx_1	Qx_2	Qx_3
1	バニラ	いちご	NA
2	バニラ	あずき	抹茶
3	いちご	チョコ	ミルク
4	みかん	NA	NA
⋮			

この変換がしたい！

分析する場合に必要な形

顧客ID	バニラ	いちご	チョコ	あずき	
1	1	1	0	0	⋯
2	1	0	0	1	
3	0	1	1	0	
4	0	0	0	0	
⋮					⋱

　図12-6の記録されているデータに対して統計的な分析を行う場合は、この形でデータを保存しているとうまく分析できません。本書の範囲外の話ですが、ここでの統計分析は、重回帰分析やロジスティック回帰分析を想定しています[4]。それぞれ、ものすごく奥深い手法で、それだけで本が1冊書けてしまうテーマです[5]。学びたい方はぜひ、専門家が書いた書籍をあたってください。

　分析できる形として望ましいデータの保存の仕方が、図12-6の「分析する場合に必要な形」です。図12-6の「記録されているデータ」から「分析する場合に必要な形」にデータを変換する必要があります。この変換は、**pivot_longer()** と **pivot_wider()** を組み合わせると比較的簡単に実行できます。ここでは、その方法を見ていきましょう。

　まずは、データを作成します。

注4　重回帰分析は lm()、ロジスティック回帰分析は glm() で R ですぐに実行できます。
注5　著者は統計の専門家ではありません。分析手法については不正確な情報になる可能性が高いため本書での限られた紙面内での解説は避けました。

```
# 図12-6のデータを作成                                        入力
dat <- tribble(
  ~id, ~qx_1  , ~qx_2    , ~qx_3   ,
  1  , "バニラ", "いちご"  , NA      ,
  2  , "バニラ", "あずき"  , "抹茶"   ,
  3  , "いちご", "チョコ"  , "ミルク" ,
  4  , "みかん", NA        , NA      ,
  5  , "バニラ", "チョコ"  , "あずき"
)
dat
```

```
# A tibble: 5 x 4                                          出力
     id qx_1   qx_2    qx_3
  <dbl> <chr>  <chr>   <chr>
1     1 バニラ いちご   <NA>
2     2 バニラ あずき   抹茶
3     3 いちご チョコ   ミルク
4     4 みかん <NA>     <NA>
5     5 バニラ チョコ   あずき
```

このデータは横持ちデータなので、縦持ちデータに変換します。

```
# まず、pivot_longer()で縦持ちデータに変換する               入力
step1 <- dat %>%
  pivot_longer(cols      = starts_with("qx_"),
               names_to  = "aji",
               values_to = "sentaku")
step1
```

```
# A tibble: 15 x 3                                         出力
      id aji    sentaku
   <dbl> <chr>  <chr>
 1     1 qx_1   バニラ
 2     1 qx_2   いちご
 3     1 qx_3   <NA>
 4     2 qx_1   バニラ
 5     2 qx_2   あずき
 6     2 qx_3   抹茶
 7     3 qx_1   いちご
 8     3 qx_2   チョコ
 9     3 qx_3   ミルク
10     4 qx_1   みかん
```

11	4 qx_2	\<NA\>
12	4 qx_3	\<NA\>
13	5 qx_1	バニラ
14	5 qx_2	チョコ
15	5 qx_3	あずき

次に、このデータを sentaku 列を列データとして横方向に広げて行くことを考えます。そのときに、aji 列に保存されている c("qx_1", "qx_2", ……) は不要なので削除します。また、 sentaku 列が欠損しているものも不要なので、 filter() で欠損を除去します。欠損を除去するには、 is.na() を利用します。is.na(ベクトル) とすると、 NA であれば TRUE 、そうでなければ FALSE が返ってきます。 filter() の中で欠損がある位置を FALSE 、欠損がない位置を TRUE とすると、欠損を除去できるので、 !is.na(変数名) を filter() の中で利用しましょう。

```
# ここで、aji列は不用なので削除                          入力
# NAも不用なので削除

step2 <- step1 %>%
  select(!aji) %>%
  filter(!is.na(sentaku))

step2
```

```
# A tibble: 12 x 2                                       出力
     id sentaku
  <dbl> <chr>
 1    1 バニラ
 2    1 いちご
 3    2 バニラ
 4    2 あずき
 5    2 抹茶
 6    3 いちご
 7    3 チョコ
 8    3 ミルク
 9    4 みかん
10    5 バニラ
11    5 チョコ
12    5 あずき
```

あとは、列データ (names_from) を sentaku 列にして縦から横に広げるだけです。

ただし、値となる列（`values_from`）は「ない」ので指定ができません。最終的には、「ある場合」は1、「ない場合」は0を入れられればよいので、`mutate()` で `atai = 1` として、横に広げるための値列を作成してしまいましょう。また、「ない」場合はそのままだと欠損になるので、`values_fill = 0` とします。

```
# 横に広げたときに、値を1と表記するための                                入力
# 値列を作成してからpivot_wider()で横に広げる
# またNAとなる値は0で埋めておく
step3 <- step2 %>%
  mutate(atai = 1) %>%
  pivot_wider(
    id_cols      = id,
    names_from   = sentaku,
    values_from  = atai,
    values_fill  = 0
  )

step3
```

```
# A tibble: 5 x 8                                                       出力
     id バニラ いちご あずき   抹茶 チョコ ミルク みかん
  <dbl> <dbl> <dbl> <dbl> <dbl> <dbl> <dbl> <dbl>
1     1     1     1     1     0     0     0     0
2     2     1     0     1     1     0     0     0
3     3     0     1     0     0     1     1     0
4     4     0     0     0     0     0     0     1
5     5     1     0     1     0     1     0     0
```

　横を縦にして、さらに縦を別の列データを作って横に直すことで求めたい形のデータになりました。ややこしく感じるかもしれませんが、マスターすると、アンケートデータの処理がとても楽になるので練習してみてください。

第 **13** 章

マスタデータと戦おう

本章では、一般的なデータベースのしくみである
リレーショナルデータベースの簡単な解説を
行います。また、リレーショナルデータベース
から出てくるデータでありがちな、マスタデー
タとデータが分かれている表データを結合する
関数群について解説します。

13.1　リレーショナルデータベースとは

リレーショナルデータベース（Relational Database）という言葉を聞いたことは
ありますか？ リレーショナルデータベースは広く普及しているデータベースで、複
数の表が互いに関係（リレーション）を持って複雑な構造のデータを保持します。
Microsoft 社の製品では「Microsoft Access」が代表的な製品です。リレーショナル
データベースの設計やデータの持ち方などとても深い話題ですが、本書では深く踏
み込みません[注1]。実世界での利用の例としては、顧客情報や商品情報の管理などがあ
ります。本章の内容は、リレーショナルデータベースから出力されたであろうデータ
を1つの表にまとめる方法について解説しています。そのため、リレーショナルデー
タベースがまったくわからなくても問題ありませんので、安心して先にお進みください。

図13-1にリレーショナルデータベースから出力されたであろうデータ（3つの表）
を上に表示してあります。最終的に欲しい表が、図13-1の下側のようなものであっ
た場合、上の3つの表から下の表を作成することが本章の目的です。

図13-1の上側、販売情報の表には、顧客 ID と商品 ID という名前の列が含まれて
います。顧客マスタという表には顧客 ID 列が、商品マスタという表には商品 ID 列
が同じように含まれています。次の節から、上の3つの表を下の1つの表にまとめる
方法を解説します。

13.2　複数の表を結合させよう

表同士の結合の考え方について、図13-1の上の3つの表を結合するときのイメー
ジを図13-2で示しました。

注1　リレーショナルデータベースを勉強したい方は、SQL というデータベースを操作するための
別の言語を学ぶ必要があります。`SELECT * FROM table1` というような文字を見たことがあれ
ばそれが SQL です。

図13-1　分割された表と欲しい表

顧客マスタ

顧客ID	性別	年代
1	女	20
2	女	30
3	男	20
4	女	20
⋮		

販売情報

日付	顧客ID	商品ID	個数
2020/4/1	1	aa	1
2020/4/1	2	ab	2
2020/4/2	3	aa	1
2020/4/3	1	ad	3
⋮			

商品マスタ

商品ID	商品名	価格
aa	バニラ	600
ab	チョコ	690
ac	いちご	650
ad	あずき	700
⋮		

こういう表が欲しい……

日付	性別	年代	商品名	価格	個数
2020/4/1	女	20	バニラ	600	1
2020/4/1	女	30	チョコ	690	2
2020/4/2	男	20	バニラ	600	1
2020/4/3	女	20	あずき	700	3
⋮					

図13-2　結合の例

販売情報

日付	顧客ID	商品ID	個数
2020/4/1	1	aa	1
2020/4/1	2	ab	2
2020/4/2	3	aa	1
2020/4/3	1	ad	3
⋮			

顧客ID
1
2
3
1
⋮

性別	年代
女	20
女	30
男	20
女	20
⋮	

顧客マスタ

顧客ID	性別	年代
1	女	20
2	女	30
3	男	20
4	女	20
⋮		

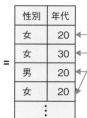

商品ID
aa
ab
ac
ad
⋮

商品名	価格
バニラ	600
チョコ	690
バニラ	600
あずき	700
⋮	

商品マスタ

商品ID	商品名	価格
aa	バニラ	600
ab	チョコ	690
ac	いちご	650
ad	あずき	700
⋮		

　図13-2で、顧客 ID 列、商品 ID 列それぞれに対して、顧客マスタと商品マスタから同じ ID の行が「結合」されている状況です。この結合の方法を R で見ていきましょう。まずは、図13-1の上の3つの表を作成します。

```
# データを作成する                                              入力
hanbai <- tibble(
  date      = c("2021-4-1", "2021-4-1", "2021-4-2", "2021-4-3"),
  kokyaku_id = c(1, 2, 3, 1),
  item_id   = c("aa", "ab", "aa", "ad"),
  kosu      = c(1, 2, 1, 3))

kokyaku_master <- tibble(
  kokyaku_id = c(1, 2, 3, 4),
  sex       = c("女", "女", "男", "女"),
  age       = c(20, 30, 20, 20))

item_master <- tibble(
  item_id   = c("aa", "ab", "ac", "ad"),
  name      = c("バニラ", "チョコ", "いちご", "アズキ"),
  price     = c(600, 690, 650, 700))
```

　この hanbai を2つのマスタと結合します。そのときに left_join() を利用します。left_join() の引数の設定のやり方は、図13-3にある通りです。left_join(表1, 表2, by = "結合したい列") という書き方です。これは、表1に対して、表2を by 引数で指定した変数同士が一致するように並び替えて、表1の右側に表2を結合する処理（あるいは、表1に対して、左方向に表2を結合する処理）です。

　実際に動作を確認します。by 引数で指定した列で結合できました。

```
# 販売データと顧客マスタを結合する                              入力
hanbai %>%
  left_join(kokyaku_master, by = c("kokyaku_id"))
```

```
# A tibble: 4 x 6                                            出力
  date      kokyaku_id item_id kosu sex     age
  <chr>          <dbl> <chr>  <dbl> <chr> <dbl>
1 2021-4-1           1 aa         1 女       20
2 2021-4-1           2 ab         2 女       30
3 2021-4-2           3 aa         1 男       20
4 2021-4-3           1 ad         3 女       20
```

図13-3　left_join()の設定方法

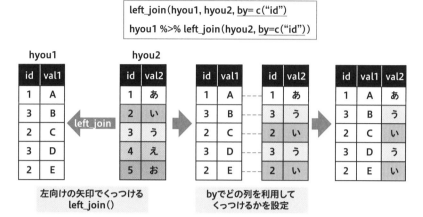

item_master も結合するのであれば、次のようにパイプ関数でつないでどんどん列を結合することもできます。

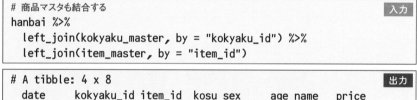

　表1、表2と引数を与えたとき、表1に対して左方向に表2を結合することを左方結合と呼びます。「左」と急にいわれてもイメージがわきづらいのですが、left(左)_join()は「左側の表のデータの形を維持する結合のやり方だ」というイメージです。

13.3　名前が違う列同士を結合しよう

　ここまでの結合では、別々の表にある「同じ名前の列」を利用しました。ただ、複数の表にあるデータが必ず同じ名前であるとは限りません。名前が違った場合は、`rename()` などで名前を変更して、無理やり同じ名前にしてしまう方法もありますが、`left_join()` で簡単に対応できますので解説します。また、「複数列を利用して結合したい」という場合もよくあります。この場合も、`by` 引数の設定方法で簡単に対応できます。

　図13-4に、上記の内容をまとめました。まず、上の例は共通の列名が存在しない場合です。この場合は、`by` 引数に対して `c("表1の結合したい列名 " = "表2の結合したい列名")` で設定できます。結合したあとに残るのは表1の `by` 引数で指定した列名です。下の例は複数列で結合したいときです。こんなときは、`by` 引数に複数列の名前をベクトルとして与えます。また、図中の例のようにベクトルの要素において、= を使うことで表1と表2の列名が違うときでも結合することができます。

図13-4　いろいろなby引数の設定方法

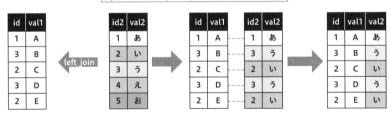

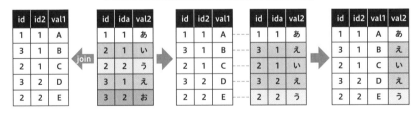

　実際に図13-4の内容をスクリプトでも見ていきましょう。まずは、列名が違うケースです。ここでは、`by = c("id1" = "id2")` と指定しています。うまく結合で

きていますね。

```
# データを作成する                                         入力
hyou1 <- tibble(id1 = c(1, 3, 2, 3, 2), val1 = LETTERS[1:5])
hyou2 <- tibble(id2 = 1:5, val2 = c("あ", "い", "う", "え", "お"))

# 列名が違うデータを結合する
hyou1 %>% left_join(hyou2, by = c("id1" = "id2"))
```

```
# A tibble: 5 x 3                                         出力
    id1 val1  val2
  <dbl> <chr> <chr>
1     1 A     あ
2     3 B     う
3     2 C     い
4     3 D     う
5     2 E     い
```

次に、複数列を結合する場合を考えます。表1をまずは作成します。

```
# データを作成する                                         入力
hyou1 <- tibble(
  id   = c(1, 3, 2, 3, 2),
  id2  = c(1, 1, 1, 2, 2),
  val1 = LETTERS[1:5]
)

hyou1
```

```
# A tibble: 5 x 3                                         出力
     id   id2 val1
  <dbl> <dbl> <chr>
1     1     1 A
2     3     1 B
3     2     1 C
4     3     2 D
5     2     2 E
```

次に表2を作成します。

```
hyou2 <- tibble(                                          入力
  id   = c(1, 2, 2, 3, 3),
```

```
  ida = c(1, 1, 2, 1, 2),
  val2 = c("あ", "い", "う", "え", "お")
)

hyou2
```

```
# A tibble: 5 x 3                                    出力
     id   ida val2
  <dbl> <dbl> <chr>
1     1     1 あ
2     2     1 い
3     2     2 う
4     3     1 え
5     3     2 お
```

　表1と表2を結合します。この場合の by 引数は、by = c("id", "id2" =
"ida") という形で指定しています。ここで、列名が左右の表で違うときは、**左の表
の列 = 右の表の列** という書き方を指定していることに注意してください。

```
# 複数の列名で結合する                                入力
hyou1 %>% left_join(hyou2, by = c("id", "id2" = "ida"))
```

```
# A tibble: 5 x 4                                    出力
     id   id2 val1  val2
  <dbl> <dbl> <chr> <chr>
1     1     1 A     あ
2     3     1 B     え
3     2     1 C     い
4     3     2 D     お
5     2     2 E     う
```

　うまく結合できましたね。ここで紹介した by 引数の指定方法を理解しておくと、
列名が違うときでも、複数列で結合したいときでも、柔軟に対応できます。

13.4　いろいろな結合方法を知ろう

　前節までは、すべて左方結合（ left_join() ）の解説を実施してきました。本節
では、他に用意されている結合方法を紹介します。作成したい表の形によっては、
left_join() 以外の関数を利用する必要があります。

　まずは、右方結合（ right_join() ）です。この結合は図13-5のような形で結合さ

れます。hyou2 に向けて hyou1 を右方向に動かして結合するイメージです。

図13-5　right_join()を使った結合

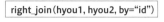

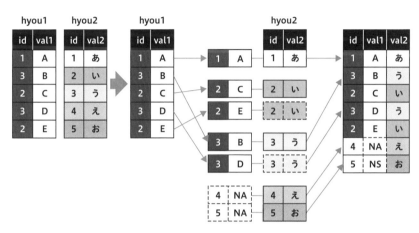

図13-5はとてもややこしく見えますが、ルールさえわかれば簡単です。右方結合
では「右側の表の id がすべて保持される」というルールを意識してください。実
行すると左側の表の順番でデータが並びますが、左側の表に存在しない id の4、
5 が結果に表示されています。そして 4、5 の結果は NA となっています。

　実際に図13-5の内容を実行してみましょう。図と同じ結果ですね。このように、
「どういう条件の id が保持されるか」というルールで考えると、次の2つの関数も
理解しやすくなります。

```
# データを作成する                                                入力
hyou1 <- tibble(id = c(1, 3, 2, 3, 2), val1 = LETTERS[1:5])
hyou2 <- tibble(id = 1:5, val2 = c("あ", "い", "う", "え", "お"))

# right_join()
right_join(hyou1, hyou2, by = "id")
```

```
# A tibble: 7 x 3                                                出力
     id val1  val2
  <dbl> <chr> <chr>
1     1 A     あ
2     3 B     う
```

```
3       2 C       い
4       3 D       う
5       2 E       い
6       4 <NA>    え
7       5 <NA>    お
```

「両方の表に存在する `id` が保持される」`inner_join()` と、「どちらか一方の表に存在する id が保持される」`full_join()` は図13-6のように結合されます。`inner_join()` では、両方の表に含まれる `id` 列のみ保持される一方、`full_join()` ではどちらか一方に `id` 列があれば保持されます。図の中では、`hyou1` には `by` 引数で指定した列、`id` 列には、3、4、5、6 が含まれており、hyou2の `id` 列は1、2、3、4です。`inner_join()` の結果、`id` 列は 3 と 4 の2つのみである一方、`full_join()` では 1 から 6 まで、すべての値が表示されています。

図13-6　inner_join()とfull_join()を使った結合

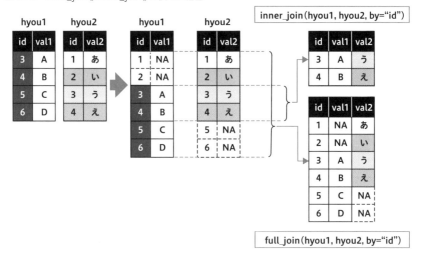

`inner` と `full` という名前のつけ方はイメージできましたか？ 実際に R でやってみましょう。 まずは `inner_join()` です。図13-6の通りですね。

```
# 表を作る                                                            入力
hyou1 <- tibble(id = 3:6, val1 = LETTERS[1:4])
hyou2 <- tibble(id = 1:4, val2 = c("あ", "い", "う", "え"))
```

```
# inner_join()
inner_join(hyou1, hyou2, by = "id")
```

```
# A tibble: 2 x 3                                           出力
     id val1  val2
  <int> <chr> <chr>
1     3 A     う
2     4 B     え
```

次は `full_join()` です。こちらも図13-6と同じ結果になりました。

```
# full_join()                                              入力
full_join(hyou1, hyou2, by = "id")
```

```
# A tibble: 6 x 3                                          出力
     id val1  val2
  <int> <chr> <chr>
1     3 A     う
2     4 B     え
3     5 C     <NA>
4     6 D     <NA>
5     1 <NA>  あ
6     2 <NA>  い
```

`full_join()` は図と順番が違いますが、`hyou1` の並び順が優先されるためです。
図13-6はわかりやすさを優先して作図していることにご注意ください。

13.5　表を結合してデータを抽出しよう

さまざまな `_join()` を解説してきましたが、もう少しだけお付き合いください。
最後に結合を抽出条件として利用できる関数（filtering join）を解説します。

ある表に含まれるデータと同じデータを別の表から抜き出したい、あるいはある
表のデータを別の表に含まれないようにしたいという処理について解説します。例
えば顧客リストの表に対して、ゴールド会員のような特別な会員のリストがあっ
たとしましょう。このゴールド会員を顧客リストから除外したいときや、逆にゴー
ルド会員のみを取り出したいようなときに、`semi_join()` や `anti_join()` を利用
します。

これらの関数の利用方法は `left_join()` とまったく同じです。Rでやってみま

しょう。まずは表を作成します。kokyaku は顧客のデータとします。

```
# 表を作成                                                    入力
kokyaku <- tibble(
  id = LETTERS[1:9],
  age = c(20, 20, 30, 20, 30, 40, 50, 40, 20),
  sex = c(0, 0, 1, 1, 0, 0, 0, 1, 0)
)

kokyaku
```

```
# A tibble: 9 x 3                                           出力
  id      age   sex
  <chr> <dbl> <dbl>
1 A        20     0
2 B        20     0
3 C        30     1
4 D        20     1
5 E        30     0
6 F        40     0
7 G        50     0
8 H        40     1
9 I        20     0
```

次にゴールド会員のデータを作成しましょう。

```
gold_member <- tibble(                                      入力
  id = c("A", "C", "D", "E"),
  hiduke = c("2019-4-1", "2019-11-3", "2019-12-25", "2020-4-3")
)

gold_member
```

```
# A tibble: 4 x 2                                           出力
  id    hiduke
  <chr> <chr>
1 A     2019-4-1
2 C     2019-11-3
3 D     2019-12-25
4 E     2020-4-3
```

　kokyaku データから gold_member に含まれるデータを抽出します。そんなとき
は、semi_join() を利用します。semi_join() は、semi_join(もとの表, 抽出した

いデータが含まれる表, by = "結合したい列") と書きます。これまでの **xxx_join()** と違い、列が追加されるようなことはありませんが、 **gold_member** に含まれる **id** が **kokyaku** の表から抽出されていますね。

```
kokyaku %>% semi_join(gold_member, by = "id")                         入力
```

```
# A tibble: 4 x 3                                                     出力
  id     age   sex
  <chr> <dbl> <dbl>
1 A       20     0
2 C       30     1
3 D       20     1
4 E       30     0
```

次に、 **gold_member** に含まれるデータを除外してみましょう。除外したいときは **anti_join()** を利用します。**anti_join** は **anti_join(もとの表, 削除したいデータが含まれる表, by = "結合したい列")** と書きます。今度は **gold_member** に含まれない **id** のみにできましたね。

```
kokyaku %>% anti_join(gold_member, by = "id")                         入力
```

```
# A tibble: 5 x 3                                                     出力
  id     age   sex
  <chr> <dbl> <dbl>
1 B       20     0
2 F       40     0
3 G       50     0
4 H       40     1
5 I       20     0
```

本章で解説したように、 **xxx_join()** 系の関数を使いこなせるようになると、複数の表に分かれたデータの加工が手軽にできます。

第13章までは表データの加工の基本的な話題を取り上げてきました。ここまでの内容を駆使すれば、かなり自由に加工ができるようになるはずです。次の章からは、表データを集計する方法について解説していきます。

第 14 章

単純な集計

本章では、Rで表データを集計するときに必要
な関数について解説します。次の章（集団集計）
を理解するために重要な内容となっています。

14.1 平均・最小・最大を集計しよう

データを集計すると聞いたときにどのようなことを思い浮かべるでしょうか？
統計学などの教科書をあたってもらえれば、平均値、分散、標準偏差など、データ
の性質を表すさまざまな指標が記載されています。本書では、これらの指標の中か
ら平均値と最小値、最大値を取り上げます[注1]。ここでは、ベクトルの集計を考えます。
まず、数字ベクトルの集計を見ていきましょう。

　平均値はよく用いられる指標です。例として、3と4と5という3つの数字がある
場合、平均値は、$\frac{3+4+5}{3}$ =4となります。最小値、最大値はそれぞれ、数字がたくさ
んあった場合に一番小さい数と、一番大きい数です。これらの、平均値、最小値、最
大値のイメージは図14-1にある通りです。

図14-1　平均、最小、最大のイメージ

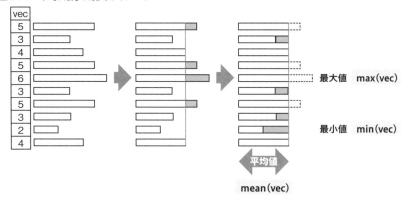

　数字ベクトルの平均値、最小値、最大値を R の関数を利用して求めてみましょう。
平均値は、`mean( 数字ベクトル )`、最小値は `min( 数字ベクトル )`、最大値は `max(数
字ベクトル)` で計算できます。

　平均値は次のように求めます。$\frac{5+3+4+5+6+3+5+3+2+4}{10}$ の計算結果と同一です。

注1　なお、統計学の勉強をする場合でも、R ではさまざまな確率分布と呼ばれるデータの表れ方
　　　を簡単に示すための関数が多数用意されています。本書ではこれらの解説は行いません。興
　　　味がある方は、R で統計学を解説している本をあたってみてください。

```
# 数字ベクトルを作成する                              入力
vec <- c(5, 3, 4, 5, 6, 3, 5, 3, 2, 4)

# 平均値を求める
mean(vec)
```

```
[1] 4                                              出力
```

最小値は次のように求めます。

```
# 最小値を求める                                    入力
min(vec)
```

```
[1] 2                                              出力
```

最大値は次のように求めます。

```
# 最大値を求める                                    入力
max(vec)
```

```
[1] 6                                              出力
```

　これらの関数を表の列の数字に対して適応し、計算（集計）する方法を考えていきます。ここまで学んだ関数で、実施できそうなものは `mutate()` ですが、うまくいきません。やってみましょう[注2]。

　表データを作成してから、 `mutate()` の中で、 `mean()`、 `min()`、 `max()` を利用してベクトルの値を集計してみましょう。結果として数値自体は求めたいものと同じですが、行数分だけ繰り返されてしまっています。求めたいものは「単一の数字」なので、この「行数分の繰り返し」にならない方法が必要です。そのときに利用する関数が `summarise()` です。

```
# 表データを作成する                                入力
dat <- tibble(vec = c(5, 3, 4, 5, 6, 3, 5, 3, 2, 4))

# 集計結果をmutate()に入れてみる
dat %>%
  mutate(
```

注2　プログラミング言語を扱う場合は失敗を繰り返せば繰り返すほど上達します。あえてうまくいかないとわかっているスクリプトでも、試しに実行してみて、やっぱりうまくいかないことをどんどん経験しましょう。

```
    heikin  = mean(vec),
    minimum = min(vec),
    maximum = max(vec)
  )
```

```
# A tibble: 10 x 4                                             出力
    vec heikin minimum maximum
  <dbl>  <dbl>   <dbl>   <dbl>
 1    5      4       2       6
 2    3      4       2       6
 3    4      4       2       6
 4    5      4       2       6
 5    6      4       2       6
 6    3      4       2       6
 7    5      4       2       6
 8    3      4       2       6
 9    2      4       2       6
10    4      4       2       6
```

次の節では、この `summarise()` の利用方法について解説していきます。

14.2　表を集計しよう

本節では、`summarise()` の基本的な利用方法について確認していきましょう。とはいっても、前節の最後の処理の `mutate()` を `summarise()` に置き換えるだけです。今度はうまくいきました。

```
# 表データを作成する                                            入力
dat <- tibble(vec = c(5, 3, 4, 5, 6, 3, 5, 3, 2, 4))

dat %>%
  summarise(
    heikin  = mean(vec),
    minimum = min(vec),
    maximum = max(vec)
  )
```

```
# A tibble: 1 x 3                                              出力
  heikin minimum maximum
   <dbl>   <dbl>   <dbl>
1      4       2       6
```

`summarise()` は、このように集計した結果を `mutate()` のように勝手に繰り返さず、1行にまとめてくれます。

14.3 文字型（因子型）を集計しよう

ここまでは、数字の集計を中心に解説しました。次に、文字ベクトルの集計について考えていきましょう。文字ベクトルを集計するケースで、よく利用するのは割合です。R で実行しながらその具体例を見ていきましょう（因子型もここで紹介する方法と同じ方法で集計できます）。

まずは `"男"` と `"女"` という2つの要素でできた文字ベクトルを作成してみましょう。

```
# 文字ベクトルを作成                                            入力
vec <- c("女", "女", "男", "女", "男", "女", "女", "男", "女", "女")
```

このベクトルに対して、`"男"` の数を数えることを考えます。まず、ロジカルベクトルに比較演算子を利用して変換します。

```
# 「男」の数を集計                                              入力
vec == "男"
```

```
[1] FALSE FALSE  TRUE FALSE  TRUE FALSE FALSE  TRUE FALSE FALSE  出力
```

このロジカルベクトルに対して、すべてのベクトルの値を足し合わせる `sum()` を適応しましょう。ロジカルベクトルは計算に利用する場合、`TRUE` は 1、`FALSE` は 0 となることに注意してください。

```
sum(vec=="男")                                                入力
```

```
[1] 3                                                        出力
```

今回、ロジカルベクトルに `TRUE` (`"男"`) が3回出現しているので 3 となりました。同様に `"女"` の数も数えてみましょう。

```
# 「女」の数を集計                                                    入力
sum(vec=="女")
```

```
[1] 7                                                            出力
```

　もともとの `vec` ベクトルの長さは、`length()` を利用することで求めることがで
きます。なので、次のようになります。

```
# ベクトルの長さ(件数)を集計                                         入力
length(vec)
```

```
[1] 10                                                           出力
```

　全体の数を求めることができたら、`"男"` の割合の計算は、$\frac{男の数}{全体の数}$ とすればよ
いので、`0.3`（30%）となります。

```
# 「男」の割合を計算する                                              入力
sum(vec=="男")/length(vec)
```

```
[1] 0.3                                                          出力
```

　`"女"` の割合は、`0.7`（70%）となりました。割合の計算ができましたね。

```
# 「女」の割合を計算する                                              入力
sum(vec=="女")/length(vec)
```

```
[1] 0.7                                                          出力
```

　なお、ここでは割合が小数点で表現されていますが、この数字を「%」表記に変
更するには、`scales::percent()` を利用します。

```
#  割合を%で表示する                                                入力
scales::percent(sum(vec=="男")/length(vec))
```

```
[1] "30%"                                                        出力
```

　次に、同じことを表データに適応して割合を計算してみましょう。

```
# データを作成する                                                  入力
dat <- tibble(vec = c("女", "女", "男", "女", "男",
                      "女", "女", "男", "女", "女"))
```

```
# 割合をsummarise()を利用して計算する
dat %>%
  summarise(
    n_dansei = sum(vec=="男"),
    n_jyosei = sum(vec=="女"),
    w_dansei = n_dansei/length(vec),
    w_jyosei = n_jyosei/length(vec),
    p_dansei = scales::percent(w_dansei),
    p_jyosei = scales::percent(w_jyosei)
  )
```

```
# A tibble: 1 x 6                                          出力
  n_dansei n_jyosei w_dansei w_jyosei p_dansei p_jyosei
     <int>    <int>    <dbl>    <dbl> <chr>    <chr>
1        3        7      0.3      0.7 30%      70%
```

なお、単純に件数だけをまとめて集計したいときは、 `dplyr::count()` を利用します。

```
# count()                                                  入力
dat %>% count(vec)
```

```
# A tibble: 2 x 2                                          出力
  vec       n
  <chr> <int>
1 女        7
2 男        3
```

この結果に、 `count()` が作成した n 列をすべて足し合わせると（ `sum()` ）、全体の長さの値を入れた列ができるので割合も計算できます。こちらの方法のほうが楽に書けますね。

```
# 割合まで計算してみる                                        入力
dat %>%
  count(vec) %>%
  mutate(total = sum(n),
         wariai = n/total,
         percent = scales::percent(wariai))
```

```
# A tibble: 2 x 5                                        出力
  vec       n total wariai percent
  <chr> <int> <int>  <dbl> <chr>
1 女        7    10    0.7 70%
2 男        3    10    0.3 30%
```

　この結果についてもう少し考えてみましょう。vec 列に含まれる要素、「女」「男」
のそれぞれの値に応じて割合が計算されています。これで、男性という属性を持
つ集団と女性という属性を持つ集団を別々に集計できました。次の章では、この
count() の処理を意図的に行う方法について解説していきます。

第 15 章

集団の集計

本章では、第14章で解説した単純集計をグループ化（集団化）した表に対して処理する方法を解説していきます。また、差の計算方法や、集団の集計の例を解説します。

15.1 表を1つの変数で分割して集計しよう

　図15-1のように、バニラ味のアイスクリームの購入の「あり」「なし」で、購入したお客さんの平均年齢を求めたいとしましょう。

図15-1　状況設定

バニラの購入	年齢	性別
あり	38	男
あり	32	男
あり	41	男
あり	25	女
あり	30	男
なし	10	男
なし	11	男
なし	14	男
なし	25	女
なし	30	女

バニラの購入
「あり」「なし」
で年齢を集計

バニラの購入	年齢
あり	18
なし	33.2

　単純に集計するだけであれば、第14章で学んだ `summarise()` を利用すれば簡単です。ただし、今回は、「バニラの購入」の変数の値ごとに平均年齢を集計する必要があります。この、「ある変数ごとに分けて」集計するためには、 `group_by()` という関数で「データを分割」します（図15-2）。

　なお、「データの分割」というのはイメージの問題です。変数の値によって並び替えられて、「しきり」が入るようなイメージです。実際にデータが分割されるわけではありません。図15-2では、表を「バニラの購入」列の値で2つに分割して、その分割された表を `summarise()` で集計しています。

　図15-2の処理をやってみましょう。 `group_by()` を使うと、どのような変数に基づいて表が分割されているか、 `Groups: vanilla[2]` という表示でコンソール画面に出てきています。ここで、 `[2]` というのは、2つに表が分割されているという意味です。`Group` がついた `tibble` とそうでない `tibble` を `summarise()` してみると、まったく違う結果になります。

図15-2　group_by()でのデータの分割

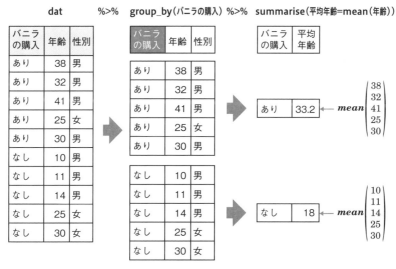

```
# 表を作成する                                                            入力
dat <- tibble(
  vanilla = c("あり", "あり", "あり", "あり", "あり",
              "なし", "なし", "なし", "なし", "なし"),
  age     = c(38, 32, 41, 25, 30, 10, 11, 14, 25, 30),
  sex     = c("男", "男", "男", "女", "男",
              "男", "男", "男", "女", "女")
)

# group_by()で分割してみる
dat %>% group_by(vanilla)
```

```
# A tibble: 10 x 3                                                      出力
# Groups:   vanilla [2]
   vanilla   age sex
   <chr>   <dbl> <chr>
 1 あり       38 男
 2 あり       32 男
 3 あり       41 男
 4 あり       25 女
 5 あり       30 男
 6 なし       10 男
 7 なし       11 男
 8 なし       14 男
```

```
 9 なし       25 女
10 なし       30 女
```

　まずは、group_by() なしで summarise() してみると、age 列に含まれるすべ
ての値の平均値が計算されました。

```
# group_by()なしで、summarise()してみる                              入力
dat %>% summarise(age = mean(age))
```

```
# A tibble: 1 x 1                                                  出力
    age
  <dbl>
1  25.6
```

　ここで、summarise() の前に group_by(vanilla) と入れてみると、vanilla の
値ごとに age の平均値が計算されました。

```
# group_by()して、summarise()してみる                              入力
dat %>% group_by(vanilla) %>% summarise(age = mean(age))
```

```
# A tibble: 2 x 2                                                  出力
  vanilla   age
  <chr>   <dbl>
1 あり     33.2
2 なし      18
```

　group_by() で購入の有無に分けて平均年齢を集計することで、年齢が高い人の
ほうがバニラ味を買っているかもしれないという結果になりました（注：データは
架空のデータです[注1]）。

15.2　表を2つの変数で分割して集計しよう

　前節では1変数の値をもとに表を分割して集計していました。group_by() は、2変
数以上でも分割することができます。ここでは、図15-3のように、性別とバニラの購

注1　「架空のデータです」という意味は、分析や集計した結果も架空のものですという意味です。
　　　ここでは、「年齢が高いとバニラを買っているかもしれないという結果になりました」と記載
　　　していますが、事実はまったく逆かもしれない、あるいは、年齢では差がない可能性もあるこ
　　　とをお断りしておきます。

入の有無の値に基づいた集計をやってみましょう。**Groups: sex, vanilla[4]** と、4区分に分かれています。ここでは、**vanilla** 変数の「あり」「なし」の2通りと、**sex** の「男」「女」の2通りの組み合わせ、合わせて2×2＝4通りの組み合わせとなっています。

図15-3 2変数を利用したデータの分割

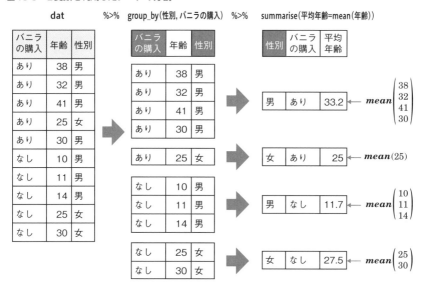

```
# データは前節のものを利用                                    入力
dat %>% group_by(sex, vanilla)
```

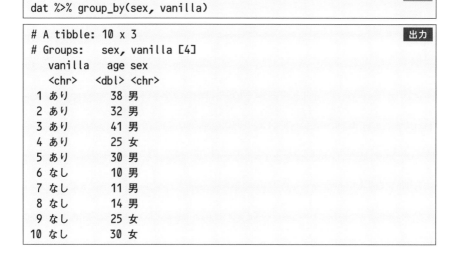

　これを `summarise()` で集計します。ここで1つ注目してもらいたいのが、この集計結果にある `Groups: sex[2]` という表記です。実は、`group_by()` で分割した表データを `summarise()` で処理すると、分割に利用した変数が1つ解除されます。`summarise()` の `.groups` 引数で、この動作の設定を変更することができるので、興味がある方はヘルプファイルでどのような設定ができるか、確認してみてください。

```
# group_by()で2変数指定した場合のsummarise()          入力
dat %>%
  group_by(sex, vanilla) %>%
  summarise(mean_age = mean(age))
```

```
# A tibble: 4 x 3                                     出力
# Groups:   sex [2]
  sex   vanilla mean_age
  <chr> <chr>      <dbl>
1 女    あり        25
2 女    なし        27.5
3 男    あり        35.2
4 男    なし        11.7
```

　分割された状態をすべて解除するには、`ungroup()` を利用します。

```
# 男性、女性の割合を計算してみる                        入力
dat %>%
  group_by(sex, vanilla) %>%
  summarise(mean_age = mean(age)) %>%
  ungroup()
```

```
# A tibble: 4 x 3                                     出力
  sex   vanilla mean_age
  <chr> <chr>      <dbl>
1 女    あり        25
2 女    なし        27.5
3 男    あり        35.2
4 男    なし        11.7
```

15.3 表が何行か調べよう

割合計算をするときに、その表が何行あるのかを調べたいことがよくあります。そのようなときに、 `mutate()` や `summarise()` の中でだけ動く特別な関数 `n()` があります。動作を見てみましょう。データは10行あります。

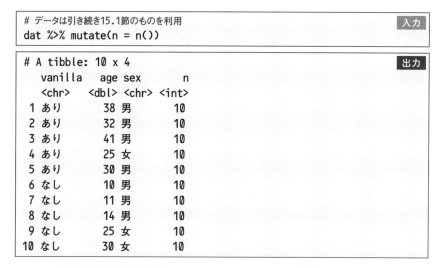

```
# データは引き続き15.1節のものを利用            入力
dat %>% mutate(n = n())
```

```
# A tibble: 10 x 4                           出力
   vanilla   age sex       n
   <chr>   <dbl> <chr> <int>
 1 あり       38 男       10
 2 あり       32 男       10
 3 あり       41 男       10
 4 あり       25 女       10
 5 あり       30 男       10
 6 なし       10 男       10
 7 なし       11 男       10
 8 なし       14 男       10
 9 なし       25 女       10
10 なし       30 女       10
```

これを `summarise(n = n())` としてみると、次のように **10** という値になりました。`n()` は単純に、 `mutate()` や `summarise()` の中で実行すると、そのデータの行数を与えてくれる関数です。

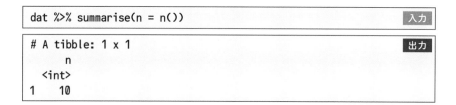

```
dat %>% summarise(n = n())                   入力
```

```
# A tibble: 1 x 1                            出力
      n
  <int>
1    10
```

この動作は、 `group_by()` で分割された表でも有効です。`mutate()` した結果、n 列には、グループ分けに利用した sex 列の値が **"男"** の場合は **7**、 **"女"** の場合は **3** が入っています。

```
# n()は分割された表でも動作する                              入力
dat %>%
  group_by(sex) %>%
  mutate(n = n())
```

```
# A tibble: 10 x 4                                          出力
# Groups:   sex [2]
   vanilla   age sex       n
   <chr>   <dbl> <chr> <int>
 1 あり       38 男        7
 2 あり       32 男        7
 3 あり       41 男        7
 4 あり       25 女        3
 5 あり       30 男        7
 6 なし       10 男        7
 7 なし       11 男        7
 8 なし       14 男        7
 9 なし       25 女        3
10 なし       30 女        3
```

　また、`summarise()` すると、このように「男」と「女」で分割したときのそれぞれの個数の値となることが確認できます。この関数は割合の計算などをするときに便利です。

```
dat %>%                                                     入力
  group_by(sex) %>%
  summarise(n = n())
```

```
# A tibble: 2 x 2                                           出力
  sex       n
  <chr> <int>
1 女        3
2 男        7
```

15.4　行の前後の値で比較しよう

dplyr には、**lag()**、**lead()** という、ベクトルの値を前後に「ずらす」関数があります。「ずらす」ことを利用すると、ある要素の前後の値を比較する計算が簡単にできます。実例を見てみましょう。まず、1から10までの数字を含んだベクトル **vec** を作成します。

```
# ベクトル
vec <- 1:10
vec
```
`入力`

```
[1]  1  2  3  4  5  6  7  8  9 10
```
`出力`

値を後ろにずらす **lag()** の中に、この **vec** を入れましょう。すると、一番最初の要素が欠損値になり、一番最後の要素が **9** となりました。もともとのベクトルの要素が1つずつ後ろにずれた形です。なので、ずれる「もと」がなかった1番最初の値が欠損しています。

```
# lag()は後ろにずらす、「遅れる」イメージ
lag(vec)
```
`入力`

```
[1] NA  1  2  3  4  5  6  7  8  9
```
`出力`

同じように、**lead()** を **vec** に適応してみると、前方向にずらす結果となります。ここで、「足りない部分」はやはり欠損していますね。このずらす関数は同じ集団内で、複数回記録されたデータの「差」などを計算する場合に便利です。

```
# lead()は前にずらす、「先にすすむ」イメージ
lead(vec)
```
`入力`

```
[1]  2  3  4  5  6  7  8  9 10 NA
```
`出力`

例えば、店舗 A の月ごとの売上データの列があるとします。その列から「先月との売上の差」を計算することができます。次のデータが店舗 A の1月から12月までの売上の推移を示した表だとします。

247

```
# データの作成                                                    入力
dat <- tibble(tenpo = "A", month = 1:12,
              uriage = round(runif(12, 100, 2000)))
# uriage列は、round()で整数に四捨五入
dat
```

```
# A tibble: 12 x 3                                              出力
   tenpo month uriage
   <chr> <int>  <dbl>
 1 A         1    314
 2 A         2   1900
 3 A         3   1280
 4 A         4   1393
 5 A         5   1975
 6 A         6   1997
 7 A         7   1391
 8 A         8   1602
 9 A         9   1146
10 A        10    676
11 A        11    560
12 A        12    711
```

また、 sa 列は「今月の売上 - 先月の売上」となるようにスクリプトを書いてい
ます。簡単に月ごとの、前の月との売上の差を計算できました。次のスクリプトで、
mutate() 内で新たに作成した sengetu 列は、lag() で、uriage 列の値を1つず
つ下にずらした値です。

```
# 先月の売上列(sengetu)と、「先月の売上－今月の売上列(sa)」を作成        入力
dat %>%
  mutate(
    sengetu = lag(uriage),
    sa = uriage - lag(uriage))
```

```
# A tibble: 12 x 5                                              出力
   tenpo month uriage sengetu     sa
   <chr> <int>  <dbl>   <dbl>  <dbl>
 1 A         1    314      NA     NA
 2 A         2   1900     314   1586
 3 A         3   1280    1900   -620
 4 A         4   1393    1280    113
 5 A         5   1975    1393    582
 6 A         6   1997    1975     22
```

```
 7 A       7    1391    1997   -606
 8 A       8    1602    1391    211
 9 A       9    1146    1602   -456
10 A      10     676    1146   -470
11 A      11     560     676   -116
12 A      12     711     560    151
```

lag() や lead() は、グループ化された tibble の値をグループごとにずらしてくれますので、店舗ごとの売上差を計算するようなときも、 group_by() を利用することで簡単に集計できます。

15.5 売上データの店舗別・月別変化を調べよう

本章のまとめとして、いくつか group_by() と summarise() を組み合わせた処理の例を紹介します。まず、データを作ります。ここで dat は、ある日の各店舗でバニラ、いちご、チョコのアイスクリームがどの月に何個売れたかを記録したデータであるとしておきましょう。また、 aji_master は、それぞれのアイスクリームの味の値段です。

```
# データの作成（1,000行4列）                                       入力
# rpois()はポワソン分布に従うランダムな数字を生成する関数（本書では解説していない）

set.seed(12345)
dat <- tibble(
  tenpo = sample(LETTERS[1:10], 1000, TRUE),
  aji   = sample(c("バニラ", "いちご", "チョコ"), 1000, TRUE),
  tuki  = sample(1:12, 1000, TRUE),
  kosu  = rpois(1000, 1) + 1
)

# 味についてのマスタデータを作成
aji_master <- tibble(
  aji   = c("バニラ", "いちご", "チョコ"),
  nedan = c(600, 650, 700)
)
```

この表から、それぞれの店舗のアイスクリームの1日の売上をまず計算してみましょう。group_by(tenpo, age) としてから、 summarise() の中で、 sum() を利用

しています。sum(**数字ベクトル**) とすることで、数字ベクトルのすべての数字を足
した結果を取得できます。

```
# 店舗ごとにそれぞれのアイスが売れた個数を集計する    入力
dat2 <- dat %>%
  group_by(tenpo, aji) %>%
  summarise(total_kosu = sum(kosu))
dat2
```

```
# A tibble: 30 x 3                                     出力
# Groups:   tenpo [10]
   tenpo aji      total_kosu
   <chr> <chr>         <dbl>
 1 A     いちご           49
 2 A     チョコ           54
 3 A     バニラ           55
 4 B     いちご           52
 5 B     チョコ           68
 6 B     バニラ           63
 7 C     いちご           68
 8 C     チョコ           83
 9 C     バニラ           72
10 D     いちご           66
# ... with 20 more rows
```

続いてこの結果に、 left_join() を利用して味ごとの値段を結合しましょう。
1個ごとの値段が結合すれば、あとは mutate() を利用して売れた個数とかけ合
わせることで、店舗ごとの味ごとの売上を計算することができます。この結果のグ
ループ分けは維持されており、 Groups: tanpo[10] となっていることに注意してく
ださい。

```
# それぞれの味の値段をくっつけて売上を計算する        入力
dat3 <- dat2 %>%
  left_join(aji_master, by = "aji") %>%
  mutate(aji_uriage = total_kosu * nedan)
dat3
```

```
# A tibble: 30 x 5                                          出力
# Groups:   tenpo [10]
   tenpo aji    total_kosu nedan aji_uriage
   <chr> <chr>       <dbl> <dbl>      <dbl>
 1 A     いちご         49   650      31850
 2 A     チョコ         54   700      37800
 3 A     バニラ         55   600      33000
 4 B     いちご         52   650      33800
 5 B     チョコ         68   700      47600
 6 B     バニラ         63   600      37800
 7 C     いちご         68   650      44200
 8 C     チョコ         83   700      58100
 9 C     バニラ         72   600      43200
10 D     いちご         66   650      42900
# ... with 20 more rows
```

　この表に対して、さらに summarise() で aji_uriage ごとに集計します。すると、店
舗ごとの総売上を計算することができます。最後の summarise() では group_by()
による分割が「残っている」ので、そのまま summarise() とするだけでさらなる集計
ができます。グループが残ることをややこしいと感じるときは、あえて ungroup() と
して、再度 group_by() を適応しても、あとから読んだときにわかりやすいです。

```
# さらに店舗ごとに売上を集計する                            入力
dat3 %>%
  summarise(uriage = sum(aji_uriage))
```

```
# A tibble: 10 x 2                                          出力
   tenpo uriage
   <chr>  <dbl>
 1 A     102650
 2 B     119200
 3 C     145500
 4 D     121900
 5 E     142400
 6 F     117200
 7 G     126950
 8 H     131450
 9 I     129450
10 J     147500
```

　他にも、今回のデータを使っていろいろ集計してみましょう。今度は店舗を無視して、味ごとの売上を見てみます。

```
# 店舗ごとではなく、アイスクリームの味ごとの売上を集計してみる          入力
dat %>%
  group_by(aji) %>%
  summarise(n_kosu = sum(kosu)) %>%
  left_join(aji_master, by = "aji") %>%
  mutate(uriage = n_kosu * nedan)
```

```
# A tibble: 3 x 4                                              出力
  aji     n_kosu nedan uriage
  <chr>    <dbl> <dbl>  <dbl>
1 いちご     606   650 393900
2 チョコ     683   700 478100
3 バニラ     687   600 412200
```

　他にも、やや複雑ですが店舗の総売上の平均値から、それぞれの店舗でどれくらい差があるかを計算して、差がプラス（平均的な売上よりも高い売上）になる店舗を調べてみましょう。次の結果からは、店舗 J が一番売上が大きくて、平均との差はプラス **19080** であることがわかります。また、逆に、店舗 A は売上が一番少なくて、平均よりも **25770** 少ないですね。

```
# 店舗で総売上の平均値からの差を計算して成績優秀な店舗順に並び替える          入力
dat %>%
  group_by(tenpo, aji) %>%
  summarise(n_kosu = sum(kosu)) %>%
  left_join(aji_master, by = "aji") %>%
  mutate(uriage = n_kosu * nedan) %>%
  summarise(total_uriage = sum(uriage)) %>%
  mutate(mean_uriage = mean(total_uriage),
         diff = total_uriage - mean_uriage) %>%
  arrange(desc(diff))
```

```
# A tibble: 10 x 4                                              出力
  tenpo total_uriage mean_uriage  diff
  <chr>        <dbl>       <dbl> <dbl>
1 J           147500      128420 19080
2 C           145500      128420 17080
3 E           142400      128420 13980
```

4	H	131450	128420	3030
5	I	129450	128420	1030
6	G	126950	128420	-1470
7	D	121900	128420	-6520
8	B	119200	128420	-9220
9	F	117200	128420	-11220
10	A	102650	128420	-25770

全体の月と月の売上の変化を見たい場合は、`group_by()` で `tuki` 列をグループ化して、月ごとの売上を計算したあとに、`lag()` を利用して差を計算しましょう。次の結果からは、10月から11月の売上が一番伸びて、次が5月から6月だなどということを簡単に計算できました（1月はその前のデータが存在しないので、欠損していることも合わせて注意してください）。

```
# 全体の売上の変化を計算して、全体でどの月が売上が最も増えるかを集計してみる    入力

dat %>%
  left_join(aji_master, by = "aji") %>%
  mutate(uriage_ko = kosu*nedan) %>%
  group_by(tuki) %>%
  summarise(uriage = sum(uriage_ko)) %>%
  mutate(sa = uriage - lag(uriage)) %>%
  arrange(desc(sa))
```

```
# A tibble: 12 x 3                                            出力
    tuki uriage     sa
   <int>  <dbl>  <dbl>
 1    11 126100  40050
 2     6 151250  32700
 3     9 109350  23700
 4     5 118550  19150
 5     2 117600   9700
 6     4  99400   1750
 7     8  85650  -1950
 8     3  97650 -19950
 9    10  86050 -23300
10    12  97100 -29000
11     7  87600 -63650
12     1 107900     NA
```

これらのスクリプトは、ここまで本書で紹介してきた関数しか含まれていません。

それぞれの行がどのような結果になるか、ぜひみなさんの環境で実施しながら処理
して、結果を確認してみてください。

　なお、確認するときは1行ずつ処理して、各パイプでどのような表が渡されてい
るのかを見つつ実行すると、理解が深まります。

第 16 章

日付・時刻データ

本章では、日付型・日付時刻型というややとっつきにくい型を取り上げます。また、日付時刻型を利用した経過時間の計算と型を利用した集計についても解説します。

16.1　日付と時刻をRで表現しよう

　本書ではここまで文字型、数字型、ロジカル型、因子型という4つの型を易しい
ものから順に取り上げてきました。本章で紹介する日付型・日付時刻型は、やや難
解なので、理解するまで複雑に感じるかもしれません。ただ、因子型で解説したよ
うな、実体は数字だが表示が文字であるというイメージがあると、理解しやすくな
ります。なので、因子型について忘れたという方は第9章の解説をあらためて読ん
でから進むことをおすすめします。

　Rで日付や時刻を取り扱う tidyverse のパッケージは lubridate です。lubridate
には、時刻・日付計算などで使える便利な関数がたくさん含まれています。

　まずは、日付型について解説を進めていきましょう。

　日付型の本体は数字です。`lubridate::as_date()` を利用すると、数字を日付
型に変換することができます。日付型は、1970年1月1日からの経過日数を数
字で表したものです。詳しく見ていきましょう。まずは、lubridate パッケージを
`library()` で呼び出します[注1]。その後、数字の `0` を `as_date()` で日付型に変換し
てみましょう。

　`0` を日付型に変換すると、次のように1970年1月1日と表示されました。日付型は、
`"1970-01-01"`（1970年1月1日）を基準として「何日経過したか」で日付を表すこ
とができる型です。この日付は「そのように決まっている」と理解しておいてくだ
さい[注2]。

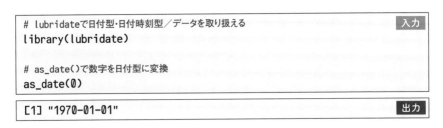

```
# lubridateで日付型・日付時刻型／データを取り扱える        入力
library(lubridate)

# as_date()で数字を日付型に変換
as_date(0)
```

```
[1] "1970-01-01"        出力
```

注1　lubridate は、tidyverse に含まれるパッケージですが、`library(tidyverse)` では自動的に読
み込まれません。ご自身の手で `library(lubridate)` としなければならないことに注意してく
ださい。

注2　プログラミング言語や人によって基準日がバラバラだと相当混乱するので、現時点では1970
年1月1日が基準ということを受け入れてもらって、先に進むのがよいと思います。

変換できました。`class` を確認しておきます。

```
class(as_date(0))
```
入力

```
[1] "Date"
```
出力

　次に、いろいろな数字を日付型に置き換えてみましょう。**-5** は 1970 年 1 月 1 日の 5 日前にあたる 1969 年 12 月 27 日と変換されます。

```
# 1970年1月1日を起点として数字で日付を表す
as_date(-5)
```
入力

```
[1] "1969-12-27"
```
出力

　5 は 1970 年 1 月 1 日の 5 日後にあたる 1970 年 1 月 6 日です。

```
as_date(5)
```
入力

```
[1] "1970-01-06"
```
出力

　10,000 日後は 1997 年 5 月 19 日となりました。

```
as_date(10000)
```
入力

```
[1] "1997-05-19"
```
出力

　日付型は因子型と同じように、文字型に変換した場合と数字型に変換した場合では違う結果になります。文字型への変換は、日付を表す文字になりました。

```
# 文字型にするとその日付
as.character(as_date(0))
```
入力

```
[1] "1970-01-01"
```
出力

　また、数字型に変換すると基準日からの日数を表す数字になりました。この動作は因子型と同じですね。

```
# 数字型にすると起点からの日数
as.numeric(as_date(0))
```
入力

```
[1] 0                                                          出力
```

また、**as_date()** を利用して文字型を日付型に変換することもできます。どのような文字が日付型に変化できるでしょうか。まずは、**"YYYY-mm-dd"** という文字です。ここで、**YYYY** は年（year）を表す数字、**mm** は月（month）を表す数字、**dd** は日（day）を表す数字とします。

```
# 文字型を日付型に変換できる                                    入力
as_date("2021-1-10")
```

```
[1] "2021-01-10"                                               出力
```

次に、**"YYYY/mm/dd"** という文字ですが、これも問題ありません。

```
as_date("2022/2/11")                                           入力
```

```
[1] "2022-02-11"                                               出力
```

日本語ではどうでしょうか? **"YYYY年mm月dd日"** としてみると、問題なく変換できました。日本語で書いても変換できることは驚きですが、単純に数字の並び順で処理するため、このような動作をします。

```
as_date("2023年3月12日")                                        入力
```

```
[1] "2023-03-12"                                               出力
```

ここまでは、日付型の話でした。次に、日付時刻型について解説します。日付時刻型のデータを作るには、**as_datetime()** を利用します。日付時刻型のデータも日付型のデータと同様に、1970年1月1日を起点にしています。また、日付型と違うのは、日付時刻型は、1970年1月1日の0時0分0秒を起点に、何秒経過したかという形でデータを保存しているかという点です。

まずは、**0** を日付時刻型に変換してみましょう。これは、1970年1月1日の0時0分0秒の0秒後となるはずです[注3]。

注3　なお、実行結果の後に UTC と表示されているものはタイムゾーンと呼ばれるものです。16.3 節で解説するので、ここでは気にしないでください。

```
# 日付時刻型データを作るにはas_datetime()                    入力
as_datetime(0)
```

```
[1] "1970-01-01 UTC"                                        出力
```

次に 1 を変換します。1970年1月1日の0時0分1秒となりました。

```
as_datetime(1)                                              入力
```

```
[1] "1970-01-01 00:00:01 UTC"                               出力
```

この時間をさらに、24 × 60 × 60秒進めます（これは、60秒が60個で1時間、さ
らに1時間が24個なので、24時間後となるはずです）。1970年1月2日の0時0分1秒
となっていますね。日付時刻型では、86,400（ = 24 × 60 × 60）秒で1日を表します。

```
as_datetime(1 + 24*60*60)                                   入力
```

```
[1] "1970-01-02 00:00:01 UTC"                               出力
```

as_datetime() は、数字でなく文字で指定することもできます。日付型のときと同
じように日付を書いたあとに時刻を指定します。書き方は、 YYYY-mm-dd HH:MM:SS と
いう記載です。ここで、 HH は時間（hour）、 MM は分（minute）、 SS は秒（second）
です。

```
# 文字で日付時刻型データを作成することも可能                 入力
val <- as_datetime("2021-3-3 15:30:12")
val
```

```
[1] "2021-03-03 15:30:12 UTC"                               出力
```

これを数字に戻すと、日付型と比べて大きな数になりました。

```
as.numeric(val)                                             入力
```

```
[1] 1614785412                                              出力
```

16.2　文字や数字を日付型・日付時刻型に変換しよう

16.2.1　文字の日付型・日付時刻型への変換の応用

`as_date()` や `as_datetime()` は便利な関数なのですが、これだけだと対応できない文字もあります。年、月、日の順番に数字が並んでいないと、`as_date()` はうまく機能しません。

```
# as_date()がうまくいかないケース                          入力
as_date("4月3日（2021年）")
```

```
[1] NA                                                   出力
```

このようなときは、lubridate の他の関数を利用してみましょう。lubridate には `ymd()`、`mdy()`、`dmy()` などの関数が用意されており、年月日の順番に数字が出てこないときは、これらの関数を利用して日付型に変換することができます。

```
# lubridateの他の関数を利用して変換してみる                入力
mdy("4月3日（2021年）")
```

```
[1] "2021-04-03"                                         出力
```

同様に、`_hms` や `_hm`、`_h` とつけることで、時間、分、秒の文字列が「足りない場合」でも、日付時刻型に変換することができます。

```
# lubridateの他の関数を利用して変換してみる                入力
mdy_hms("4月3日（2021年） 13:21:10")
mdy_hm("4月3日（2021年） 13:21")
mdy_h("4月3日（2021年） 13時")
```

```
[1] "2021-04-03 13:21:10 UTC"                            出力
[1] "2021-04-03 13:21:00 UTC"
[1] "2021-04-03 13:00:00 UTC"
```

これらの関数を表の中で利用して、日付型・日付時刻型の列を作成します。ここでは、`vec1` 列を `mdy()` を利用して日付型に変換しています。同様に、`vec2` 列を `mdy_hm()` を利用して日付時刻型に変換してあります。`tibble` の表示で、列名

の下に表示された型をそれぞれ確認すると、`hiduke` 列は `<date>`（日付型）になっていますし、`hiduke_jikoku` 列は `<dttm>`（日付時刻型）になっています。特に、`vec2` の変換では、秒に当たる数字がありませんが、`mdy_hm()` が秒の表記を補って（0秒として）変換してくれています。

```
# 表を作成する                                                      入力
dat <- tibble(vec1 = c("4/3(2021)", "10/23(2021)", "11/13(2021)"),
vec2 = c("4/3(2021) 12:21", "10/23(2021) 13:32", "11/13(2021) 9:02") )

# 表の中で日付型・日付時刻型の列を作成する
dat %>%
  mutate(hiduke = mdy(vec1),
         hiduke_jikoku = mdy_hm(vec2))
```

```
# A tibble: 3 x 4                                                   出力
  vec1           vec2             hiduke       hiduke_jikoku
  <chr>          <chr>            <date>       <dttm>
1 4/3(2021)      4/3(2021) 12:21  2021-04-03   2021-04-03 12:21:00
2 10/23(2021)    10/23(2021) 13:32 2021-10-23  2021-10-23 13:32:00
3 11/13(2021)    11/13(2021) 9:02 2021-11-13   2021-11-13 09:02:00
```

》16.2.2 数字の日付型・日付時刻型への変換の応用

　時間に関するデータが文字ではなく、「バラバラな数字」として保存されているデータもよく遭遇します。例えば、年列に2021、月列に12、日列に25という数字がバラバラに保存されているときに、「2021年12月25日」を表すにはどうすればよいでしょうか。

　そのようなときは、`make_date()` で日付型を、`make_datetime()` で日付時刻型を作成することができます。

　まず、`make_date()` の使い方から解説します。`make_date(year = 年の数字, month = 月の数字, day = 日の数字 )` として実行すると、日付型が作成されます。

```
# 数字から日付型を作成してみる                                       入力
make_date(year = 2021, month = 12, day = 25)
```

```
[1] "2021-12-25"                                                   出力
```

`make_datetime()` も同じ要領です。ただし、引数は、 `hour` 引数（時）、 `min` 引数（分）、 `sec` 引数（秒）と3つ増えています。

```
# 数字から日付時刻型を作成してみる                                    入力
make_datetime(year = 2021, month = 12, day = 25, hour = 13, min =
12, sec = 12)
```

```
[1] "2021-12-25 13:12:12 UTC"                                       出力
```

　これらの関数が実際にどのように保存されているデータに利用できるかを見ていきましょう。 次のように、 `nen`、 `tuki`、 `hi`、 `ji`、 `hun`、 `byou` 列にバラバラに数字が保存されているデータに対して、 `mutate()` の中で、 `hiduke = make_date(nen, tuki, hi)` や `hiduke_jikoku = make_datetime(nen, tuki, hi, ji, hun, byou)` とすると、それぞれ日付型や日付時刻型が作成できます。

```
# 数字で時刻や日付が保存されている表を作成する                        入力
dat <- tibble(
  nen = c(2011, 2012, 2013), tuki = c(11, 12, 10) , hi  = c(24, 25, 23),
  ji = c(9, 10, 8)         , hun = c(32, 45, 51), byou = c(0, 1, 2)
)

# make_date()、make_datetime()を利用して日付型・日付時刻型を作成する
dat %>%
  mutate(
    hiduke        = make_date    (nen, tuki, hi                 ),
    hiduke_jikoku = make_datetime(nen, tuki, hi, ji, hun, byou)
  )
```

```
# A tibble: 3 x 8                                                    出力
    nen  tuki    hi    ji   hun  byou hiduke      hiduke_jikoku
  <dbl> <dbl> <dbl> <dbl> <dbl> <dbl> <date>      <dttm>
1  2011    11    24     9    32     0 2011-11-24  2011-11-24 09:32:00
2  2012    12    25    10    45     1 2012-12-25  2012-12-25 10:45:01
3  2013    10    23     8    51     2 2013-10-23  2013-10-23 08:51:02
```

　ここで引数の与える順番は、引数の名前を明示しなければ、ヘルプファイルに記載された順番で与えられていると解釈されます。そのため、ここでは引数を書かずにスクリプトを記載しています。もちろん、引数を明示して、**引数 =** という形で書いても問題ありません。

16.3　地域ごとの時差を表現しよう

　時間を取り扱うとき、「地球上のどの地点での時刻か」ということが大切です。同じ12時でも、東京なのか、ロンドンなのかでその値が示す意味が違ってきます。この「どの地点の時間か」という情報のことを**タイムゾーン**と呼びます。

```
# 日付時刻型を作成                                                入力
as_datetime("2021-12-25 9:00:00")
```

```
[1] "2021-12-25 09:00:00 UTC"                                    出力
```

　再度、日付時刻型を作成してみました。結果を見ると、`UTC` という表記があります。この **UTC**（Coordinate Universal Time；協定世界時）は、世界共通で基準となる時刻を表しています。日本のタイムゾーンを設定したいときは、`tz` 引数に対して、`Asia/Tokyo` あるいは `Japan` と設定する必要があります。

```
# 日本時間(JTS)の日付時刻型の値を作成する                        入力
val_japan <- as_datetime("2021-12-25 9:00:00", tz = "Japan")

val_japan
```

```
[1] "2021-12-25 09:00:00 JST"                                    出力
```

　今度は、`JST`（Japan Standard Time；日本標準時）と表示されています。`tz = "Japan"` ではなく、`tz = "Asia/Tokyo"` としてみましょう。

```
# あるいはAsia/TokyoでもOK                                       入力
val_japan <- as_datetime("2021-12-25 9:00:00", tz = "Asia/Tokyo")

val_japan
```

```
[1] "2021-12-25 09:00:00 JST"                                    出力
```

同じように、`JST` と表示されました。
　この時刻と同じ時間に、アメリカのハワイ州ホノルルでは何時になるでしょうか？ lubridate にはタイムゾーンを変換する関数 `with_tz()` が用意されています。実行してみましょう。　日付変更線をまたぐので、12月24日の14時という結果に

263

なっています。`OlsonNames()` を実行すると、タイムゾーンを設定する `tz` 引数の
候補が590個以上表示されます（`OlsonNames()` が覚えにくいときは、**?tz** の説明
文の中に記載されているので、そちらを確認してください）。

```
with_tz(val_japan, "Pacific/Honolulu")                              入力
```

```
[1] "2021-12-24 14:00:00 HST"                                      出力
```

　タイムゾーンの指定を間違えてしまって、「表示されている時刻はそのままでタイ
ムゾーンだけ変更したい」ときは、`force_tz()` を利用しましょう。

```
force_tz(val_japan, "Pacific/Honolulu")                            入力
```

```
[1] "2021-12-25 09:00:00 HST"                                      出力
```

　タイムゾーンだけ切り替わりましたね。

16.4　日付と時刻を計算しよう

16.4.1　引き算での計算

　日付型や日付時刻型の計算は数字の計算と違い、意識しなければならないルール
がいくつかあります。まずは、日付や時刻の計算は引き算しかできません。見てみ
ましょう。引き算はうまく実行できて、`Time difference of 9 days` と、「9日の
差があります」と表示されています。

```
# 日付型の値を2つ作る                                                入力
d1 <- make_date(2021, 5, 10)
d2 <- make_date(2021, 5, 1)

# 引き算してみる
d1 - d2
Time difference of 9 days
```

　次に、他の計算（足し算、かけ算、割り算）を試してみましょう。すべてエラーですね。
ここでは日付型で試しましたが、これは日付時刻型でも同様の結果になります。

```
# 引き算以外の四則演算を試してみる                    入力
d1 + d2
d1 * d2
d1 / d2
```

```
Error in `+.Date`(d1, d2):  二項演算 + は "Date" オブジェクトに    出力
対して定義されていません
Error in Ops.Date(d1, d2):  * は "Date" オブジェクトに対して
定義されていません
Error in Ops.Date(d1, d2):  / は "Date" オブジェクトに対して
定義されていません
```

　日付型の引き算をするとき、その結果は常に「日数」の差が表記されますが、日付時刻型で引き算すると、「差の単位」がその値の大きさによって変わってきます。秒表示であることもあれば、時間や日の表示であることもあります。

　次のスクリプトは、 t1 から t6 まで、6個のいろいろな日付時刻型を作成して、その差を min21 (t2-t1)、 min31 (t3-t1)……と t2 から t6 に対して t1 を引いたときの結果を示したものです。 なお、5変数の結果を確認するために、 ; で複数の行の内容を1行にまとめて実行します。

```
# 時刻を作成                                                    入力
t1 <- as_datetime(0) # 原点
t2 <- as_datetime(2) # 1秒後
t3 <- as_datetime(65) # 1分5秒後
t4 <- as_datetime(3605) # 1時間5秒後
t5 <- as_datetime((3600*24)+5) # 24時間と5秒後
t6 <- as_datetime(366*((3600*24))+5) # 366日と5秒後

# 引き算した結果を保存
min21 <- t2-t1
min31 <- t3-t1
min41 <- t4-t1
min51 <- t5-t1
min61 <- t6-t1

# それぞれ実行して確認(;で区切ると複数行を1行にまとめて記載できる)
min21; min31; min41; min51; min61
```

　このスクリプトを実行すると、このように秒、分、時間、日単位のいずれかの結果になります。

```
Time difference of 2 secs                                    出力
Time difference of 1.083333 mins
Time difference of 1.001389 hours
Time difference of 1.000058 days
Time difference of 366.0001 days
```

　この単位の結果自体はわかりやすいのですが、 as.numeric() で数値型に変換したときに困ったことが起こります。この結果で min21 が2秒後なので、 min41 の1時間と5秒後より小さい値になるはずです。

　比較演算子を用いて min21 と min41 を比較してみましょう。

```
# 比較してみる                                               入力
min21 > min41 # FALSEで正解
```

```
[1] FALSE                                                   出力
```

　ただし、 as.numeric(min21) と as.numeric(min41) で比較すると、逆の結果になってしまいました。

```
as.numeric(min21) > as.numeric(min41)                       入力
```

```
[1] TRUE                                                    出力
```

　このように、「素」の値での比較は時間の長さに応じて FALSE となっていますが、 as.numeric() で数字に変換すると、 min41 が 1.001389 と「時間単位での差」で数字に変換される一方、 min21 は 2 と「秒単位での差」で数字に変換されてしまいます。そのため、比較した結果が実際の差とは違った結果になってしまいました。

　ベクトルの中の「差」の結果を as.numeric() で変換したときは、「秒の差」の数字に統一されるのでこの問題は生じないのですが、注意が必要です。

```
# ベクトルに入れれば、「差」は秒で統一される                   入力
c(min21, min31, min41) %>% as.numeric()
```

```
[1]    2   65 3605                                          出力
```

🔥 16.4.2 物理的な時間の経過を表そう

引き算で作成した時間差は、数字変換したときに「差の単位」が統一がその大きさによってバラバラであるため（秒、分、時間、日など）、数字に変換するときは注意が必要でした。

```
# 引き算で時間差を作成してみる                                  入力
minus <- as_datetime(1000) - as_datetime(0)
minus
```

```
Time difference of 16.66667 mins                          出力
```

lubridate には、引き算で作成した時間差をより便利に扱える `as.duration()` が存在します。引き算で作成した「時間差」を `as.dutration()` で変換してみましょう。

```
# as.duration()で引き算の時間差をdurationに変更する             入力
dur <- as.duration(minus)
dur
```

```
[1] "1000s (~16.67 minutes)"                             出力
```

引き算してできた結果と表記が少し違ってきていますね。`minus` のときは `Time difference of 16.66667 mins` と、分単位での表記です。`dur` のときは、`1000s (~16.67 minutes)` となっており、秒の差の表記のあとに、分に変換したときの値が記載されています。この `minus` と `dur` のクラス[注4]をそれぞれ確認すると、次のように、引き算で計算した結果のクラスは `"difftime"` です。

```
class(minus)                                              入力
```

```
[1] "difftime"                                            出力
```

`as.duration()` を適応した結果のクラスは、`"Duration"` となっています。

```
class(dur)                                                入力
```

注4 「クラス」は本書の範囲内では「型」と似たようなものと理解してください。オブジェクト指向プログラミングについて調べるとよく出るキーワードです。R もオブジェクトを利用したプログラミングが可能ですが、本書で初めて R にふれる方は、言葉だけ知っておくくらいでかまいません。

```
[1] "Duration"                                      出力
attr(,"package")
[1] "lubridate"
```

　Duration クラスのオブジェクト（ dur ）は as.numeric() に対する動作が difftime と違い、「秒」ですべて変換されます。

```
as.numeric(minus)                                   入力
```
```
[1] 16.66667                                        出力
```

　引き算の結果は「16.67分」が数字に変換されてしまっていますが、 Duration クラスのオブジェクトを as.numeric() しても、 1000 という秒数が結果として返ってきます。

```
as.numeric(dur)                                     入力
```
```
[1] 1000                                            出力
```

　この動作は、日付型でも同じく秒単位で表示され、数字への as.numeric() への変換も秒数で変換されます。

　例えば、 as.duration() で作成したオブジェクトは、 432000 秒で表示されます。

```
# 日付型の引き算結果をdurationにしてみる                   入力
dur2 <- as.duration(make_date(2021, 10, 30) - make_date(2021, 10, 25))
dur2
```
```
[1] "432000s (~5 days)"                             出力
```

　数字に置き換えても、 432000 という数字となりました。

```
as.numeric(dur2)                                    入力
```
```
[1] 432000                                          出力
```

　Duration クラスは「経過時間」として、別に作成した時刻に足し合わせるようなことができます。経過時間を直接作成する関数は、 d で始まる関数群が lubridate

に用意されています。

動作を見ていきましょう。まず、日付時刻型の値を作成します。

```
# いろいろな時間経過を求めてみる                           入力
d1 <- make_datetime(2021, 10, 1, 13, 0, 0)
d1
```

```
[1] "2021-10-01 13:00:00 UTC"                           出力
```

この d1 の日付時刻から「1年経過」したときの日付時刻を作成したい場合は、dyears(1) とした結果を d1 に足してあげます。このとき、「1年経過」というのは正確にはうるう年も含めて考えられており、4年で1日が余分に発生するように、「365.25日」と設定されています。そのため、 d1 + dyears(1) の結果は、次のように「2021年10月1日の13時」から「2022年10月1日の19時」と0.25日（＝6時間）時間が進んだ値が表示されています。

```
# 1年後                                                   入力
d1 + dyears(1)
```

```
[1] "2022-10-01 19:00:00 UTC"                           出力
```

次に、 d1 から「1ヵ月経過」した場合の日付時刻を考えてみましょう。「1ヵ月経過」を表現する関数は dmonths(1) です。これを d1 に足してあげます。 実行した結果、「2021年10月1日の13時」から1ヵ月経過したあとの日付時刻は、「2021年10月31日の23時30分」となりました。これも、1年経過したときの長さが365.25日に設定されていることから、1ヵ月経過した場合の長さが、$\frac{365.25}{12}$ 日となるため、ぴったり1ヵ月後ではないことに注意してください。

```
# 1ヵ月後
d1 + dmonths(1)
```

```
[1] "2021-10-31 23:30:00 UTC"                           出力
```

なお、月より短い単位ではこのようなことは生じないため、「1日の経過」を表す ddays(1) を d1 に足してあげると、「2021年10月2日の13時」とちょうど24時間後の日付時刻になります。

```
# 1日後                                                              入力
d1 + ddays(1)
```

```
[1] "2021-10-02 13:00:00 UTC"                                       出力
```

「1時間経過」の **dhours(1)** だと、14時とぴったり1時間です。

```
# 1時間後                                                            入力
d1 + dhours(1)
```

```
[1] "2021-10-01 14:00:00 UTC"                                       出力
```

「1分経過」の **dminutes(1)** は次の通りです。

```
# 1分後                                                              入力
d1 + dminutes(1)
```

```
[1] "2021-10-01 13:01:00 UTC"                                       出力
```

「1秒経過」の **dseconds(1)** も次のようになります。

```
# 1秒後                                                              入力
d1 + dseconds(1)
```

```
[1] "2021-10-01 13:00:01 UTC"                                       出力
```

　Duration クラスの解説の最後に、**dmonths(1)** の長さが、「理屈」と一致するかを確認しておきましょう。**dmonths(1)** の秒数は262万9,800秒でした。

```
# dmonths(1)の秒数                                                   入力
dmonths(1)
```

```
[1] "2629800s (~4.35 weeks)"                                        出力
```

　365.25日を秒数にして、それを12等分した値を計算してみると[注5]、**dmonths(1)** で表示された秒数と一致しました。

```
# 365.25日の12分割した場合の秒数                                      入力
(365.25 * 24 * 60 * 60)/12
```

注5　詳しく書くと、1日は24時間（＝ 24 × 60[分] ＝ 24 × 60 × 60[秒]）なので、364.25
　　　日を秒数に直すと、365.25 × 24 × 60 × 60 となります。

270

```
[1] 2629800                                                          出力
```

　年と月の経過時間がイメージするものとずれることがあると押さえておけば、`Duration` クラスで経過時間を簡単に表すことができるので、必要があれば利用してみてください。

16.4.3　カレンダー上の時間の経過を表そう

　`Duration` クラスの変化で時間の変化を表現する以外に、カレンダー上の時間の変化を表したいときもあります。例えば「2021年10月5日の正午」のあとに、「1ヵ月後の同じ時間」というと、多くの場合は「2021年11月5日の正午」をイメージするのではないでしょうか？^{注6} そのように、カレンダー上の数字の増減のイメージでの日付、時刻を変更するときは、`Period` クラスを用います。`Duration` クラスでは、ぴったり月の数字だけを増減させることが難しかったですが、`Period` クラスを用いると簡単に表現できます。`Period` クラスの作成には、`Duration` クラスを作成するのに利用した関数の頭から `d` を取った関数を利用します。

　カレンダー上の数字の増減以外にも、`Period` クラスにはカレンダーに存在する日付に自動で修正してくれる便利な機能があります。例えば、3月31日の1ヵ月後を指定したとき、「4月31日」のような存在しない日付を作成してしまっても、自動的に4月30日に修正されます。

　`Period` クラスの動作を確認するため、まずは、日付時刻型の値を作成しましょう。

```
# 日付時刻を作る                                                     入力
d2 <- make_datetime(2021, 1, 10, 13, 0, 0)
d2
```

```
[1] "2021-01-10 13:00:00 UTC"                                       出力
```

　この、「2021年1月10日の13時」のカレンダー上での1年後は、「2022年1月10日の13時」です。`years()` を利用します。カレンダーの1年後の日付時刻型の値にうまくなっていますね。

注6　もちろん、正確な日時を普通は決定すると思うのであくまでイメージです。

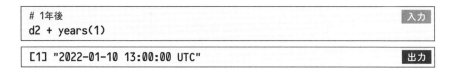

```
# 1年後                                                              入力
d2 + years(1)
```

```
[1] "2022-01-10 13:00:00 UTC"                                       出力
```

同じく、カレンダーの1ヵ月後は、`months()` を利用します。

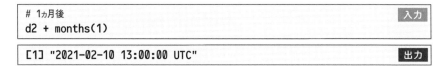

```
# 1ヵ月後                                                            入力
d2 + months(1)
```

```
[1] "2021-02-10 13:00:00 UTC"                                       出力
```

1日後、1時間後、1分後、1秒後の時間は、それぞれ次のように書きます。

```
d2 + days(1)    # 1日後                                             入力
d2 + hours(1)   # 1時間後
d2 + minutes(1) # 1分後
d2 + seconds(1) # 1秒後
```

```
[1] "2021-01-11 13:00:00 UTC"                                       出力
[1] "2021-01-10 14:00:00 UTC"
[1] "2021-01-10 13:01:00 UTC"
[1] "2021-01-10 13:00:01 UTC"
```

これらの関数（`years()`、`months()`、`days()`、`hours()`、`miutes()`、`seconds()`）の実行結果は `Period` というクラスになっています。

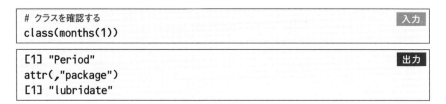

```
# クラスを確認する                                                   入力
class(months(1))
```

```
[1] "Period"                                                        出力
attr(,"package")
[1] "lubridate"
```

`Period` クラスを扱うときに注意が必要なのは、「存在しない日付」を作成しようとすると欠損するケースがあることです。例を見てみます。例えば、「2020年2月29日」はうるう年の2月29日なので実際に存在する日付です。ただ、これを `Period` クラスの `years(1)` を足して「2021年2月29日」の日付型の値に変更しようとすると、欠損してしまいました。

```
# 2020年2月29日(うるう年)の1年後の日付                               入力
make_date(2020, 2, 29) + years(1)
```

```
[1] NA                                                          出力
```

同様に、「2021年1月29日」は存在する日付ですが、 **Period** クラスを利用して **months(1)** を足して「2021年2月29日」を作成しようとするとやはり欠損してしまいます。

```
# 2021年1月29日の1ヵ月後の日付                                     入力
make_date(2021, 1, 29) + months(1)
```

```
[1] NA                                                          出力
```

このような事例は意図せず引き起こしてしまうことが多いので、直接 **Period** クラスのオブジェクトで日付や時刻を変更するときは注意が必要です。ただし、このようなケースでも問題が起らないように、lubridate パッケージには特別な「足し算」と「引き算」が用意されています。

まずは日付の値に対して、 **Period** クラスのベクトルを足してみましょう（ここでは、長さ1の日付型のベクトルに、長さ12の **Period** クラスのベクトルが足されているため、最終的には長さ12の日付ベクトルになっています）。 これは、「2021年1月31日」から月の数字だけを1から12まで増加させた結果です。2021年の2月、4月、6月、9月、11月が欠損しています。これは、この月に31日が存在しないからです[注7]。

```
# 2021年1月31日の月の値に1から12を足してみる(値+ベクトル)            入力
make_date(2021, 1, 31) + months(1:12)
```

```
[1] NA           "2021-03-31" NA           "2021-05-31" NA      出力
[6] "2021-07-31" "2021-08-31" NA           "2021-10-31" NA
[11] "2021-12-31" "2022-01-31"
```

この計算をするときに **+** 演算子を利用していますが、その代わりに **%m+%** という演算子を利用してみましょう。今度は欠損せずに表示されています。先ほどは欠損していた2月、4月、6月、9月、11月の日付が足された値の月の最後の日（この場合は2月は28日、それ以外は30日）に変更されています。

注7 「に（2）し（4）む（6）く（9）さむらい（士＝十一）」という語呂合わせで、ひと月が31日に満たない月を小さい頃覚えませんでしたか？

```
# 2021年1月31日の月の値に1から12を%m+%で足してみる                              入力
make_date(2021, 1, 31) %m+% months(1:12)
```

```
[1] "2021-02-28" "2021-03-31" "2021-04-30" "2021-05-31" "2021-06-30"   出力
[6] "2021-07-31" "2021-08-31" "2021-09-30" "2021-10-31" "2021-11-30"
[11] "2021-12-31" "2022-01-31"
```

　また、引き算も同様で、- 演算子で Period クラスの計算を行うと、やはり欠損してしまいます。

```
# 2021年1月31日の月の値に1から12を引いてみる（値ーベクトル）                      入力
make_date(2021, 1, 31) - months(1:12)
```

```
[1] "2020-12-31" NA           "2020-10-31" NA           "2020-08-31"   出力
[6] "2020-07-31" NA           "2020-05-31" NA           "2020-03-31"
[11] NA           "2020-01-31"
```

　%m-% 演算子を利用すると、欠損していた値は %m+% 演算子を利用したときと同じように、その月の最終日へと変更されています。

```
# 2021年1月31日の月の値に1から12を%m-%で引いてみる                             入力
make_date(2021, 1, 31) %m-% months(1:12)
```

```
[1] "2020-12-31" "2020-11-30" "2020-10-31" "2020-09-30" "2020-08-31"   出力
[6] "2020-07-31" "2020-06-30" "2020-05-31" "2020-04-30" "2020-03-31"
[11] "2020-02-29" "2020-01-31"
```

　%m+% 演算子や %m-% 演算子を利用することで架空の日付にうまく対応してくれるので、必要があれば利用してみてください。

》 16.4.4 「時間の帯」同士の重なりの有無を調べよう

　ここまでは、ある日付・時刻からの時間の経過を Duration クラスや Period クラスで表す方法を解説しました。ここでは、2020年10月1日の13時から15時のように、幅のある「時間の帯」同士の関係性について調べる方法を取り上げます。時刻の帯を作成するには、 interval() を利用します。使い方は interval(日付時刻型の値1、日付時刻型の値2) とします。

帯を3つほど作成してみましょう。

```
# 時刻の帯その1を作成する                                             入力
t1_1 <- make_datetime(2021, 1, 1, 12, 0, 0)
t1_2 <- make_datetime(2021, 1, 1, 13, 0, 0)
obi1 <- interval(t1_1, t1_2)

# 帯その2を作成する
obi2 <- interval(ymd_h("2021-1-1  9"),
                 ymd_h("2021-1-1 10"))

# 帯その3を作成する、%--%という書き方でもOK
obi3 <- ymd_hm("2021-1-1 11:45") %--% ymd_hm("2021-1-1 12:30")
```

ここで、 obi3 は interval() ではなく、 日付時刻型の値1 %--% 日付時刻型の値
2 という書き方で帯を作成しています。

```
obi1                                                                入力
obi2
obi3
```

```
[1] 2021-01-01 12:00:00 UTC--2021-01-01 13:00:00 UTC                出力
[1] 2021-01-01 09:00:00 UTC--2021-01-01 10:00:00 UTC
[1] 2021-01-01 11:45:00 UTC--2021-01-01 12:30:00 UTC
```

これら3つの変数、obi1、obi2、obi3 は Interval クラスのオブジェクトです。
この帯の関係は次の図16-1のようになります。それぞれの変数がどのような時間に
始まって終わるのか確認してください。

Interval クラスは、 int_ で始まる関数を利用することで、いろいろな操作が
できます。ここでは int_overlaps() について解説します。int_overlaps() は
Interval クラスのオブジェクト同士の「帯が重なっているか」どうかを判定する
関数です。使い方は、 int_overlaps(Interval1, Interval2) とするだけです。図
16-1から obj1 と obj2 は重なっていませんが、obj1 と obj3 は重なっていますね。

int_overlaps(obj1,obj2) で重なりを確認すると、図の通り重なっていない
(FALSE) という結果になりました。

図16-1　各変数の帯の関係

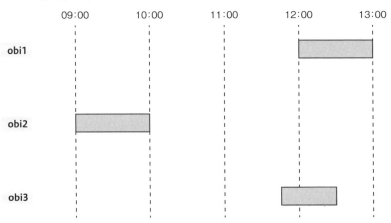

2021年1月1日（UTC）

```
# int_overlaps()でIntervaleオブジェクト同士が重複しているかを確認する    入力
int_overlaps(obi1, obi2)
```

```
[1] FALSE    出力
```

obi1 と obi3 は図の通りに重なっています（TRUE）。

```
int_overlaps(obi1, obi3)    入力
```

```
[1] TRUE    出力
```

他にも、int_length() で Interval クラスの長さを秒数で調べることができます。obj1 は12時から13時なので、1時間（60 × 60 = 3,600秒）です。

```
# int_length()でIntervalオブジェクトの長さを調べられる    入力
int_length(obi1)
```

```
[1] 3600    出力
```

obi3 は12時45分から13時30分の45分で、60 × 45 = 2,700秒ですね。

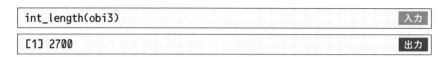

```
int_length(obi3)
```
入力

```
[1] 2700
```
出力

Interval クラスオブジェクトの中にある時刻が含まれているかを調べるためには %within% を利用します。書き方は、**ある時刻 %within% Interval オブジェクト**です。

まず、「2021年1月1日の12時15分」の日付時刻型の値を作りましょう。この値が、obi1 に含まれているかを調べます。obi1 は12時から13時の「帯」なので、12時15分はこの中に含まれますね。実行すると TRUE となりました。

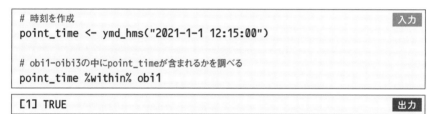

```
# 時刻を作成
point_time <- ymd_hms("2021-1-1 12:15:00")

# obi1-oibi3の中にpoint_timeが含まれるかを調べる
point_time %within% obi1
```
入力

```
[1] TRUE
```
出力

同じように、obi2 は12時15分を含みません。

```
point_time %within% obi2
```
入力

```
[1] FALSE
```
出力

obi3 は含みます。

```
point_time %within% obi3
```
入力

```
[1] TRUE
```
出力

これを利用することで、あるベクトルの時刻が一定の期間（ Interval ）に含まれるかどうかを調べることができます。

16.5 時間を集計しよう

　時間データの集計の例をやってみましょう。ここでは、アルバイトの給与計算を考えます。次のような、勤務記録があったとして、時給1,020円で働いた場合のその月の給与はいくらになるでしょうか？　なお、簡単にするため、額面を計算します。

```
#データの作成                                                入力
april1 <- ymd_h("2021-4-1 9")
hyou <- tibble(
  person = "A",
  start = april1 + days(c(0, 1, 2, 3, 4, 7, 8, 9, 10, 13)),
  end   = start + minutes(60*c(5    , 5.5, 6, 5.5 , 7,
                             7.25, 6.5, 7, 3.25, 5.3)))


hyou
```

```
# A tibble: 10 x 3                                          出力
   person start               end
   <chr>  <dttm>              <dttm>
 1 A      2021-04-01 09:00:00 2021-04-01 14:00:00
 2 A      2021-04-02 09:00:00 2021-04-02 14:30:00
 3 A      2021-04-03 09:00:00 2021-04-03 15:00:00
 4 A      2021-04-04 09:00:00 2021-04-04 14:30:00
 5 A      2021-04-05 09:00:00 2021-04-05 16:00:00
 6 A      2021-04-08 09:00:00 2021-04-08 16:15:00
 7 A      2021-04-09 09:00:00 2021-04-09 15:30:00
 8 A      2021-04-10 09:00:00 2021-04-10 16:00:00
 9 A      2021-04-11 09:00:00 2021-04-11 12:15:00
10 A      2021-04-14 09:00:00 2021-04-14 14:18:00
```

　列で計算する前に、まずは値で計算する方法を確認しておきましょう。勤務開始時間の値が含まれる `tstart` と勤務終了時間が含まれる `tend` の2つの値を、`Duration` クラスを作成して経過時間を算出し、3,600秒で割ることで時間の単位で数字が取得できます（3,600で割るのは、秒を時間に直すためです）。

```
# まず値で計算方法を確認してみる                                         入力
tend <- ymd_hm("2021-4-1 17:00")
tstart <- ymd_hm("2021-4-1 13:30")

# Durationクラスを利用する場合
as.numeric(as.duration(tend-tstart))/3600
```

```
[1] 3.5                                                            出力
```

あるいは `Interval` クラスを利用して計算するなら次のような形です。どちらを利用してもかまいません。

```
# Intervalクラスを利用する場合                                          入力
int_length(tstart %--% tend)/3600
```

```
[1] 3.5                                                            出力
```

列に対して計算してみましょう。ここでは `Interval` クラスを利用しています。まずは1日あたりの給与額を計算します。

```
# 1日あたりの給与額を計算する                                            入力
hyou %>%
  mutate(work_hour = int_length(start %--% end)/3600) %>%
  mutate(pay_per_day = 1020 * work_hour) %>%
  select(end, work_hour, pay_per_day)
```

```
# A tibble: 10 x 3                                                  出力
   end                 work_hour pay_per_day
   <dttm>                  <dbl>       <dbl>
 1 2021-04-01 14:00:00         5        5100
 2 2021-04-02 14:30:00       5.5        5610
 3 2021-04-03 15:00:00         6        6120
 4 2021-04-04 14:30:00       5.5        5610
 5 2021-04-05 16:00:00         7        7140
 6 2021-04-08 16:15:00      7.25        7395
 7 2021-04-09 15:30:00       6.5        6630
 8 2021-04-10 16:00:00         7        7140
 9 2021-04-11 12:15:00      3.25        3315
10 2021-04-14 14:18:00       5.3        5406
```

あとは、 `summarise()` で `pay_per_day` 列をまとめて足し合わせてあげると、この表に記録された A さんへの支払総額を計算することができました。

```
# 月の給与額を計算する                                                       入力
hyou %>%
  mutate(work_hour = int_length(start %--% end)/3600) %>%
  mutate(pay_per_day = 1020 * work_hour) %>%
  select(end, work_hour, pay_per_day) %>%
  summarise(pay = sum(pay_per_day))
```

```
# A tibble: 1 x 1                                                           出力
    pay
  <dbl>
1 59466
```

　本章では時間型のデータの処理や加工についてまとめて解説しました。特殊な型なのですが、lubridate を利用すると、比較的簡単に扱うことができます。

第 **17** 章

Tidy データの作成

本章では、第4章の例の中で提示したデータを
Tidyにするすべての工程をRのみで実践して
いきます。Excelファイルのデータは「https://
github.com/ghmagazine/r_rakuraku_book」
から取得できます。取得したデータのうち、
「ch17_Tidyデータの作成」フォルダに含まれる
データをプロジェクトフォルダにコピーしてお
いてください。

17.1　例1：出勤、退勤時刻に関する データをTidyにしよう

17.1.1　出勤、退勤時刻データの加工1

　本節では、「kintai.xlsx」のシート1にあるデータを取り上げます。ここでは第4章の図4-8から図4-10の内容をRで処理します。各スタッフの出勤時刻、退勤時刻などが、日付ごとに横方向で並んでいるデータを、縦方向のTidyな形にしていきましょう。本節でのデータ加工のイメージを図17-1に示しました。

図17-1　本節でのデータ加工のイメージ

年	月	店舗	スタッフ名	時刻	1日	2日	3日
2020	3	A	すずき たろう	出勤	08:30	08:30	12:00
				退勤	13:00	15:00	15:00
2020	3	A	やまだ はなこ	出勤	13:00	15:00	08:30
				退勤	18:00	18:00	12:00
2020	3	A	たなか けん	出勤	－	－	09:00
				退勤	－	－	12:00

日付	店舗	スタッフ名	出勤	退勤
2020/3/1	A	すずき たろう	08:30	13:00
2020/3/2	A	すずき たろう	08:30	15:00

| 2020/3/1 | A | やまだ はなこ | 13:00 | 13:00 |
| 2020/3/2 | A | やまだ はなこ | 15:00 | 18:00 |

　図17-1の左上の表のように、各スタッフごとに出勤時刻と退勤時刻を2行に分けて記録してある横持ちデータを、図17-1の右下の表のように、各行に日付と店舗、スタッフ名、出勤時刻、退勤時刻が記録された縦持ちデータへと変換していくことが本節の目標です。

　View(dat) や Environment 画面から **dat** を選ぶことで読み込んだデータの全体像を確認できます。

```
# kintai.xlsxのsheet1を読み込む                        入力
library(tidyverse)
library(lubridate)
```

```
library(readxl)

dat <- read_excel("kintai.xlsx", sheet = "sheet1")

dat
```

```
# A tibble: 388 x 36                                              出力
   nen   tuki  tenpo staff_id kintai `1`   `2`   `3`   `4`   `5`   `6`   `7`
   <chr> <chr> <chr> <chr>    <chr>  <chr> <chr> <chr> <chr> <chr> <chr> <chr>
 1 2021  1     A     45d445   start  10:15 9:30  9:15  9:45  9:15  10:00 9:30
 2 <NA>  <NA>  <NA>  <NA>     end    15:00 11:30 13:15 14:45 12:15 13:15 14:00
 3 2021  1     A     b11f7d   start  10:00 10:00 9:00  9:45  9:00  <NA>  10:00
 4 <NA>  <NA>  <NA>  <NA>     end    14:45 13:30 12:30 13:30 11:30 <NA>  11:15
 5 2021  1     A     d1b14f   start  10:15 10:00 10:00 9:00  9:00  <NA>  9:45
 6 <NA>  <NA>  <NA>  <NA>     end    11:15 15:00 13:15 12:45 10:15 <NA>  14:45
 7 2021  1     B     07a873   start  9:45  9:15  <NA>  9:00  9:45  9:00  9:15
 8 <NA>  <NA>  <NA>  <NA>     end    14:00 11:30 <NA>  12:45 12:00 13:00 11:00
 9 2021  1     B     15d186   start  9:00  <NA>  9:30  9:00  10:15 10:15 9:15
10 <NA>  <NA>  <NA>  <NA>     end    12:45 <NA>  14:30 10:15 11:45 13:15 13:15
# ... with 378 more rows, and 24 more variables: 8 <chr>, 9 <chr>, 10 <chr>,
#    11 <chr>, 12 <chr>, 13 <chr>, 14 <chr>, 15 <chr>, 16 <chr>, 17 <chr>,
#    18 <chr>, 19 <chr>, 20 <chr>, 21 <chr>, 22 <chr>, 23 <chr>, 24 <chr>,
#    25 <chr>, 26 <chr>, 27 <chr>, 28 <chr>, 29 <chr>, 30 <chr>, 31 <chr>
```

まずはこの表の欠損している部分を埋めましょう。欠損値は上の値を下方向へコピーしたいので、`fill()` を使います。

```
# fill()で欠損を埋める                                            入力
dat2 <- dat %>%
  fill(nen, tuki, tenpo, staff_id)
dat2
```

```
# A tibble: 388 x 36                                              出力
  nen   tuki  tenpo staff_id kintai `1`   `2`   `3`   `4`   `5`   `6`   `7`
  <chr> <chr> <chr> <chr>    <chr>  <chr> <chr> <chr> <chr> <chr> <chr> <chr>
1 2021  1     A     45d445   start  10:15 9:30  9:15  9:45  9:15  10:00 9:30
2 2021  1     A     45d445   end    15:00 11:30 13:15 14:45 12:15 13:15 14:00
3 2021  1     A     b11f7d   start  10:00 10:00 9:00  9:45  9:00  <NA>  10:00
4 2021  1     A     b11f7d   end    14:45 13:30 12:30 13:30 11:30 <NA>  11:15
5 2021  1     A     d1b14f   start  10:15 10:00 10:00 9:00  9:00  <NA>  9:45
6 2021  1     A     d1b14f   end    11:15 15:00 13:15 12:45 10:15 <NA>  14:45
7 2021  1     B     07a873   start  9:45  9:15  <NA>  9:00  9:45  9:00  9:15
```

```
 8 2021  1    B     07a873   end     14:00 11:30 <NA>  12:45 12:00 13:00 11:00
 9 2021  1    B     15d186   start    9:00 <NA>   9:30  9:00 10:15 10:15 9:15
10 2021  1    B     15d186   end     12:45 <NA>  14:30 10:15 11:45 13:15 13:15
# ... with 378 more rows, and 24 more variables: 8 <chr>, 9 <chr>, 10 <chr>,
#   11 <chr>, 12 <chr>, 13 <chr>, 14 <chr>, 15 <chr>, 16 <chr>, 17 <chr>,
#   18 <chr>, 19 <chr>, 20 <chr>, 21 <chr>, 22 <chr>, 23 <chr>, 24 <chr>,
#   25 <chr>, 26 <chr>, 27 <chr>, 28 <chr>, 29 <chr>, 30 <chr>, 31 <chr>
```

　次に進む前に、このデータの列名を確認しておきます。まず、 `A tibble:388 x 36` とあるように、この表は388行36列のデータです。36列のうち、最初の5列が、 `nen` 列、 `tuki` 列、 `tenpo` 列、 `staff_id` 列、 `kintai` 列で、残りが **1** から **31** の数字が入った列名です。

　ここで、1行目を見てみましょう。 `tenpo` 列は `"A"` 、 `staff_id` 列は `"45d445"` 、 `kintai` 列は、 `"start"` という値がそれぞれ入っています。これは、1行目は店舗 A のスタッフ ID「45d445」の勤務開始（start）時刻を含んだ行であるという意味です。2行目を見ると、同様に店舗 A のスタッフ ID「45d445」の勤務終了（end）時間の行であることがわかります。

　また、 `nen` 列、 `tuki` 列の1行目は、それぞれ、 **2021** と **1** という値になっており、**1** 列の1行目の値、 `"10:15"` と合わせると、2021年1月1日の10時15分に勤務開始したということがわかります。同様に、2行目の情報をあわせると、2021年1月の1日から31日までの店舗 A で働くスタッフ ID「45d445」の勤務開始と終了時刻に関わる情報がすべて含まれているデータであるということがわかります。

　このデータを、縦持ちのデータに `pivot_longer()` を利用して加工することを考えます。 `cols = matches(\\d+)` で、列データを **1** から **31** までの列名に指定しています（ `matches()` は正規表現で列名を指定できる `select()` などの中で利用できる関数です）。 `names_to` と `values_to` で作成された新しい列の名前を設定しています。次のように実行すると、横持ちデータのときに数字として入っていた列データが `niti` 列に入り、それに付随した値として、各列データの列に含まれていた値が `time` 列に入りました。

```
# pivot_longer()で列データを列にする                              入力
dat3 <- dat2 %>%
  pivot_longer(cols = matches("\\d+"), names_to = "niti", values_to = "time")
dat3
```

```
# A tibble: 12,028 x 7                                        出力
   nen   tuki  tenpo staff_id kintai niti  time
   <chr> <chr> <chr> <chr>    <chr>  <chr> <chr>
 1 2021  1     A     45d445   start  1     10:15
 2 2021  1     A     45d445   start  2     9:30
 3 2021  1     A     45d445   start  3     9:15
 4 2021  1     A     45d445   start  4     9:45
 5 2021  1     A     45d445   start  5     9:15
 6 2021  1     A     45d445   start  6     10:00
 7 2021  1     A     45d445   start  7     9:30
 8 2021  1     A     45d445   start  8     9:15
 9 2021  1     A     45d445   start  9     10:15
10 2021  1     A     45d445   start  10    <NA>
# ... with 12,018 more rows
```

次に、 nen 列と tuki 列と niti 列を利用して、 make_date() で日付の列を作
成します。hiduke 列の作成に利用した nen 列、tuki 列、niti 列は削除してあ
ります。kintai 列には "start"（勤務開始時間）と "end"（勤務終了時間）の2つ
の値が含まれています。

```
# mak_date()で日付を作成してselect()で必要な列に絞り込む      入力
dat4 <- dat3 %>%
  mutate(hiduke = make_date(nen, tuki, niti)) %>%
  select(hiduke, tenpo, staff_id, kintai, time)
dat4
```

```
# A tibble: 12,028 x 5                                        出力
   hiduke     tenpo staff_id kintai time
   <date>     <chr> <chr>    <chr>  <chr>
 1 2021-01-01 A     45d445   start  10:15
 2 2021-01-02 A     45d445   start  9:30
 3 2021-01-03 A     45d445   start  9:15
 4 2021-01-04 A     45d445   start  9:45
 5 2021-01-05 A     45d445   start  9:15
 6 2021-01-06 A     45d445   start  10:00
 7 2021-01-07 A     45d445   start  9:30
 8 2021-01-08 A     45d445   start  9:15
 9 2021-01-09 A     45d445   start  10:15
10 2021-01-10 A     45d445   start  <NA>
# ... with 12,018 more rows
```

　この形で Tidy なデータの完成です。ただ、もしデータを利用するときに、1 行に
1 日の勤務開始時間と勤務終了時間を同時に表示したい場合はどうすればよいで
しょうか？ 勤務開始時間と終了時間を同じ行に表示したいので、kintai 列の値を
列データとして横方向に広げます。すると、警告が出ました（1 つ目の出力）。ここ
で表示された警告は、横に広げるにあたり hiduke 列、tenpo 列、staff_id 列が
同一となる行が複数あるときに表示される警告です。このとき、pivot_wider() の
実行結果はリストコラムと呼ばれる見慣れない形になっています（2 つ目の出力）。
これは、1 つの「箱」（セル）に含まれるものが単一の値ではなく、複数の値であったり、
オブジェクトになった場合に出現するものです。

```
# pivot_wider()でkintai列を広げる                              入力
dat4 %>%
  pivot_wider(id_cols = c(hiduke, tenpo, staff_id),
              names_from = kintai,
              values_from = time)
```

```
Warning: Values are not uniquely identified; output will contain list-cols.   出力
                        ～（省略）～
```

```
# A tibble: 5,924 x 5                                          出力
   hiduke     tenpo staff_id start      end
   <date>     <chr> <chr>    <list>     <list>
 1 2021-01-01 A     45d445   <chr [1]>  <chr [1]>
 2 2021-01-02 A     45d445   <chr [1]>  <chr [1]>
 3 2021-01-03 A     45d445   <chr [1]>  <chr [1]>
 4 2021-01-04 A     45d445   <chr [1]>  <chr [1]>
 5 2021-01-05 A     45d445   <chr [1]>  <chr [1]>
 6 2021-01-06 A     45d445   <chr [1]>  <chr [1]>
 7 2021-01-07 A     45d445   <chr [1]>  <chr [1]>
 8 2021-01-08 A     45d445   <chr [1]>  <chr [1]>
 9 2021-01-09 A     45d445   <chr [1]>  <chr [1]>
10 2021-01-10 A     45d445   <chr [1]>  <chr [1]>
# ... with 5,914 more rows
```

　この事象を、簡単なデータを用いて掘り下げてみましょう。

17.1.2 pivot_wider()とリストコラム

単純な表を作成し、`pivot_wider()` で横持ちデータにしましょう。

```
# pivot_wider()の警告を検証するためのデータ                          入力
testdata <- tibble(
  id   = c(1, 1, 1, 1, 2, 2, 3, 3),
  name = c(rep(c("s", "e"), 4))),
  val  = 1:8)

testdata
```

```
# A tibble: 8 x 3                                              出力
     id name      val
  <dbl> <chr> <int>
1     1 s         1
2     1 e         2
3     1 s         3
4     1 e         4
5     2 s         5
6     2 e         6
7     3 s         7
8     3 e         8
```

name 列を横に広げることを考えます。このとき、id 列が 1 で name 列が "s"、id 列が 1 で name 列が "e"、となる数字がそれぞれ2つずつあります（val 列が 1 と 3 の行と、2 と 4 の行の組み合わせです）。横に広げます。

```
# 横に広げる                                                    入力
test1 <- testdata %>%
  pivot_wider(id_cols = id, names_from = name, values_from = val)
```

```
Warning: Values are not uniquely identified; output will contain list-cols. 出力
* Use `values_fn = list` to suppress this warning.
* Use `values_fn = length` to identify where the duplicates arise.
* Use `values_fn = {summary_fun}` to summarise duplicates
```

ここでも警告が出ています。広げた結果の test1 には、リストコラムが含まれています。リストコラムは「1つの要素がオブジェクト」である列です。

```
test1                                                              入力
```

```
# A tibble: 3 x 3                                                  出力
    id s           e
  <dbl> <list>     <list>
1     1 <int [2]>  <int [2]>
2     2 <int [1]>  <int [1]>
3     3 <int [1]>  <int [1]>
```

　test1 の結果は、id 列が1の行で s 列と e 列が <int [2]> となっていて、そ
れ以外の id 列では int [1] となっています。int[2] は整数型の長さ2のベクト
ルが含まれているという意味になります。他の例でも見てみましょう。次のように、
「セルに表を入れる」ことも可能です。

```
# リストコラムを作ってみる                                           入力
obj_a <- tibble(a = 1, b = 1)
obj_b <- tibble(a = 1:3, b = 1:3, c = 1:3)
obj_c <- c(1:3)

tibble(list_col = list(obj_a, obj_b, obj_c))
```

```
# A tibble: 3 x 1                                                  出力
  list_col
  <list>
1 <tibble [1 x 2]>
2 <tibble [3 x 3]>
3 <int [3]>
```

　list_col 列の1行目に、1行2列の tibble、2行目に3行3列の tibble、3行目に長
さ3の integer 型のベクトルが入っています。

　図17-2は testdata を横に広げた結果を示しています。先に解説した通りに、
val 列の値が1と3の行、2と4の行がそれぞれ同じセルに入っていますね。

　リストコラムができたときの警告メッセージを読むと、values_fn 引数の値を
length とすると、どこで重複が生じているかを調べることができると記載されて
いるのでやってみましょう。id が1のところで、s 列と e 列の値がそれぞれ2と
なります。

図17-2　pivot_wider()でリストコラムができる場合の例

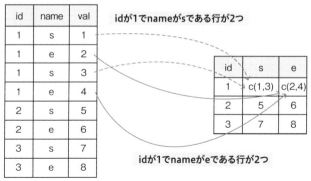

```
testdata %>%                                                          入力
  pivot_wider(id_cols = id, names_from = name, values_from = val, v
alues_fn = length)
```

```
# A tibble: 3 x 3                                                    出力
     id      s      e
  <dbl> <int> <int>
1     1      2      2
2     2      1      1
3     3      1      1
```

以上が、リストコラムの簡単な解説でした。

⚡ 17.1.3　出勤、退勤時刻データの加工2

勤怠データに話を戻して、重複が生じている行を調べてみましょう。なお、画面に収まりきらないので、結果の値が1より大きい場合に絞って抽出します。結果を確認すると、hiduke 列がすべて NA と欠損していることがわかりました。

```
# pivot_wider()でkintai列を広げた場合の重複箇所を調べる              入力
dat4 %>%
  pivot_wider(id_cols = c(hiduke, tenpo, staff_id),
              names_from = kintai,
              values_from = time,
              values_fn = length) %>%
  filter(start > 1)
```

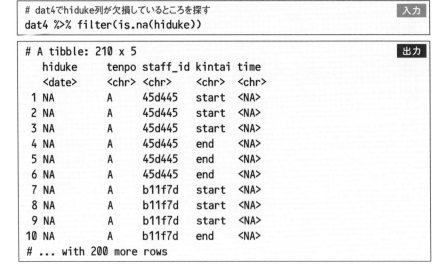

```
# A tibble: 15 x 5                                            出力
    hiduke     tenpo staff_id start   end
    <date>     <chr> <chr>    <int> <int>
 1 NA         A     45d445       7     7
 2 NA         A     b11f7d       7     7
 3 NA         A     d1b14f       7     7
 4 NA         B     07a873       7     7
 5 NA         B     15d186       7     7
 6 NA         B     62ab1d       7     7
 7 NA         C     1b524d       7     7
 8 NA         C     797da7       7     7
 9 NA         C     c7eff5       7     7
10 NA         D     04247f       7     7
11 NA         D     17e4db       7     7
12 NA         D     d1e93d       7     7
13 NA         E     20a4a7       7     7
14 NA         E     2a2dc8       7     7
15 NA         E     a33b88       7     7
```

dat4 で `hiduke` 列が欠損している箇所を調べます。表示されている範囲では `time` 列が `NA` になっている部分が問題であるということがわかります。

```
# dat4でhiduke列が欠損しているところを探す                        入力
dat4 %>% filter(is.na(hiduke))
```

```
# A tibble: 210 x 5                                           出力
    hiduke     tenpo staff_id kintai time
    <date>     <chr> <chr>    <chr>  <chr>
 1 NA         A     45d445   start  <NA>
 2 NA         A     45d445   start  <NA>
 3 NA         A     45d445   start  <NA>
 4 NA         A     45d445   end    <NA>
 5 NA         A     45d445   end    <NA>
 6 NA         A     45d445   end    <NA>
 7 NA         A     b11f7d   start  <NA>
 8 NA         A     b11f7d   start  <NA>
 9 NA         A     b11f7d   start  <NA>
10 NA         A     b11f7d   end    <NA>
# ... with 200 more rows
```

この結果から、「`time` の値が欠損している場合に `hiduke` 列が欠損している」ことが想定されます。このことを確認するために、`View()` などを利用してデータを

眺めてみてもよいです。他にも、次のように count() を利用して組み合わせの件
数を確認してもよいでしょう。count() の結果からは hiduke と time がともに
欠損しているデータが210件あることがわかります。これは、先ほどの実行結果で
hiduke 列と time 列が欠損している場合の210行と同じ値です。

```
# hidukeが欠損している場合のtimeの組み合わせを確認する            入力
dat4 %>% filter(is.na(hiduke)) %>% count(hiduke, time)
```

```
# A tibble: 1 x 3                                              出力
  hiduke      time      n
  <date>      <chr> <int>
1 NA          <NA>    210
```

　pivot_wider() で dat4 を広げる前に、この処理では警告の原因となる欠損値
を除去しておきましょう。dat4 には除去する前のデータが残っているので、除去
する前のデータを再度利用したい場合は、 dat4 を使ってデータの加工をやり直す
ことができます。除去するということが不安でも、気にせずデータを消してください。

```
# hidukeの欠損を処理してから横に広げる                         入力
dat5 <- dat4 %>%
  filter(!is.na(hiduke)) %>%
  pivot_wider(id_cols = c(hiduke, tenpo, staff_id),
              names_from = kintai,
              values_from = time)

dat5
```

```
# A tibble: 5,909 x 5                                          出力
   hiduke     tenpo staff_id start end
   <date>     <chr> <chr>    <chr> <chr>
 1 2021-01-01 A     45d445   10:15 15:00
 2 2021-01-02 A     45d445   9:30  11:30
 3 2021-01-03 A     45d445   9:15  13:15
 4 2021-01-04 A     45d445   9:45  14:45
 5 2021-01-05 A     45d445   9:15  12:15
 6 2021-01-06 A     45d445   10:00 13:15
 7 2021-01-07 A     45d445   9:30  14:00
 8 2021-01-08 A     45d445   9:15  11:30
 9 2021-01-09 A     45d445   10:15 14:00
10 2021-01-10 A     45d445   <NA>  <NA>
# ... with 5,899 more rows
```

　また、 `start` 列と `end` 列が欠損しているケースも最終的なデータには不用なので、これも片方だけ欠損しているようなケースがないかを調べておきましょう。片方だけが欠損の場合の条件で抽出しても、両方欠損している場合のみの結果ですね。

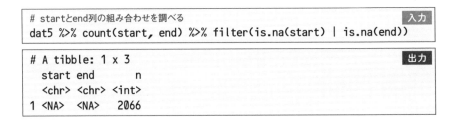

```
# startとend列の組み合わせを調べる                        入力
dat5 %>% count(start, end) %>% filter(is.na(start) | is.na(end))
```

```
# A tibble: 1 x 3                                       出力
  start end       n
  <chr> <chr> <int>
1 <NA>  <NA>   2066
```

　`start` 列が欠損している場合を `filter()` で除去しても大丈夫そうです。`start` 列が欠損していない列のみデータを残しましょう。

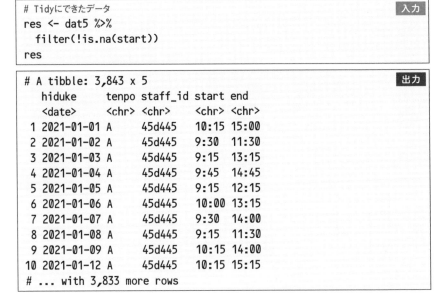

```
# Tidyにできたデータ                                     入力
res <- dat5 %>%
  filter(!is.na(start))
res
```

```
# A tibble: 3,843 x 5                                   出力
   hiduke     tenpo staff_id start end
   <date>     <chr> <chr>    <chr> <chr>
 1 2021-01-01 A     45d445   10:15 15:00
 2 2021-01-02 A     45d445   9:30  11:30
 3 2021-01-03 A     45d445   9:15  13:15
 4 2021-01-04 A     45d445   9:45  14:45
 5 2021-01-05 A     45d445   9:15  12:15
 6 2021-01-06 A     45d445   10:00 13:15
 7 2021-01-07 A     45d445   9:30  14:00
 8 2021-01-08 A     45d445   9:15  11:30
 9 2021-01-09 A     45d445   10:15 14:00
10 2021-01-12 A     45d445   10:15 15:15
# ... with 3,833 more rows
```

　以上の工程のスクリプトをまとめて記載します。概要をあらためて解説すると、次のようになります。

- #1 : `fill()` で欠損値を埋める
- #2 : `pivot_longer()` で縦持ちデータへ変換
- #3 : `mutate()` と `make_date()` で日付時刻列を作成

- #4 ： select() で列を絞り込む
- #5 ： filter() で hiduke 列が欠損している行を除外
- #6 ： pivot_wider() でデータを横持ちデータへ変換
- #7 ： filter() で start 列の欠損値を除去

```
# kintai.xlsxをTidyデータにする                              入力
# データのインポート
dat <- read_excel("kintai.xlsx", sheet = "sheet1")
# Tidyデータへの加工
dat %>%
  fill(nen, tuki, tenpo, staff_id) %>%            #1
  pivot_longer(
    cols      = matches("\\d+"),
    names_to  = "niti",
    values_to = "time") %>%                       #2
  mutate(hiduke = make_date(nen, tuki, niti)) %>% #3
  select(hiduke, tenpo, staff_id, kintai, time) %>% #4
  filter(!is.na(hiduke)) %>%                      #5
  pivot_wider(id_cols      = c(hiduke, tenpo, staff_id),
              names_from   = kintai,
              values_from  = time) %>%            #6
  filter(!is.na(start))                           #7
```

```
# A tibble: 3,843 x 5                             出力
   hiduke     tenpo staff_id start end
   <date>     <chr> <chr>    <chr> <chr>
 1 2021-01-01 A     45d445   10:15 15:00
 2 2021-01-02 A     45d445   9:30  11:30
 3 2021-01-03 A     45d445   9:15  13:15
 4 2021-01-04 A     45d445   9:45  14:45
 5 2021-01-05 A     45d445   9:15  12:15
 6 2021-01-06 A     45d445   10:00 13:15
 7 2021-01-07 A     45d445   9:30  14:00
 8 2021-01-08 A     45d445   9:15  11:30
 9 2021-01-09 A     45d445   10:15 14:00
10 2021-01-12 A     45d445   10:15 15:15
# ... with 3,833 more rows
```

たったこれだけで、かなり複雑な表データを分析しやすい形に変換できました。

17.2 例2：人気ランキングと価格の表をTidyにしよう

第4章の図4-11から図4-14までをRで処理しましょう。利用するファイルは「rank.xlsx」です。この処理のイメージを図17-3に示しました。

図17-3　本節でのデータ加工イメージ

今月の ランキング	味	値段	1ヵ月前の ランキング	2ヵ月前の ランキング
1位	チョコ	520	1	2
2位	いちご	550	2	1
3位	バニラ	400	4	3
4位	抹茶	600	3	5
5位	オレンジ	450	5	4

年月	順位	味
2021/5	1	チョコ
2021/5	2	いちご
2021/5	3	バニラ
2021/5	4	抹茶
2021/5	5	オレンジ
2020/4	1	チョコ
2020/4	2	いちご

年月	味	値段
2021/5	チョコ	520
2021/5	いちご	550
2021/5	バニラ	400
2021/5	抹茶	600
2021/5	オレンジ	450
2020/4	チョコ	490
2020/4	いちご	550

今回は1ヵ月分の価格データしかファイルに含まれていませんが、第4章で解説したように、図17-3の上の表を、アイスクリームの味のランキング情報（図17-3左下の表）と価格情報（図17-3右下の表）に分割して、Tidyデータにします。

```
# ranking.xlsxを読み込む                          入力
dat <- read_excel("ranking.xlsx")

dat
```

```
# A tibble: 5 x 14                               出力
  ランキング  価格 `今月(2021/12)のラン~ `1ヵ月前のランキン~ `2ヵ月前のランキ~
     <dbl>  <dbl> <chr>              <chr>            <chr>
```

```
1          1   800 チョコ              抹茶              バニラ
2          2   750 いちご              いちご            オレンジ
3          3   900 抹茶               あずき            チョコ
4          4   890 あずき             チョコ            抹茶
5          5   700 バニラ             オレンジ          あずき
# ... with 9 more variables: 3ヵ月前のランキング <chr>,
#   4ヵ月前のランキング <chr>, 5ヵ月前のランキング <chr>,
#   6ヵ月前のランキング <chr>, 7ヵ月前のランキング <chr>,
#   8ヵ月前のランキング <chr>, 9ヵ月前のランキング <chr>,
#   10ヵ月前のランキング <chr>, 11ヵ月前のランキング <chr>
```

　まずは、価格情報のデータを Tidy にしておきましょう[注1]。

　select() の中で日本語表記の列名を指定する場合、意図しない動作やエラーの原因になることがあります。そうなることを避けるために、｀（バッククオート）で変数名を囲みましょう。また、最後に **setNames()** を利用することで、文字ベクトルを利用して一括で名前を変更します。

```
# 価格のデータだけ抜き出す                                      入力
kakaku_data <- dat %>%
  select(starts_with("今月"), `価格`) %>%
  setNames(c("aji", "kakaku"))

kakaku_data
```

```
# A tibble: 5 x 2                                             出力
  aji    kakaku
  <chr>  <dbl>
1 チョコ   800
2 いちご   750
3 抹茶     900
4 あずき   890
5 バニラ   700
```

　次に、ランキング部分のデータを Tidy にしていきましょう。**select()** で **価格** 列を除外しておきます。

注1　価格情報はマスタデータとして別途あると考えるほうが自然ですが、ここでは練習のため分割して価格の Tidy データを作成しておきます。

```
# 価格データを除外する                                              入力
dat2 <- dat %>% select(!`価格`)

dat2
```

```
# A tibble: 5 x 13                                                  出力
   ランキング `今月(2021/12)~ `1ヵ月前のラン~ `2ヵ月前のラン~ `3ヵ月前のラン~
       <dbl> <chr>           <chr>           <chr>           <chr>
1          1 チョコ          抹茶            バニラ          チョコ
2          2 いちご          いちご          オレンジ        いちご
3          3 抹茶            あずき          チョコ          あずき
4          4 あずき          チョコ          抹茶            抹茶
5          5 バニラ          オレンジ        あずき          バニラ
# ... with 8 more variables: 4ヵ月前のランキング <chr>,
#   5ヵ月前のランキング <chr>, 6ヵ月前のランキング <chr>,
#   7ヵ月前のランキング <chr>, 8ヵ月前のランキング <chr>,
#   9ヵ月前のランキング <chr>, 10ヵ月前のランキング <chr>,
#   11ヵ月前のランキング <chr>
```

　ランキング列を除けば、すべて「列データ」となっています。これを縦持ちデータに変換しましょう。

```
# 縦持ちデータに変換する                                            入力
dat3 <- dat2 %>%
  rename(ranking = `ランキング`) %>%
  pivot_longer(
    cols      = !ranking,
    names_to  = "when",
    values_to ="aji"
  )

dat3
```

```
# A tibble: 60 x 3                                                  出力
   ranking when                     aji
     <dbl> <chr>                    <chr>
1        1 今月(2021/12)のランキング チョコ
2        1 1ヵ月前のランキング       抹茶
3        1 2ヵ月前のランキング       バニラ
4        1 3ヵ月前のランキング       チョコ
5        1 4ヵ月前のランキング       バニラ
6        1 5ヵ月前のランキング       いちご
7        1 6ヵ月前のランキング       あずき
```

```
  8          1 7ヵ月前のランキング        いちご
  9          1 8ヵ月前のランキング        あずき
 10          1 9ヵ月前のランキング        あずき
# ... with 50 more rows
```

ここまで変換できて、順位と味は問題なさそうです。ただ、 when 列の値を、なんらかの方法で日付を表すデータに変換する必要があります。ここでは、正規表現を利用して、「2021年12月1日などの日付型に変換」するスクリプトを考えます。ここで作成した month_diff 列は、 when 列の「X ヵ月前」の X の部分を抜き出してある処理です。また、 when 列で「今月〜」となっている行では、 0 となるようにしてあります。

```
# when列を「2021年12月1日などの日付型に変換」する                              入力
dat4 <- dat3 %>%
  mutate(month_diff = if_else(str_detect(when, "今月"), "0",
    str_extract(when, "\\d+(?=ヵ月)")
  )) %>%
  mutate(month_diff = as.numeric(month_diff))

dat4
```

```
# A tibble: 60 x 4                                                          出力
  ranking when                          aji        month_diff
    <dbl> <chr>                         <chr>           <dbl>
 1       1 今月(2021/12)のランキング      チョコ               0
 2       1 1ヵ月前のランキング            抹茶                 1
 3       1 2ヵ月前のランキング            バニラ               2
 4       1 3ヵ月前のランキング            チョコ               3
 5       1 4ヵ月前のランキング            バニラ               4
 6       1 5ヵ月前のランキング            いちご               5
 7       1 6ヵ月前のランキング            あずき               6
 8       1 7ヵ月前のランキング            いちご               7
 9       1 8ヵ月前のランキング            あずき               8
10       1 9ヵ月前のランキング            あずき               9
# ... with 50 more rows
```

この作成した month_diff 列の数字の値を2021年12月から X 月ずつ Period クラスを利用して減らすことで、目的の値になります。

```
# month_diff列を利用して、目的の日付の列を作成する                            入力
kongetu <- make_date(2021, 12, 1)
```

```
dat5 <- dat4 %>%
  mutate(hiduke = kongetu %m-% months(month_diff))

dat5
```

```
# A tibble: 60 x 5                                                   出力
   ranking when                      aji      month_diff hiduke
     <dbl> <chr>                     <chr>         <dbl> <date>
 1       1 今月(2021/12)のランキング  チョコ          0 2021-12-01
 2       1 1ヵ月前のランキング        抹茶            1 2021-11-01
 3       1 2ヵ月前のランキング        バニラ          2 2021-10-01
 4       1 3ヵ月前のランキング        チョコ          3 2021-09-01
 5       1 4ヵ月前のランキング        バニラ          4 2021-08-01
 6       1 5ヵ月前のランキング        いちご          5 2021-07-01
 7       1 6ヵ月前のランキング        あずき          6 2021-06-01
 8       1 7ヵ月前のランキング        いちご          7 2021-05-01
 9       1 8ヵ月前のランキング        あずき          8 2021-04-01
10       1 9ヵ月前のランキング        あずき          9 2021-03-01
# ... with 50 more rows
```

あとは、中間変数を削除して並び順を整えたら完成です。

```
# 中間変数を削除して、並び順を整えれば完成                            入力
dat5 %>%
  select(hiduke, ranking, aji) %>%
  arrange(desc(hiduke), ranking)
```

```
# A tibble: 60 x 3                                                   出力
   hiduke     ranking aji
   <date>       <dbl> <chr>
 1 2021-12-01       1 チョコ
 2 2021-12-01       2 いちご
 3 2021-12-01       3 抹茶
 4 2021-12-01       4 あずき
 5 2021-12-01       5 バニラ
 6 2021-11-01       1 抹茶
 7 2021-11-01       2 いちご
 8 2021-11-01       3 あずき
 9 2021-11-01       4 チョコ
10 2021-11-01       5 オレンジ
# ... with 50 more rows
```

ここまでのスクリプトをまとめて記載すると、次のようになります。

- #1 : read_excel() でデータをインポート
- #2 : select() と setNames() で価格のデータに必要な列に絞り込んで名前を変更
- #3 : select() と rename() でランキングのデータに必要な列に絞り込んで名前を変更
- #4 : pivot_longer() で縦持ちデータに変更
- #5 : mutate() 内部で if_else() を利用して、"when" 変数を数字に変換する
- #6 : make_date() を利用して日付型を作成する
- #7 : select() で必要な列に絞り込んで arrange() で並び替える

```
# まとめ                                                              入力
# 読み込み
dat <- read_excel("ranking.xlsx")      #1

# 価格データ
kakaku_data <- dat %>%
  select(starts_with("今月"), `価格`) %>%
  setNames(c("aji", "kakaku"))         #2

# ランキングデータ
ranking_data <- dat %>%
  select(!`価格`) %>%
  rename(ranking = `ランキング`) %>%   #3
  pivot_longer(
    cols      = !ranking,
    names_to  = "when",
    values_to ="aji"
  ) %>%                                #4
  mutate(month_diff = if_else(
    str_detect(when, "今月"),
    "0",
    str_extract(when, "\\d+(?=ヵ月)")
  )) %>%                               #5
  mutate(month_diff = as.numeric(month_diff)) %>%
  mutate(hiduke = make_date(2021, 12, 1) %m-% months(month_diff)) %>%  #6
  select(hiduke, ranking, aji) %>%
  arrange(desc(hiduke), ranking)       #7
```

作成した `kakaku_data` と `ranking_data` の中身を見てみましょう。

```
kakaku_data                                              入力
ranking_data
```

```
# A tibble: 5 x 2                                        出力
  aji          kakaku
  <chr>        <dbl>
1 チョコ          800
2 いちご          750
3 抹茶           900
4 あずき          890
5 バニラ          700
```

```
# A tibble: 60 x 3                                       出力
   hiduke      ranking aji
   <date>        <dbl> <chr>
 1 2021-12-01        1 チョコ
 2 2021-12-01        2 いちご
 3 2021-12-01        3 抹茶
 4 2021-12-01        4 あずき
 5 2021-12-01        5 バニラ
 6 2021-11-01        1 抹茶
 7 2021-11-01        2 いちご
 8 2021-11-01        3 あずき
 9 2021-11-01        4 チョコ
10 2021-11-01        5 オレンジ
# ... with 50 more rows
```

やや複雑ですが、Tidy な形になりました。

17.3　例3：複数の販売個数データを Tidyにしよう

ここでは第4章の図4-6の工程を R で処理します（図17-4に図4-6を再掲します）。

17.3.1　ファイルを処理しよう

配布した「hanbaikosu.zip」の中にある「hanbaikosu」フォルダを、現在のプロジェクトがあるディレクトリにコピーしてください。「hanbaikosu」フォルダには Excel ファイルが5つ保存されています。この Excel ファイルの1つが、図17-4の左上の表1つ分に該当します。これらの表を処理して1つの表にするには、まず「hanbaikosu」

図17-4 図4-6の再掲

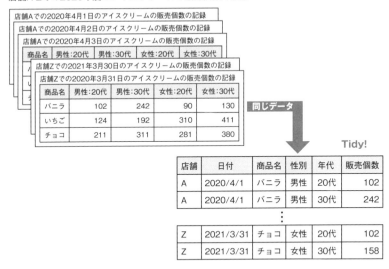

店舗A-Zでの2020年度のアイスクリームの販売個数の記録

店舗	日付	商品名	性別	年代	販売個数
A	2020/4/1	バニラ	男性	20代	102
A	2020/4/1	バニラ	男性	30代	242
⋮					
Z	2021/3/31	チョコ	女性	20代	102
Z	2021/3/31	チョコ	女性	30代	158

フォルダにある Excel ファイルを、図17-4の右下の形に加工する処理を書かなければなりません。はじめに、「2021年度A店舗.xlsx」ファイルを加工していきましょう。

まずはファイルを読み込みます。このデータは**味**列以外が列データで、列名に性別と年代の値が保存されていますね。

```
# 読み込むファイル名を指定                                            入力
file_name <- "hanbaikosu/2021年度A店舗.xlsx"

# ファイルを読み込む
dat <- readxl::read_excel(file_name)

dat
```

```
# A tibble: 6 x 13                                                 出力
  味        `男:10代`  `男:20代`  `男:30代`  `男:40代`  `男:50代`  `男:60代以上`
  <chr>      <dbl>      <dbl>      <dbl>      <dbl>      <dbl>      <dbl>
1 あずき        81        105        113        106        124        101
2 オレンジ     222        256        150        156        130        140
3 いちご       300        342        288        216        228        204
4 チョコ       296        520        508        400        428        456
5 バニラ       400        400        565        435        440        330
```

```
6 抹茶        534      732      420      468      420      720
# ... with 6 more variables: 女:10代 <dbl>, 女:20代 <dbl>, 女:30代 <dbl>,
#   女:40代 <dbl>, 女:50代 <dbl>, 女:60代以上 <dbl>
```

これを `pivot_longer()` で縦に変換します。`names_sep` 引数を `":"` として、`names_to` 引数で `sex` 列と `age` 列を作成しています。

```
# 列データを縦に変換                                                入力
dat2 <- dat %>%
  pivot_longer(cols = !`味`,
               names_to = c("sex", "age"),
               names_sep = ":")

dat2
```

```
# A tibble: 72 x 4                                                 出力
    味      sex    age       value
    <chr>   <chr>  <chr>     <dbl>
 1 あずき  男     10代         81
 2 あずき  男     20代        105
 3 あずき  男     30代        113
 4 あずき  男     40代        106
 5 あずき  男     50代        124
 6 あずき  男     60代以上    101
 7 あずき  女     10代        104
 8 あずき  女     20代        127
 9 あずき  女     30代        104
10 あずき  女     40代        122
# ... with 62 more rows
```

ファイルを読み取るときに作成していたファイル名の変数から年度の情報と店舗の情報を正規表現を利用して抜き出しておきましょう。

```
# 年度列と店舗列をファイル名から作成                              入力
nendo <- str_extract(file_name, "\\d{4}(?=年度)")
tenpo <- str_extract(file_name, "(?<=年度).+(?=店舗)")
```

抜き出した値を利用して、データに `nendo` 列と `tenpo` 列を追加します。

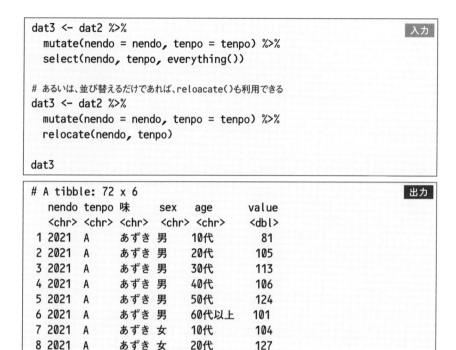

```
dat3 <- dat2 %>%                                          入力
  mutate(nendo = nendo, tenpo = tenpo) %>%
  select(nendo, tenpo, everything())

# あるいは、並び替えるだけであれば、reloacate()も利用できる
dat3 <- dat2 %>%
  mutate(nendo = nendo, tenpo = tenpo) %>%
  relocate(nendo, tenpo)

dat3
```

```
# A tibble: 72 x 6                                        出力
   nendo tenpo 味    sex   age      value
   <chr> <chr> <chr> <chr> <chr>    <dbl>
 1 2021  A     あずき 男    10代        81
 2 2021  A     あずき 男    20代       105
 3 2021  A     あずき 男    30代       113
 4 2021  A     あずき 男    40代       106
 5 2021  A     あずき 男    50代       124
 6 2021  A     あずき 男    60代以上   101
 7 2021  A     あずき 女    10代       104
 8 2021  A     あずき 女    20代       127
 9 2021  A     あずき 女    30代       104
10 2021  A     あずき 女    40代       122
# ... with 62 more rows
```

あとは、味という変数名をローマ字に直しておきましょう。

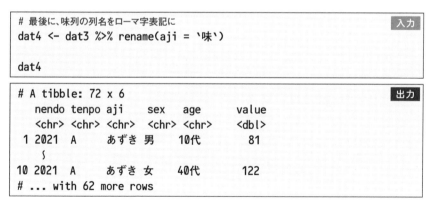

```
# 最後に、味列の列名をローマ字表記に                        入力
dat4 <- dat3 %>% rename(aji = `味`)

dat4
```

```
# A tibble: 72 x 6                                        出力
   nendo tenpo aji   sex   age      value
   <chr> <chr> <chr> <chr> <chr>    <dbl>
 1 2021  A     あずき 男    10代        81
     〜
10 2021  A     あずき 女    40代       122
# ... with 62 more rows
```

これで1つ分のファイルの処理ができました。以上の処理のスクリプトをまとめ

ると、次のようになります。

```
# 読み込むファイル名を指定                                    入力
file_name <- "hanbaikosu/2021年度A店舗.xlsx"

# 年度列と店舗列をファイル名から作成
nendo <- str_extract(file_name, "\\d{4}(?=年度)")
tenpo <- str_extract(file_name, "(?<=年度).+(?=店舗)")

# ファイルを読み込んでTidyにする
dat <- readxl::read_excel(file_name) %>%
  pivot_longer(cols = !`味`,
               names_to = c("sex", "age"),
               names_sep = ":") %>%
  mutate(nendo = nendo, tenpo = tenpo) %>%
  select(nendo, tenpo, aji = `味`, everything())
```

　ここで作成したスクリプトは、 `"hanbaikosu/2021年度A店舗.xlsx"` ファイル
1つ分を処理するものです。今回は、このファイル以外にも複数のファイルがあり
ます。ファイルの読み込む部分を除けば、他のファイルへの処理内容は同一の内容
となるため、次の節でここの処理内容を「関数」として作成し、他のファイルに適
応する方法を解説していきます。

17.3.2　関数を作ろう

　前項の処理は10行ほどの処理でした。これはファイル1つ分の処理です。ファイ
ル5個を処理したいときに、ファイル名だけを変えたスクリプトを50行くらい書い
てもそれほど手間ではありません。しかし、もしファイルが500個あって、全部に同
じ処理を適応したいときは、もう少し効率的に処理する方法が必要です。そんなと
きは関数を使いましょう。R には関数を自分で作る機能があります。

　関数を自分で作ると、同じ内容のコードを複数回書くという苦行をしなくて済み
ます。まず、簡単な例からやってみましょう。関数の作成方法は次のような書き方
となります。

```
<1関数の名前> <- function( <2引数の設定> ){
    <3処理>
    return( <4関数が返したい値やオブジェクト> )
}
```

関数を作成するには、4つの要素が必要です。

❶ 関数の名前
❷ 引数の設定
❸ 処理
❹ 関数が返したい値やオブジェクト

まずは練習として、底辺と高さを与えると、三角形の面積を自動的に求めてくれる関数を考えます。

なお、三角形の面積の公式は、

$$三角形の面積 = \frac{1}{2}（底辺 \times 高さ）$$

となります。

では、作ってみましょう。 この関数の名前は menseki_sankaku() で、引数は teihen 引数と takasa 引数の2つです。処理の内容は、 menseki という変数に、 (teihen * takasa)/2 という計算結果を代入してあげて、返り値は menseki の値です。

まずは、関数を作成する必要があるので、 menseki_sankaku <- function(){……} を忘れずに実行して、 menseki_sankaku() を作成してください。実行すると、関数のオブジェクトとして、Environment 画面の Functions という項目の下に menseki_sankaku() という名前のオブジェクトが出現するはずです。

```
# 三角形の面積を求める関数を作成する                    入力
menseki_sankaku <- function(teihen, takasa){
  menseki <- (teihen * takasa)/2
  return(menseki)
}
```

作成した関数を実行してあげましょう。底辺3、高さ4の三角形の面積は、$\frac{1}{2}（3 \times 4）= 6$で正しく計算できています。おめでとうございます。これが初めての「自作関数」です。

```
menseki_sankaku(3, 4)                              入力
```

```
[1] 6                                             出力
```

17.3.3　ファイルを処理する関数を作成しよう

前項で作成した、ファイルを1つ処理する内容を関数にしてみましょう。関数名は `tidy_hanbaikosu()` として、`file_name` 引数で、処理したいファイルが置いてあるパスを指定できるようにします。処理内容は、17.3.1項でまとめたものを改変したものです。返り値（オブジェクト）は Tidy な `tibble` です。大まかな関数の概要は次のようになります。

```
tidy_hanbaikosu <- function(file_name){
    "17.3.1 の処理"
    return("処理の結果")
}
```

　実際には、次のようなスクリプトです。関数の処理内容に注目してください。関数の中に記載した最初の2行のコード（1行目: **# 読み込むファイル名を指定**、2行目: **# file_name <- ……**）で、もともとは読み込む Excel ファイル名を指定していました。ただ、関数としては、`file_name` の値は関数を実行したときに指定したいので、関数内の最初の2行はコメントとして記載してあります（今回は、17.3.1項の処理を関数で行っていると明確にするため、あえてコメントで残します）。この2行は関数の動作に影響を与えない部分であるため、削除しても問題ありません。3行目以降の残りの処理はほぼ変わりません。最後に、関数の実行結果として返したい値 `dat` を `return()` で指定しています。

```
# ExcelファイルをTidyにする関数を作成                          入力
library(tidyverse)
library(readxl)

tidy_hanbaikosu <- function(file_name){
    # 読み込むファイル名を指定
    # file_name <- "hanbaikosu/2021年度A店舗.xlsx"

    # 年度列と店舗列をファイル名から作成
    nendo <- str_extract(file_name, "\d{4}(?=年度)")
    tenpo <- str_extract(file_name, "(?<=年度).+(?=店舗)")

    # ファイルを読み込んでTidyにする
```

```
dat <- read_excel(file_name) %>%
  pivot_longer(cols = !`味`,
               names_to = c("sex", "age"),
               names_sep = ":") %>%
  mutate(nendo = nendo, tenpo = tenpo) %>%
  select(nendo, tenpo, aji = `味`, everything())

  return(dat)
}
```

　関数を作成してから実行してみましょう。関数を作成することで、店舗 A から店舗 E までの Excel ファイルの処理が、たった5行で実行できました。

```
dat1 <- tidy_hanbaikosu("hanbaikosu/2021年度A店舗.xlsx")   出力
dat2 <- tidy_hanbaikosu("hanbaikosu/2021年度B店舗.xlsx")
dat3 <- tidy_hanbaikosu("hanbaikosu/2021年度C店舗.xlsx")
dat4 <- tidy_hanbaikosu("hanbaikosu/2021年度D店舗.xlsx")
dat5 <- tidy_hanbaikosu("hanbaikosu/2021年度E店舗.xlsx")
```

　最後に、ここで作成した5つの tibble を1つにまとめると完成です。ここでは、縦方向にデータを結合することができる、bind_rows() を利用します。

```
# 5つのデータを結合する                                       入力
kansei <- bind_rows(dat1, dat2, dat3, dat4, dat5)
kansei
```

```
# A tibble: 360 x 6                                           出力
   nendo tenpo aji    sex   age      value
   <chr> <chr> <chr>  <chr> <chr>    <dbl>
 1 2021  A     あずき 男    10代        81
 2 2021  A     あずき 男    20代       105
 3 2021  A     あずき 男    30代       113
 4 2021  A     あずき 男    40代       106
 5 2021  A     あずき 男    50代       124
 6 2021  A     あずき 男    60代以上   101
 7 2021  A     あずき 女    10代       104
 8 2021  A     あずき 女    20代       127
 9 2021  A     あずき 女    30代       104
10 2021  A     あずき 女    40代       122
# ... with 350 more rows
```

　このデータを利用すれば、例えば、2021年度の店舗AからEを合計した年齢別の

販売個数の集計などが簡単にできます。

```
# 集計例                                                              入力
kansei %>% group_by(age) %>% summarise(kosu_total = sum(value))
```

```
# A tibble: 6 x 2                                                    出力
  age       kosu_total
  <chr>        <dbl>
1 10代          25019
2 20代          24726
3 30代          24792
4 40代          24221
5 50代          25428
6 60代以上       24430
```

　同じ形のファイルをたくさん処理しないといけないときや、実務の中で毎日決まった形のデータを処理する必要があるとき、処理の関数化はとても強力なツールとなりえます[注2]。

注2　もしファイルが100個ある場合は、この方法でも手間が大きいです。そういうときは for ループや purrr::map() などについて調べてみてください。purrr パッケージは tidyverse に含まれます。繰り返し処理の強力なツールですが、やや難しいので、本書では取り上げません。

第 **18** 章

┐

データの保存

本章では、データを加工して作成したtibble形
式のデータを、いろいろな形式のファイルで保
存する方法について解説します。

18.1　状況に応じたデータの保存形式を考えよう

　再現性のある分析やデータ加工を考えたとき、基本的には分析が終了した時点で、その結果を保存します。ただし、データの処理そのものに時間がかかってしまうときは、一部の処理が終わった状態の中間データを保存します（図18-1）。

図18-1　中間データで保存したい場合

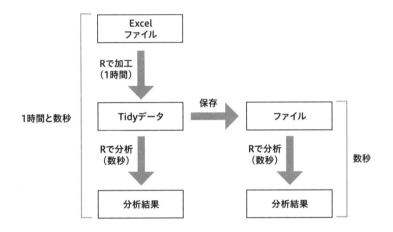

　Rで非常に容量の大きいデータを取り込んだり、大量のファイルを分析したりするとき、データをTidyな形にするのに長い処理時間がかかることがあります。図18-1では、Tidyデータへの加工に1時間かかるような場合、Tidyデータから分析結果を取得するのは数秒だとしても、最初のファイルから最終分析結果を取得するには「1時間と数秒かかる」ことを示しています。もしTidyにしたデータを別ファイルとして保存してあげることができれば、Tidyデータへの加工にかかる時間（1時間分）を次回分析するときに省くことができます。加工と分析がそれぞれ1回で終わる場合は、わざわざ中間ファイルを作成することのメリットは少ないです。ただ、Tidyにしたデータに対していろいろな切り口で分析する場合に、中間ファイルを作成しておくと効率的に分析を進めることができます。

　Rでデータをあとから分析したいとき、CSVファイルやExcelファイルの他、.RData形式、.rds形式で保存する方法などがあります。それぞれの形式のイ

メージをここで確認しましょう（図18-2）。

図18-2　保存形式別のイメージ

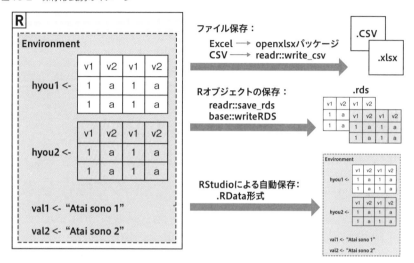

　一番イメージがしやすい保存形式が、tibble をそのまま CSV や Excel ファイルと
して書き出す方法です。この方法のメリットは、他のプログラムやソフトウェアでも
加工したデータを利用できるという点です。デメリットは、処理速度が遅いことです。
また、「値」を保存できないため、次に記載する方法で保存することを推奨します。
　著者が頻繁に利用するのは、オブジェクトを .rds 形式という形で保存する方法
です。この方法のメリットは、処理速度が比較的速いことと、「リストオブジェクト」
にしてしまえば、複数のデータを同時に1つのファイルとして保存できるところに
あります。デメリットは R 以外で扱えなくなるという点です。
　最後に、.RData 形式です。これは、RStudio で作業している環境（Environment）
に表示されるオブジェクトを環境ごと保存する方法です。メリットは簡単なことと、
プロジェクトを開いたり、閉じたりしたときに、自動的に環境が保存されるところ
です。デメリットは、環境に含まれるオブジェクトのサイズが大きいと、RStudio の
終了と起動にとても時間がかかることがある点です（保存するデータのサイズが
GB 単位などになると、実用的に使えなくなるケースもあります）。また、RStudio
以外の環境で利用できません。
　それぞれ一長一短があるので、どれが一番よいかは使うときの目的に応じて
違ってきます。次の節以降では、いろいろなオブジェクトを保存して読み込む方法

を見ていきます。

```
# 次の節以降で利用するオブジェクト                              入力
library(tidyverse)
hyou1 <- tibble(v1 = c(1, 1, 1), v2 = "a")
hyou2 <- tibble(v1 = c(2, 2, 2), v2 = "b")
atai1 <- 1
atai2 <- 2
```

18.2　表データをファイルとして保存しよう

18.2.1　表データをCSVファイルで保存しよう

CSV 形式のファイルとして tibble を保存するには、**readr::write_csv()** が便利です。使い方は、**write_csv(保存したい tibble, 保存先のパス)** と書くだけです。

```
# CSV形式で保存してみる                                        入力
write_csv(hyou1, "CSV形式で保存.csv")
```

getwd() で取得できるパスに、「CSV 形式で保存 .csv」という名前のついたファイルが保存されます。ファイルを開くと、**hyou1** の内容となっているはずです。読み込みは、第3章で解説したように、**readr::read_csv()** でできますね。

18.2.2　表データをExcelファイルで保存しよう

Excel 形式で tibble を保存するには、tidyverse に含まれない openxlsx というパッケージを利用しましょう。

```
# openxlsxのインストール                                       入力
install.packages("openxlsx")
```

このパッケージで、Excel ファイルを保存するのはやや手間がかかります。ひとつひとつ動作を見ていきましょう。まず、**createWorkbook()** で、Workbook オブ

ジェクトを `<-` で代入して作成します[注1]。その後、`addWorksheet()` で「作った
シート」という名前のシートを Workbook（Excel ファイル）に追加します。次に、
追加したシートに、`writeData()` で、`hyou2` の内容を書き込んでいます。最後に、
`saveWorkbook()` で、`wb` オブジェクトを `hyou2のExcel.xlsx` という名前で保存
します。

```
# openxlsxでExcelファイルを保存してみる                             入力
library(openxlsx)

newbook <- createWorkbook()
addWorksheet(wb = newbook, sheetName = "作ったシート")
writeData(wb = newbook, sheet = "作ったシート", x = hyou2)
saveWorkbook(wb = newbook, file = "hyou2のExcel.xlsx", overwrite = TRUE)
```

このパッケージは「Workbook オブジェクト」に対して関数を適応すると、`<-`
の操作をしなくても、自動的にオブジェクトの内容を書き換えてくれます。これまで、
tidyverse に関連した処理では、何かを操作するとその結果を明示的に `<-` を利
用して代入しなければなりませんでした。それと比較すると、若干 R らしくない動
きです。このように `<-` を利用しないで、自動的にオブジェクトが更新されるパッ
ケージもいくつかあるので、ヘルプファイルの例を読むときなどは、「`<-` が必要な
のか、そうでないのか」を意識しておくと、使い方に迷うことが減るかもしれません。
　なお、毎回このように書くのは面倒なので、こった Excel ファイルを作りたいよ
うな場合をのぞき、`write.xlsx()` 関数を利用すると楽に保存ができます。`x` 引数
に表データ、`path` 引数に保存したいパス、`overwrite` 引数で上書きを許可するか
どうかを設定して実行すると、1つの関数で Excel ファイルとして表データを保存
できます。

```
# Excelファイルで保存する関数                                      入力
write.xlsx(x = hyou1, path = "関数から保存したExcel.xlsx", overwrite=TRUE)
```

注1　Workbook オブジェクトは、Excel のワークブック（Excel ファイル）を R の中で再現した
　　オブジェクトというイメージです。

18.3 Rのオブジェクトを .rds形式で保存しよう

本節では、R専用の形式である.rds形式でオブジェクトを保存しましょう。.rds形式でオブジェクトを保存することは簡単で、**readr::write_rds(オブジェクト,"保存先")** としてあげるだけです。.rds形式ファイルとして、ワーキングディレクトリに保存されていますね。

```
# .rds形式で保存する                                入力
write_rds(hyou1, file = "rds形式で保存.rds")
```

この.rds形式を再度読み込むには、**readr::read_rds()** を用います。ここで注意が必要なのは、.rds形式で保存するとき、もともとの変数名は保存されません。上で保存したオブジェクトの変数名は、**hyou1** でしたが、変数によっては違う名前に変わります（これは、ExcelファイルやCSVファイルを作成したときも同様です）。

```
# .rds形式を読み込む                                入力
yonda <- read_rds("rds形式で保存.rds")
yonda
```

```
# A tibble: 3 x 2                                  出力
    v1 v2
  <dbl> <chr>
1    1 a
2    1 a
3    1 a
```

オブジェクトが保存できるので、複数のオブジェクトをリストでまとめて、それを保存することも可能です。

.rds形式での保存と読み込みを実際に見てみましょう。まず、リストを作成して、それを **write_rds()** で保存します。このとき、もともとの変数名は、**kore_wo_hozon** でした。

```
# listオブジェクトで複数のオブジェクトをまとめて.rds形式で保存    入力
kore_wo_hozon <- list(h1 = hyou1, h2 = hyou2, v1 = atai1, v2 = atai2)
write_rds(kore_wo_hozon, "リストを保存.rds")
```

　次に、 `yonda` という名前の変数に保存した .rds 形式ファイルを読み込みましょ
う。 この時点で、もともとの変数名は消えています。`yonda` には、最初に作成した
`kore_wo_hozon` の内容が含まれています。

```
yonda <- read_rds("リストを保存.rds")                          入力
```

　呼び出せるかを確認してみましょう。次のように、最初に `list` に含まれていた
オブジェクトをすべて同じ名前で呼び出すことができました。

```
yonda$h1                                                    入力
yonda$h2
yonda$v1
yonda$v2
```

　`h1` オブジェクトです。

```
# A tibble: 3 x 2                                           出力
     v1 v2
  <dbl> <chr>
1     1 a
2     1 a
3     1 a
```

　`h2` オブジェクトです。

```
# A tibble: 3 x 2                                           出力
     v1 v2
  <dbl> <chr>
1     2 b
2     2 b
3     2 b
```

　`v1` オブジェクトです。

```
[1] 1                                                       出力
```

　`v2` オブジェクトです。

```
[1] 2                                                       出力
```

また、大きなファイルを保存する場合、速度が犠牲になりますが、圧縮して容量を節約することも可能です。本書を作成するのに利用している環境では、次のような 10 万行の表を保存した場合、非圧縮で容量が 3.3MB であるのに対して、圧縮すると 217KB でした。データの内容によっては圧縮率は大きく変わりますが、少しでも小さいサイズでオブジェクトを保存したい場合は、この引数の設定を検討してください。

なお、`write_rds()` の、`compress` 引数を `"gz"`、`"bz2"`、`"xz"` のいずれかにすることで圧縮できます。どの形式で圧縮するかは、特性がそれぞれありますが、とりあえず、.gz 形式で圧縮しておけば、スピードと圧縮率の点からはそれほど問題にはなりません。

```
# 容量が大きいデータを作成                              入力

dat <- tibble(x = 1:100000,
              y = rep(c("バニラアイスクリーム", "チョコレートアイスクリ
ーム"), 50000))
write_rds(dat, "非圧縮.rds") # 3.3MB
write_rds(dat, "圧縮.rds", compress = "gz") # 217KB
```

18.4　R のオブジェクトを .RData 形式で保存しよう

最後に .RData 形式での保存について解説しておきます。利便性は最も高いのですが、扱うデータ量が大きいと、RStudio の起動と終了に時間がかかることもあるため、あまり大きなデータを扱わないという方や、再現性のある分析にそこまで興味がないという方には適切な方法です[注2]。.RData 形式は、環境に保存された内容を丸ごとバックアップしてくれた結果作られるファイルです。この丸ごとバックアップは、関数で実行するのではなく、RStudio の終了時、起動時に自動実行される（させることができる）という点が特徴です（図 18-3）。

注2　著者は普段 .RData 形式でデータを保存することはありません。RStudio の環境がそのまま保存されるため、スクリプトを「いったりきたり」するうちに、どの変数がどのように作成されたか把握ができなくなるためです。保存や読み込みをスクリプトでちゃんと記載することをおすすめします。

図18-3　.RData形式の設定

.RData形式で毎回環境を
保存／読み込みしたい場合

.RData形式を
利用しない場合（推奨）

　図18-3にあるように、「Restore .RData into workspace at startup」とすること
で、.RData形式のデータが.Rprojの置いてあるフォルダに存在するとき、自動的に
読み込んでくれます。また、RStudioを閉じるときに、「Save workspace to .RData
on exit:」の設定に応じて、自動的に.RData形式のデータが作成されるかどうかが
決まります。比較的小さいデータで、一時的な保存方法としては便利なので、必要
があれば利用してください。

第 **19** 章

レポートの出力

本書もいよいよ最終章です。ここまでの内容で、データをRに「取り込んで、加工して、集計して、保存する」ことができるようになりました。本章では、すべての工程をまとめてレポートとして出力するR Markdownについて解説していきます。これに習熟すると、データ加工をともなうルーチン作業がボタン1つでできるようになり、仕事の効率化につながります。

19.1 R Markdownで レポート作成しよう

　レポートを作成するためのパッケージはいろいろあります。本書では、一般的によく利用される R Markdown を使ったレポート作成について解説します。R Markdown でのレポート作成は、それをテーマに本が1冊書けるほど奥深いテーマです。本章では、第17章で Tidy にしたデータの簡単な表とグラフを表示したレポートを出力するための、最低限の知識について解説していきます。かなり駆け足な解説となりますので、このテーマに興味を持った方は、他の書籍を読んだり、インターネットで調べたりして、さらに勉強してみてください。それでは、始めていきましょう。

19.1.1 R Markdownから Wordファイルを生成しよう

　R には、R Markdown という「文章と R の実行結果を組み合わせる」機能があります。まずは、実際に R Markdown がどのようなものなのか、体験してみましょう（図19-1）。

　図19-1の❶、❷の手順にしたがって操作すると、「Rmd」という拡張子のテキストファイル（.Rmd 形式）が作成され、エディタ画面に「untitled.Rmd」という名前のファイルが作成されます。このファイルは最初から R Markdown の例として記述されています。そのまま、❸の「Knit」ボタンを押してみましょう。処理がいろいろと動いたあと、Word ファイルが表示されるはずです。

　Rmd はただのテキストファイルで、その書き方のルールを覚えることで、簡単に Word ファイルや HTML ファイルなど、さまざまな形で出力することができます[注1]。

19.1.2 Markdownとは

　R Markdown は、R を Markdown と組み合わせて利用できる形式です。Markdown は、プログラマがよく利用している「テキストで体裁が整った文書を作成する」方法です。例えば、特定の記号を入力したあとの文章は、見出しや箇条書き

注1　他の形式としては、PowerPoint スライド、HTML プレゼンテーションなどのプレゼンテーション系もあります。PDF として出力する需要も大きいと思いますが、LaTeX という別の言語についての知識が少し必要なので、本書では取り上げません。興味がある方は、tinytex というパッケージについて調べてみてください。本書も、図表を除いてすべて R Markdown で書かれています。

図19-1　R MarkdownでWordファイルを作成

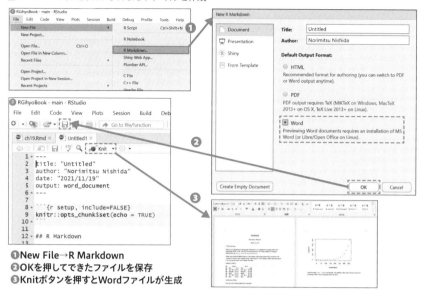

❶New File→R Markdown
❷OKを押してできたファイルを保存
❸Knitボタンを押すとWordファイルが生成

に変換されます。テキストのみでいろいろな文書の表現ができる便利なしくみです。

　これだけだとイメージがわかないと思うので、実際に見てみましょう。図19-2のように Markdown ファイルを作成して、次のように記載をした上で、Preview ボタンを押してみてください。HTML ファイルが生成されます。

```
# ヘッダ

## シャープ2つで見出し2

### シャープ3つで見出し3

* アスタリスクだと
* 点で、リストを表す
* ことができる。

|col1|col2|
|:==:|:==:|
|表も|作成|
|でき|る！|
```

図 19-2　Markdownの例

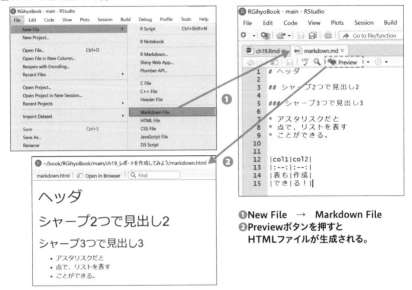

❶New File　→　Markdown File
❷Previewボタンを押すと
　HTMLファイルが生成される。

　ここではほんのさわりだけを紹介していますが、リンクをつけたり、画像をつけ
たり、注釈をつけたり、いろいろな表現をするための書き方がありますので、興味
がある方は調べてみてください。

19.1.3　R Markdown とは

　前項の Markdown に R の実行結果を貼りつけたものが R Markdown です。図
19-3のように Markdown に、**YAML ヘッダ**と**コードチャンク**という記載が追加され
たものが基本です。YAML ヘッダでその R Markdown 文書の設定ができます。R
Markdown 内で灰色に色が変わっている部分がコードチャンクと呼ばれる部分で
す。コードチャンクには、R のスクリプトを記載することができます。一番最初のコー
ドチャンク (```{r setup で始まる部分) は、 `include = FALSE` と記載があります。
この記載を行うことで、コードは実行されますが、Word 文書には出力されないため、
パッケージの読み込みなどに利用するとよいでしょう。

図19-3　R Markdownの例

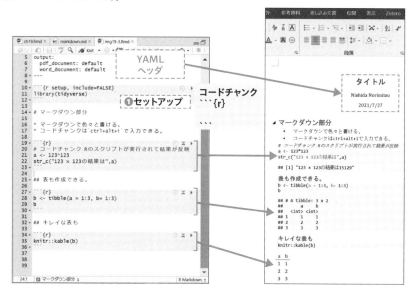

　なお、図19-4のように、マウス操作でチャンクの設定を変更することもできます。細かな設定については、本書では解説しませんが、セットアップのチャンクで設定できる内容は、文書全体に影響を及ぼします。また、個別のチャンクの設定は文書全体の設定より優先されます。

図19-4　チャンクの設定方法

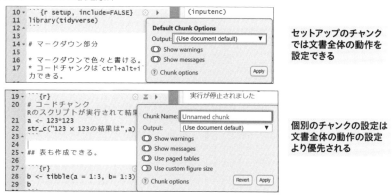

　また、Rのコードを表示しないで文書の作成したいときは、図19-5のようにsetupチャンクを設定します。

図19-5　コードを表示しないで文書を出力する設定

文書全体の設定を「Show output only」とすれば
Rのコードを表示しないで文書を作成できる

　表データは `knitr::kable()` としてチャンク内で実行することで、その結果がキ
レイな表として表示されます。チャンクはグラフの表示もできます。

19.2　Rでグラフを書こう

　レポートに Tidy にしたデータの内容を出力するために、ここではグラフの描画
方法について、導入部分だけ解説します。グラフの描画だけで本が1冊書けるほど
の内容となるので、かなり駆け足になります。

　R にはキレイなグラフを描画するための強力なパッケージが複数あります。R
でグラフ作成をするデファクトスタンダードの ggplot2、動的グラフを作成できる
plotly、動的な地図を描画できる leaflet など、用途に応じてさまざまなパッケー
ジがあります。本節では、R のグラフ描画パッケージとして最初から含まれている
graphics の使い方を簡単に解説します。

　スクリプトでグラフを書いてみましょう。R に最初から含まれている graphics
パッケージの関数を利用します。

　`barplot()` の最初の引数、 `height` 引数に表示したいベクトルを与えます。グラ
フのタイトル、x 軸、y 軸の値も、 `main` 引数、 `xlab` 引数、 `ylab` 引数に文字を与え
ることで表示できます。 `barplot()` の実行結果は、右下の Plots 画面に実行したと
きに表示されるはずです。

```
# ベクトルから棒グラフを作成する                              入力
vec <- c(10, 20, 30, 13)

barplot(vec,
```

```
        xlab = "x軸のラベル",
        ylab = "y軸のラベル",
        main = "グラフのタイトル")
```

図19-6　barplot()の実行結果

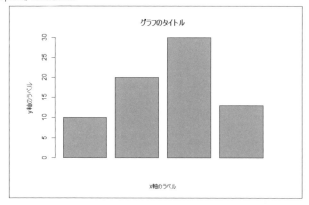

作成したグラフを画像として保存したいときは、図19-7にあるように、Plots画面のExportから画像、PDF[注2]、クリップボードにコピーすることでグラフを出力できます。

図19-7　グラフの出力方法

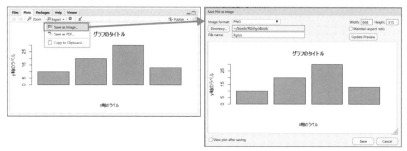

他にもグラフを見てみましょう。ベクトル2つ利用して、散布図を書くこともできます。

注2　なお、日本語でPDFを出力する場合、文字化けします。回避方法はフォントの設定です。内容が古くなる可能性が高いこと、OSごとに設定方法が違うなどから、本書の趣旨とずれるので、解説しません。方法は、「R グラフ PDF 日本語」などとWeb検索すると比較的簡単に見つけられるはずです。

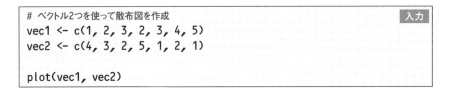

```
# ベクトル2つを使って散布図を作成                        入力
vec1 <- c(1, 2, 3, 2, 3, 4, 5)
vec2 <- c(4, 3, 2, 5, 1, 2, 1)

plot(vec1, vec2)
```

図19-8　plot()の実行結果

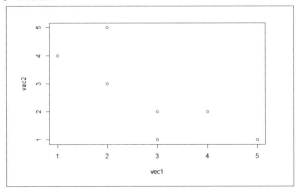

他にも、ヒストグラムをベクトルから作成することも簡単です。

```
# ベクトルからヒストグラムを作成する                      入力
set.seed(12345)
vec <- rnorm(1000, 0, 1)

hist(vec)
```

図19-9　hist()の実行結果

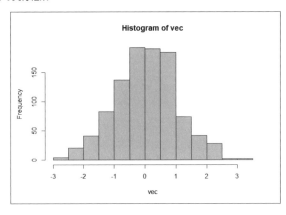

　なお、ここではベクトルを作成するにあたり、「正規分布」という分布にしたがって数字をランダムに作成する関数を利用しています[注3]。

　ベクトルを利用して、グラフが簡単に作成できるイメージがつかめましたか？

19.3　kable関数でキレイな表を出力しよう

　ここまで、R Markdown で Word 文書の作成、graphics でグラフの作成について解説してきました。本節では、**knitr::kable()** を利用して、R Markdown に tibble の表をキレイに表示する方法を解説します。　**knitr:kable()** に表示したい表を入れて、コードチャンクの中で実行してあげるだけで、適切なマークダウンの形に変換してくれて、Word ファイルに表として表示されます。

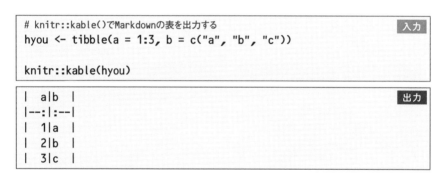

```
# knitr::kable()でMarkdownの表を出力する          入力
hyou <- tibble(a = 1:3, b = c("a", "b", "c"))

knitr::kable(hyou)
```

```
| a|b |                                           出力
|--:|:--|
| 1|a |
| 2|b |
| 3|c |
```

　表をキレイに出力するためのパッケージも R にはたくさんあります。ここでは詳細は解説しませんが、興味がある方は gt、gtsummary、flextable、kableExtra などのパッケージを調べてみてもよいでしょう。

19.4　レポートを実際に出力しよう

　本節では、本章でこれまで解説した、R Markdown、グラフ、表の表示を利用して、第17章の最後で作成した Tidy データをもとにレポートを作成します。第17章で利用した「hanbaikosu」フォルダと同じ場所に配布している「report_example.Rmd」ファイルを置いて、出力してみてください（R Markdown ファイルが図19-10、

注3　正規分布について本書では解説しません。

出力された Word ファイルの内容が図19-11です）。

図19-10　R Markdownファイル

図19-11　出力されたWordファイル

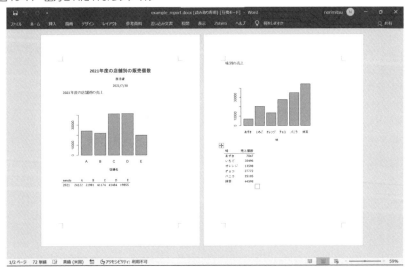

　ここで、次のようなエラーが生じた場合は、R Markdown ファイルを置いた場所と、データファイルが置いてある場所の位置関係を確認してください。次のエラーは、読み取ろうとした Excel ファイルが見つからないという意味です。この状況が起こりうるケースを見てみましょう（図19-12）。

エラー:`path` does not exist: 'hanbaikosu/2021年度A店舗.xlsx'　出力

図19-12　Rmdファイルの置き場所によるデータファイルへのパスの変化

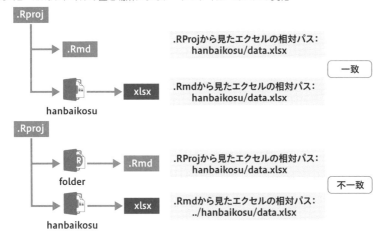

　図19-12の上の図を見てみましょう。.Rprojが置いてあるプロジェクトディレクトリと.Rmdが置いてあるフォルダのディレクトリが一致します。このとき、Rmd内部で外のファイル（ここではExcelファイル）を呼び出すときのパスは.Rprojから見たときのものと一致します。

　図19-12の下の図を見てみましょう。.Rprojの置いてあるディレクトリではない場所にRmdファイルを置いています。このとき、Rmdから見たときのデータが置いてあるパスと、.Rprojから見たときのパスが食い違います。

　特に、図19-12の下の図の状況で、RmdファイルをKnitしようとすると、先ほどのようなエラーが生じます。このエラーが生じたときは、「どこから見たパス」でKnitするかを指定しなければなりません。設定方法は簡単です。図19-13のように指定すればOKです。

図 19-13　Knit の設定で相対パスの行先が変わる

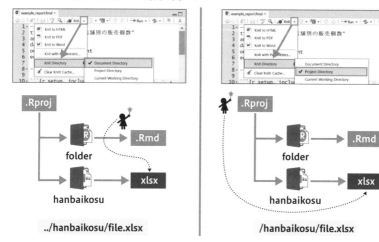

　.Rprojからの相対パスでデータを保存したとき、図19-13の左側のようにR Markdownファイルからの相対パスを指定すると、エラーになります。そのようなときは、図19-13の右のようにProject Directoryを相対パスの「もと」として設定します。

　このように、R Markdownファイルでレポートを一度作成しておくと、2022年度のデータを翌年入手したときに、データの保存形式が変わっていなければ、Knitボタンをクリックするだけでデータが置き換わったレポートを出力することができます。

おわりに

　ここまで読み進めていただいてありがとうございます。本書はRの世界のほんの一部を紹介しただけですが、その奥深さが伝われば嬉しいです。本書で紹介したExcelファイルを読み込んで、加工して、集計して、レポートとして出力するという内容は、繰り返しRを利用し続けることで習熟していきます。慣れるとRなしでのデータ利用が考えられなくなります。最後に、本書の次に学ぶとよいと考えられる内容と、代表的なパッケージを簡単に記載します。

- rvest、Rselenium：Webからのデータ収集
- googledrive、googlesheets4：Googleのサービスとの連携
- ggplot2、leaflet、plotly：グラフの描画
- gtsummary、gt、flextable：表の作成
- officer：PowerPoint、Wordでのレポート作成
- shiny：データダッシュボードアプリの作成

　これら以外にも、Rには便利なパッケージがたくさんあります。ぜひ、みなさんの用途に合わせて機能を拡張してみてください。

結語と謝辞

　「はじめに」で、本書の目的を「周囲にRを利用している人がおらず、独学で学んでみたいという方に向けて、その最初の一歩となることを願って作成したものです」と書きましたが、達成できたでしょうか？

　著者ができるようになったことが、より短い時間で読者のみなさんができるようになれば本書を執筆した目標が達成されます。みなさんの仕事や課題、研究などからデータを扱って、世界をより良い場所にしてもらえると嬉しいです。

　この本の執筆を完遂できたのは、Udemyのコース受講者の方々からいただいた温かいお言葉やご評価と、執筆を支援してくれた妻の存在があったからです。この場をお借りして感謝いたします。

　それでは、みなさん、Have a happy R life！

索引

記号

%>% .... 90、92 − 94
%m-% 274
%m+% ....273、274
%within% 277
<- ....18、19
|> 94

A

addWorksheet() 313
anti_join() ....227、229
arrange() .... 110 − 114
as_date() ....256、258
as_datetime() ....258、259
as.character() 31
as.duration() 267
as.factor() .... 156 − 158
as.numeric() ....30、31

B

barplot() 324

C

c() 26
case_when() .... 178、179
cols() 67
CRAN ....2、43
createWorkbook() 312
CSV 形式 ....65、312

D

data.frame .... 58、59
data.frame() 34
days() 272
ddays() 269
desc() .... 110 − 113
distinct() ....163、164
dmonths() ....269、270
double 型 17
dyears() 269

E

ends_with() 106
Environment 画面 ....7、18、35
everything() 105
extract() .... 191、192

F

factor() ....157 − 159、163
fill() ....198、199
filter() ....115、124、126、127
force_tz() 264
full_join() ....226、227
function() 305

G

getwd() ....50、51
group_by() .... 240 − 242

H

help() 41
hist() 326
History 画面 7

I

IDE 2
if_else() .... 172 - 175
inner_join() 226
install.packages() 43
int_length() 276
int_overlaps() 275
integer 型 17
interval() 274

J

JST 263

K

kable() ....324、327

L

lag() 247
lead() 247
left_join() ....220 - 222
library() 43
list() ....193、194
locale() ....66、67
ls() ....23、24

M

make_date() 261
make_datetime() ....261、262
Markdown 320
max() 233
mdy_hms() 260
mdy() 260
mean() ....232、233

M (continued)

Messy データ ....70、71
min() ....232、233
mode() 17
months() 272
mutate() ....95 - 98

N

n() ....245、246
na_if() 200

O

order() 114

P

Pane 5
paste() ....92、93
pivot_longer() ....192、202 - 205
pivot_wider() ....202、206 - 208
plot() 326

R

read_csv() ....65 - 67
read_excel() ....54、57、60
read_rds() 314
read_sas() 68
read_spss() 68
read_stata() 68
relocate() 106
rename() ....99、100
rep() 198
replace_na() ....192、193
return() 306
right_join() 224
rm() 24
R Markdown ....320、322
runif() ....148、149

S

sample() .... 148 － 154
SAS 68
saveWorkbook() 313
select() .... 103、105 － 108
semi_join() .... 227、228
separate() .... 185、186、188、189
set.seed() 149
setNames() 102
setwd() 51
SPSS 68
starts_with() 106
Stata 68
str_detect() .... 133、138、139
str_extract() 132
str_remove_all() .... 131、134
str_remove() 133
str_replace() .... 133、144、145
str_view_all() .... 136、137
str_view() .... 134 － 136
summarise() .... 233 － 235

T

table() .... 152 － 154
tibble .... 58、59
tibble() 59
Tidy データ 70
tidyverse 82
tribble() 170
typeof() 17

U

ungroup() 244
unite() .... 182 － 184
UTC 263

W

with_tz() 263

Y

write_csv() 312
write_rds() .... 314、316
write.xlsx() 313
writeData() 313

Y

YAML ヘッダ 322
years() 271

ア

因子型 ....148、155 － 161
インポート .... iv、v、48
エスケープ 140
オブジェクト 25

カ

型 16
関数 .... 17、18、39 － 42
キャメルケース 23
行 .... 25、26
降順 ....110、112、113
コードチャンク 322
コメント 15
コンソール画面 .... 5 － 7

サ

再現可能なレポート .... v、vi
集計 232
昇順 ....110、112
水準 156
数字型 ....16、17
スクリプト .... vi、5、14、15
スクリプトエディター 6
スネークケース 23
正規表現 .... 130 － 133
整然データ 70
絶対パス .... 49、50
相対パス .... 49、50

タ

代入 19
タイムゾーン ....263、264
縦持ちデータ 202
中間変数...91
ディレクトリ...49
テキスト形式 65

ナ

名前つきベクトル 196
名前つきリスト 196

ハ

パイプ関数 .... 90、92 − 94
パス .... 48 − 50、52、53
パッケージ 43
比較演算子 120
引数 .... 41、42、55
日付型 .... 256 − 258
日付時刻型 ....256、258、259
プロジェクト 11
ベクトル....................................26 − 28
変数 ....18 − 24

マ

メタ文字 135
文字型 ....16、17
文字コード 66

ヤ

要素 31
横持ちデータ 202

ラ

ラベル 159
リストコラム................................. 286 − 289
リレーショナルデータベース...................... 218
列....................................... 25、26

列データ 72
レベル 156
ロジカル型 .... 115 − 124

ワ

ワーキングディレクトリ ....49 − 52

■著者略歴

西田 典充（にしだ のりみつ）

医師。日本産業衛生学会認定、産業衛生専門医。労働衛生コンサルタント。労働衛生機関に勤務するかたわら、2016 年から 2020 年まで大学発のベンチャー企業で R を利用した医療データの前処理、分析、レポーティングシステム開発に携わる。2018 年より Udemy で R を普及するためのオンラインコースを公開。2019 年より大規模病院において、臨床研究に関わるデータの加工、抽出などについてのコンサルティングを行う。2021 年からは企業の専属産業医として勤務。

◆ カバーデザイン・本文デザイン
　トップスタジオ（阿保 裕美）
◆ DTP　酒徳 葉子
◆ 担当　中山 みづき

Rでらくらくデータ分析入門
～効率的なデータ加工のための基礎知識～

2022 年 2 月 4 日　初　版　第 1 刷発行

著　者　西田典充
発行者　片岡　巌
発行所　株式会社技術評論社
　　　　東京都新宿区市谷左内町 21-13
　　　　TEL：03-3513-6150（販売促進部）
　　　　TEL：03-3513-6177（雑誌編集部）
印刷／製本　日経印刷株式会社

定価はカバーに表示してあります。

ISBN978-4-297-12514-1　C3055

Printed in Japan

■お問い合わせについて

　本書についての電話によるお問い合わせはご遠慮ください。質問等がございましたら、下記まで FAX または封書でお送りくださいますようお願いいたします。

〒 162-0846
東京都新宿区市谷左内町 21-13
株式会社技術評論社雑誌編集部
FAX：03-3513-6173
「R でらくらくデータ分析入門」係

　FAX 番号は変更されていることもありますので、ご確認の上ご利用ください。

　なお、本書の範囲を超える事柄についてのお問い合わせには一切応じられませんので、あらかじめご了承ください。